疲劳与断裂力学

康国政　刘宇杰　阚前华　于　超　编著

科 学 出 版 社
北　京

内 容 简 介

本书共 12 章，第 1 章为绪论；第 2～5 章为疲劳分析基础篇，介绍材料循环特性，常幅疲劳的高周疲劳曲线和低周疲劳曲线，变幅疲劳的损伤累积理论，随机疲劳的循环计数方法及结构疲劳分析方法；第 6～9 章为断裂力学基础篇，介绍线弹性断裂力学和弹塑性断裂力学基本理论及疲劳裂纹扩展相关知识；第 10～12 章为应用和发展篇，介绍基于有限元方法的结构疲劳与断裂分析及典型工程案例，以及疲劳与断裂力学研究新进展。

本书根据“疲劳与断裂力学”课程教学大纲编写，主要用于高等学校力学、机械、土木、航空航天等专业本科生相关课程的教材，也可供相关研究生和工程技术人员参考。

图书在版编目（CIP）数据

疲劳与断裂力学 / 康国政等编著. —北京：科学出版社，2023.6 (2024.11 重印)

ISBN 978-7-03-071153-3

Ⅰ. ①疲… Ⅱ. ①康… Ⅲ. ①疲劳–分析 ②断裂力学 Ⅳ. ①O346.2 ②O346.1

中国版本图书馆 CIP 数据核字（2021）第 270164 号

责任编辑：华宗琪 崔慧娴 / 责任校对：王萌萌

责任印制：罗 科 / 封面设计：义和文创

科学出版社 出版

北京东黄城根北街 16 号

邮政编码：100717

http://www.sciencep.com

成都锦瑞印刷有限责任公司印刷

科学出版社发行 各地新华书店经销

*

2023 年 6 月第 一 版 开本：787×1092 1/16

2024 年 11 月第三次印刷 印张：14

字数：332 000

定价：98.00 元

（如有印装质量问题，我社负责调换）

前　言

材料与结构的疲劳失效和断裂破坏是工程领域面临的长期悬而未决的科学难题，相关研究已经得到了学术界和工业界的广泛关注。疲劳分析和断裂力学研究既是力学学科的两个重要的基础研究方向，又是力学学科解决重大工程需求的两种重要手段，也是力学学科与工程学科紧密结合的抓手。另外，“疲劳与断裂力学”还是力学类专业一门重要的专业核心课程，在力学专业的本科生培养过程中起着重要的作用，是学生学习和了解工程结构的强度问题、掌握工程结构强度设计基本原则、形成结构安全评估意识的重要载体。

一直以来，国内高校在力学类专业的本科生课程体系中都开设了“疲劳与断裂力学”这门重要的专业核心课程；同时，为了配合课程教学，国内学者也编著了一些关于疲劳与断裂力学的教材，极大地促进了该门课程的蓬勃发展，也培养了一大批从事材料与结构疲劳和断裂力学研究的高水平力学人才。同样，西南交通大学面向力学类专业和航空航天类专业本科生开设了“疲劳与断裂力学”这门专业核心课程。编者在多年来的教学实践中感受和了解到：已有的疲劳与断裂力学教材，要么过于偏重理论体系，缺乏结合具体的工程实际案例进行分析策略和实际分析的介绍，使得学生对疲劳与断裂问题的重要性和相关问题解决的迫切性了解不够，不利于培养学生注重结构安全设计的工程意识；要么太注重传统的基础理论和基本分析方法，特别是对一些半经验性的分析模型和分析方法的讲解，忽视了疲劳与断裂力学研究领域的最新进展，导致学生难以掌握先进的分析方法和手段。因此，有必要结合疲劳分析和断裂力学研究这两大研究领域各自的特点和最新研究进展，借助先进的数字化技术手段，改进已有的疲劳与断裂力学教材，编写更适合力学类和相关专业本科生的新形式“疲劳与断裂力学”教材。

本书与“疲劳与断裂力学”慕课课程资源建设相配套，在内容上突出最新的科研成果以及与工程实际的结合，引入了疲劳分析与断裂力学的研究新发展和工程实例展示与分析；在表现形式上，结合网络和多媒体技术，书中加入了疲劳性能与断裂力学行为的网络共享资料，增大了信息容量，提高了内容的可读性和扩展性，体现了面向学科前沿、面向工程实例的特色。

本书共 12 章，除第 1 章绪论外，其余 11 章分为三部分。第一部分为疲劳分析基础篇，包括第 2～5 章：第 2 章材料循环变形行为和常幅疲劳分析，简要介绍了循环载荷表征和材料的循环变形行为特征，讨论了材料常幅疲劳分析涉及的材料 S-N 曲线和 ε-N 曲线特征，以及影响材料疲劳性能的一些因素；第 3 章损伤累积理论和变幅疲劳分析，从最基本的损伤定义出发，讨论了线性疲劳损伤累积理论和循环计数法，结合案例介绍了变幅疲劳分析的基本方法和分析步骤；第 4 章结构疲劳分析基础，将疲劳分析从材料层面拓展到结构构件，分别介绍了基于应力和基于应变的结构疲劳分析方法，并对结构疲劳可靠性分析的基础知识和相关概率分析基础进行了阐述；第 5 章材料疲劳试验及数据处理，从试验测试的角度对高周疲劳和低周疲劳性能测试中涉及的试验方法和试验数据处理进行了简要介绍。第二部分为断裂力学基础篇，包括第 6～9 章：第 6 章线弹性断裂力学，介绍了裂纹的分类、裂纹尖端附近的应力场和应变场分析，以及基于能量理论和应力强度因子理论的断裂判据；第 7 章弹塑性断裂力学，关注裂纹尖端塑性区的形成及其大小对断裂力学分析的影响，讨论了裂纹尖端塑性区的大小和小范围屈服时应力强度因子的修正，引入了弹塑性框架下的裂纹尖端张开位移和 J 积分理论及相关的断裂判据；第 8 章材料断裂性能测试试验，简要介绍了材料断裂韧性的测试方法和疲劳裂纹扩展速率及门槛值的试验方法；第 9 章疲劳裂纹扩展分析，强调了线弹性断裂力学在疲劳裂纹扩展行为分析方面的应用，讨论了疲劳裂纹扩展速率及 Paris 公式，进而介绍了疲劳裂纹扩展寿命的预测方法以及影响疲劳裂纹扩展的一些主要因素。第三部分为应用和发展篇，包括第 10～12 章：第 10 章基于有限元方法的结构疲劳与断裂分析，介绍了基于结构有限元分析结果的疲劳寿命预测和结构剩余寿命预测的分析过程和分析技巧；第 11 章结构疲劳及断裂典型案例分析，通过高速铁路轮轨滚动接触疲劳、铁路道岔裂纹扩展分析和高速列车车轴剩余寿命预测等典型案例介绍，展示了典型的结构分析案例，强化了疲劳与断裂分析的工程应用；第 12 章疲劳与断裂力学研究新进展，对多轴疲劳、蠕变-疲劳交互作用、棘轮-疲劳交互作用、超高周疲劳等疲劳研究重要领域最新进展进行了介绍，同时对断裂力学在动态断裂力学、宏微观断裂力学和多场耦合断裂力学等方面的最新进展进行了简要评述，以拓宽学生的研究视野，激发学生的学习兴趣。

本书在编写过程中参考了已有的相关论著和教材，作者对这些论著和教材的作者表示衷心的感谢，并在正文中对此进行了必要的引用标注(见参考文献部分)。另外，本书的出版得到了西南交通大学研究生教材(专著)经费建设项目(2019 年)的专项资助，作者对此深表感谢！

目 录

第1章　绪　　论

1.1　引　　言

“疲劳与断裂力学”这门课程的授课内容实际上是疲劳分析和断裂力学这两大固体力学学科研究方向基础知识的汇总和概述，两者之间也存在紧密的联系，在材料与结构的疲劳分析中会用到断裂力学的基本理论和分析方法。因此，目前通常将这两部分内容合并为一门工程力学专业本科生的专业核心课程。下面分别针对疲劳分析和断裂力学的发展历程进行简要介绍，以便读者对这两方面的研究历史和发展过程有一定的认识和了解，便于对后续章节具体内容的学习。

1.1.1　疲劳的发现与研究历程

疲劳是指发生在低于材料与结构静强度的、随时间变化的载荷作用下材料与结构的性能衰退和最终失效。使材料与结构出现疲劳的载荷通常称为疲劳载荷(有时也称为循环载荷)，以区别于使材料和结构在一次连续加载下发生破坏和失效的单调载荷。疲劳的发现是在19世纪中叶。最早的疲劳试验是德国人阿尔贝特(Albert)在1829年进行的矿山卷扬机焊接链条在较低水平下的反复载荷试验，结果表明在 10^5 次循环后焊接链条发生了破坏；最早的产生重大生命损失的灾难性疲劳失效事故是1842年发生在法国的凡尔赛(Versailles)铁路事故，发生事故的火车由两台蒸汽机车牵引的17节车厢组成，其牵引机车的前轴因材料疲劳而发生断裂，这一事故和其他大量的铁路车轴失效事故引起了人们对金属材料的疲劳问题的广泛关注；最早在研究论文中使用疲劳这一术语来描述金属材料在反复载荷下发生的开裂和失效现象的是Braithwaite(1854)。对于金属材料的疲劳问题描述可以分为两大类(Pook，2007)，即冶金学描述(metallurgical description)和力学描述(mechanical description)。疲劳问题的冶金学描述主要关心金属材料在疲劳载荷开始前、进行中和结束后的状态变化，偏重材料的疲劳失效机制方面的研究；而力学描述则关心材料在某一给定载荷条件下的力学响应，例如材料发生破坏时所需要的循环次数，即疲劳寿命。从工程实际来讲，力学描述更有助于材料和结构的服役行为的预测，因此，本书中主要强调疲劳问题的力学描述。

疲劳的研究是在大量的实验数据和现场服役数据的基础上发展起来的，实验研究在疲劳研究的发展中扮演了非常重要的角色，因此，下面首先对不同时期疲劳测试技术的发展进行简要描述，以便读者对这方面的发展历程有一个较为清楚的认识；然后，再对近三四十年疲劳研究的新发展进行简要介绍。然而，需要指出的是，尽管材料的疲劳涉及多种材料，不同材料的疲劳测试会有所不同，但在疲劳问题研究的早期，更多的研究关注于金属材料的疲劳测试技术的发展，因此，下面的介绍以金属材料的疲劳测试技术和相关分析方法的发展为主，对于其他材料的相关内容，读者可以参见其他的相关研究文献。

1. 疲劳测试的发展

在疲劳问题的研究初期，为了与构件的实际服役情况相对应，一开始的疲劳测试研究都是直接针对结构或结构构件的。例如，最早的疲劳试验结果就是前文提到的德国人 Albert 在 1829 年进行的矿山卷扬机焊接链条的反复载荷试验中得到的结果，该试验结果于 1837 年用德文首次发表。然而，用英文发表的最早的疲劳测试结果则是费尔贝恩(Fairbairn)于 1864 年发表的关于梁的反复弯曲疲劳的试验结果。该试验通过一个由水轮机驱动的载荷施加装置在一根长为 6.7m、由熟铁制成的大梁中部进行反复弯曲加载。如果按照静强度理论来计算，该梁的失效载荷是 120kN。然而，Fairbairn 的试验发现：尽管在 30kN 的反复弯曲载荷作用下，该梁在循环了 3×10^6 次后仍然没有发生破坏，但是，如果施加一个大于 30kN 的反复弯曲载荷，则会在低于 3×10^6 次的循环下使大梁发生破坏。为此，Fairbairn 认为，对于这样的结构，存在一个安全的反复弯曲载荷，在这一反复弯曲载荷的作用下，该结构在正常的服役寿命范围内不会发生疲劳失效。

由于结构疲劳测试的特殊性，相关的测试结果不具备可推广性，测试结果的应用会受到很大限制。随着人们对结构疲劳问题研究的逐步深入，一些精心设计的实验室试样测试技术应运而生，测试结果的应用范围不再局限于某一种特定的结构形式，而是针对某一种材料类别。最早的针对特殊设计的实验室试样的疲劳测试始于 19 世纪 50 年代，由德国人沃勒(Wöhler)完成。Wöhler 于 1858 年发表了他采用光滑和缺口试样获得的关于金属疲劳的经典实验结果，Schütz(1996)引用并评述了这些结果。Wöhler 设计制造了多种疲劳试验机，并且最早完成了考虑施加的疲劳载荷的大小影响的疲劳测试。Wöhler 根据这些实验结果，建立了铁路车轴中的服役应力和疲劳寿命之间的关系，进而形成了后来颁布的德国铁路技术规范(Schütz, 1996)中的车轴设计准则。这些准则的建立并不一定需要详细了解金属材料的疲劳失效机制。在 1870 年，Wöhler 发表了他的最后一篇报告(Schütz, 1996)，总结了材料疲劳失效的 Wöhler 法则(Wöhler’s law)，即：①材料会由小于其静强度的多次反复应力加载而失效；②应力幅值(或应力历程)决定了材料内聚力的破坏与否；③最大应力只有在足够大时才会对疲劳失效产生影响，在其比较小时疲劳失效由应力幅值来决定。

随着疲劳问题研究的进一步深入发展，为了更为清楚地了解材料在疲劳失效过程中的微观结构演化，揭示其疲劳失效机制，为材料与结构的抗疲劳设计提供指导，人们于 20 世纪初期开始了较为系统的材料疲劳失效机制的研究。结合人们已有的对金属疲劳损伤的思考，Ewing 和 Humphrey(1903)最早开始了疲劳失效冶金学方面的研究，相关研究表明：金属的疲劳损伤在普通试样中是一种表面现象，在韧性金属材料中，在疲劳载荷作用下将在晶粒表面形成滑移线条带并最终形成微裂纹。而对于疲劳裂纹扩展的深入研究，则始于 20 世纪 60 年代，见 Forsyth(1961)发表的工作。在研究疲劳裂纹扩展问题时，裂纹的扩展路径是一个需要重点考虑的因素，然而，疲劳裂纹的扩展路径是难以预测的，目前仍是疲劳问题研究中的一个重要问题(Pook, 2002)。在早期的疲劳问题研究中，工业界对宏观疲劳裂纹扩展路径非常感兴趣。在过去的五六十年里，依托断裂力学理论发展和现代计算机的应用，人们已经在宏观疲劳裂纹扩展路径的理解与预测方面取得了实质性的进步。然而，尽管已经在理论上取得了长足的发展，但目前结构构件中疲劳裂纹扩展路径的研究还是常常依赖于大规模的结构试验。在微观层面上，20 世纪 50 年代开始了疲劳断面的微观观察，即所谓的断口分析(fractography)，采用光学金相显微镜进行高倍断口分析，并在 1962 年发展建立了定量断口分析方法，用于裂纹扩展路径的重构。

在疲劳裂纹扩展过程中，除了裂纹扩展路径这一重要因素外，还有一个重要因素需要进一步考虑，这就是疲劳裂纹扩展速率的获取。疲劳裂纹扩展速率决定了疲劳裂纹扩展寿命的长短。截至目前，疲劳裂纹扩展速率的获取还是主要通过系统的实验测试。最早的疲劳裂纹扩展速率实验，包括标准试样试验和结构构件试验起始于 20 世纪 50 年代。实际上，大约从 1870 年开始，人们就已经充分认识到金属材料中疲劳裂纹扩展的重要性；然而，由于缺乏适当的应用力学框架，很少有研究关注如何通过实验来确定控制金属材料和结构中疲劳裂纹扩展速率的定律，直到 20 世纪 50 年代 Head(1953, 1956)从理论上建立了裂纹长度和应力循环次数之间的关系为止。后来，基于大量的实验数据，Paris(1962)建立了表征宏观裂纹稳态扩展速率的 Paris 公式，即著名的 Paris 定律。同时，还引入了疲劳裂纹扩展门槛值的概念，即只有当疲劳载荷足够大时，疲劳裂纹才会扩展。

2. 现代疲劳分析方法的发展

到了 20 世纪 70 年代，人们对金属疲劳的失效机制已经有了基本的了解(但不一定是非常详细)，已经积累了大量的实验数据，并且已经对如何在实际服役过程中避免疲劳失效有了很好的认识，为后续疲劳问题的研究打下了坚实的基础。另外，随着科学技术的发展，一些新的应用力学理论框架和实验技术的出现以及数值计算能力的显著提升，使疲劳问题的研究进入了一个新的发展阶段。因此，可将 20 世纪 70 年代之后的疲劳问题研究归结为现代疲劳分析阶段，本阶段的疲劳分析具有如下几方面的特点。

(1) 断裂力学的应用。随着断裂力学理论的发展，实验室试样和结构构件中的疲劳裂纹扩展速率和门槛值数据的分析和应用变得更加容易。应力强度因子这一断裂力学参数为裂纹尖端附近的弹性应力场提供了非常方便的单参数描述。后续关于疲劳裂纹扩展的内容表明，表征疲劳裂纹扩展速率的 Paris 公式和疲劳裂纹扩展门槛值都是基于应力强度因子历程这一个循环载荷作用下的线弹性断裂力学参数。

(2) 新型测试设备的应用。闭环液压伺服测试设备的出现意味着可以方便地在一个构件或结构上施加几乎任意给定的载荷历史。使用合适的载荷历史来进行构件或结构的服役载荷模拟测试通常是决定构件或结构服役寿命的最有成本效益的方法，有时也是监管部门的硬性要求。这一方法首先在飞机工业中普遍实施，但是现在也多用于工业中一些关键构件的评估，同时在标准载荷历史(有时也称为载荷谱)的发展方面，该方法也得到了广泛重视，这对结构的疲劳分析和寿命评估起到了非常重要的促进作用。

(3) 计算机技术的应用。随着计算机技术的迅猛发展，越来越多的数值计算方法(有时基于复杂的数学理论)被用于材料疲劳的研究中，包括涉及概率和统计的疲劳可靠性分析及近几年发展起来的机器学习和人工智能等在疲劳分析中的应用等。同时，基于计算机技术的各种结构仿真分析软件的出现，也使得材料与结构的疲劳仿真分析变得越来越快捷、越来越准确。目前有很多疲劳分析离开了计算机是不可能完成的，包括大型结构的疲劳分析及一些虚拟的疲劳试验技术等。最早在疲劳分析中使用计算机是在 20 世纪 60 年代，那时使用的还是大型计算机。到 20 世纪 80 年代，台式机的迅猛发展也进一步促进了疲劳分析的发展，进而使得疲劳分析理论越来越数学化和数值化。

(4) 标准化的实现。按照一定的规范化标准程序来进行特定结构设计的疲劳评估是一种令人满意的方法，而这些标准的分析过程可以是基于解析过程、服役经验、疲劳测试结果或它们之间的组合，而不需要非常完善的理论基础，只要该过程能够给出足够准确的答案即可。疲劳分析标准的形成是一个长期积累的过程，但其可能是将疲劳研究的结果付诸工程实际的很好的方法。绝大多数疲劳分析都是基于简化的标准化流程来进行的，尽管它们明显缺乏坚实的物理基础，但它们能够给出保守且偏于安全的结果。目前，这些标准的使用越来越广泛，并且已经被植入一些分析软件中，有时监管部门也要求必须照此执行的。

1.1.2 断裂力学的发展历程

断裂问题只要在有人造结构出现的地方就会产生，这一问题并没有随着科学技术的进步而逐渐消失，反而愈演愈烈，因为越复杂的技术领域越容易出现错误。例如，没有现代航空工业的发展就没有重大航空事故的发生。断裂事故的发生已经给人类社会带来了重大的生命和财产损失。据统计，在 20 世纪 80 年代，美国每年发生的断裂事故造成的经济损失达到了其国内生产总值的 4%左右，约为 1190 亿美元。幸运的是，断裂力学的出现和断裂力学理论的不断发展有助于弥补因技术复杂程度的增加而造成的一些潜在危险。第二次世界大战以来，人们对材料怎么失效的理解和防止这样的材料失效的能力显著提高。然而，还有许多断裂知识需要进一步学习，并且已有的断裂力学知识也不一定总是得到合理的应用。

为了更好地分析断裂问题，首先要搞清楚工程结构为什么会发生断裂。一般来说，绝大多数的结构断裂可以归结为如下两个原因：①在结构设计、建造或运行过程中的疏忽；②新材料和新设计的应用产生未能预料和不符合需要的结果。针对第一种情形，尽管已有的设计规范足以避免结构的破坏，但是，由于人为错误、无知或是故意的不当行为，这些规范并没有完全得以落实。同时，低劣的工程质量、不合适或是低等级标准的材料、应力分析中的错误及操作人员的错误等也是引起这一类结构破坏的根源。第二种情形则是更加难以防止的，因为在提出一种改进的设计时，总是存在一些设计者没有预料到的因素。新材料的使用能够提供巨大的好处，但也存在潜在的问题。因此，新设计或新材料只有在经历过大量的测试和分析之后才能应用于实际。应用这一策略可以降低结构破坏的频率，然而并不能彻底地消除破坏的可能性，因为一些重要的因素在测试和分析中可能被忽视。这种破坏根源最典型的例子就是发生在第二次世界大战时期的“自由号”舰船的脆性破坏。“自由号”舰船最早引入了全焊接船体设计，比早期的铆接船体设计制造更为快捷和便宜，但是由于设计的改变，该舰船出现了船体严重断裂的事故。然而，今天几乎所有的船体采用的都是焊接设计，因为人们在“自由号”断裂事故中学习和掌握了足够的抗断裂设计知识，在现代的船体结构设计中避免了相同问题的产生。

为了便于读者对断裂力学的发展历程有一个初步的了解，本小节将从早期的断裂问题研究和断裂力学理论体系的发展历程进行简要介绍。

1. 早期的断裂问题研究

一般将线弹性断裂力学理论体系的成功构建和以前的阶段划分为早期的断裂问题研究阶段，从时间上来讲则是 20 世纪 60 年代初期及以前的年代。设计不发生断裂的结构并不是一个新的观念，事实上有许多古埃及法老时期和罗马帝国时期开始服役的结构就作为早期建筑师和工程师们高超设计能力的见证，至今仍然矗立于世。这些至今还矗立着的古老建筑显然代表了一种成功的设计。毫无疑问，那时也有很多不成功的具有很短服役寿命的设计，因为在牛顿时代到来之前人们的力学知识是非常有限的，可行的设计可能很大程度上是通过试错得到的。据说，罗马人在测试每一座新建桥梁时都要求桥梁的设计工程师站在有战车通过的桥梁下面。这样的要求不仅刺激了发展好的设计，而且还起到了达尔文自然选择式的社会作用，从而能够淘汰掉能力很差的工程师。

由于在工业革命之前，建筑材料的选择是非常有限的，大型建筑使用的主要材料是砖石和砂浆，因此，至今还矗立于世的古老建筑的耐久性是特别令人感到惊奇的。由于砖石和砂浆都是相对比较脆的材料，在承受拉伸载荷时是不可靠的，因此，工业革命之前的结构通常设计成承受压缩载荷(基本上都是拱形或弧形结构)，以充分发挥砖石和砂浆的承载能力。在工业革命时期，随着大规模的钢铁生产，这些相对来说具有韧性的结构材料的出现克服了早期结构设计上的限制，最终用于承受拉应力的结构建造，在设计理念上发生了突破。然而，从砖石和砂浆结构的承压设计理念到钢结构的承拉设计理念的改变在早期带来了一些问题，一些钢结构在远低于预期的拉伸强度的应力作用下意外地发生了断裂。最有名的例子是 1919 年 1 月发生在美国波士顿的蜂蜜储罐的断裂事故，该事故造成了 12 人死亡、40 人受伤、200 多万加仑①的蜂蜜溢出的重大生命和财产损失。事故原因当时是一个谜，因而为了避免这样的偶然事故发生，设计者一般会采用 10 倍或以上的安全系数。实际上，很早以前莱昂纳多·达·芬奇(Leonardo da Vinci)完成的不同长度的铁丝强度测试试验为断裂的根本原因提供了一些线索。铁丝的强度测试试验结果表明，铁丝的强度与其长度成反比。这意味着材料中的缺陷控制了材料的强度，铁丝越长，样品的体积就越大，包含缺陷的概率也就越大，因而铁丝越容易发生断裂。然而，这只是一种定性的结果。格里菲斯(Griffith)在 1920 年发表的论文中首次给出了断裂应力和缺陷大小之间的定量关系(Griffith, 1920)，他把椭圆孔的应力分析结果用到了裂纹的失稳扩展分析中，根据热力学第一定律构建了一个基于简单能量平衡的断裂理论。根据这一理论，当裂纹扩展增量产生的应变能改变足以克服材料的表面能时，裂纹失稳扩展，断裂发生(详见后续章节的介绍)。Griffith 模型正确地预测了玻璃样品中强度

① 1gal = 4.54609L。

和缺陷大小之间的关系，但其只能应用于理想的脆性固体，不能直接用于金属材料和结构的断裂分析。Griffith 理论认为断裂功唯一来源于材料的表面能，而不包括裂纹尖端区域的塑性功率消耗。直到 1948 年，能够用于金属材料断裂分析的修正的 Griffith 模型才发展起来。

实际上，直到前面提到的“自由号”舰船的断裂事故发生，断裂力学的发展才从单纯的科学兴趣发展成一门工程科学。“自由号”舰船的断裂事故调查表明该事故是由如下三方面的因素共同作用而发生的：①由半熟练工人完成的焊缝含有类裂纹形式的缺陷；②绝大多数断裂萌生在甲板上存在局部应力集中的方形舱口拐角处；③“自由号”舰船使用的钢材的韧性差(通过夏比(Charpy)冲击测试得到)。为了了解钢铁材料的断裂行为，美国海军实验室的断裂力学研究小组开展了系统而深入的实验和理论研究，进而促进了战后十年间断裂力学这一研究领域的诞生。

美国海军实验室断裂力学研究小组负责人欧文(Irwin)博士在仔细研究了英格利斯(Inglis)、Griffith 及其他人的早期工作后认为分析断裂问题所需要的基本工具已经具备，并于 1948 年发表了通过考虑局部塑性流动产生的能量耗散将 Griffith 理论推广到金属材料断裂问题分析的研究论文(Irwin, 1948)，Irwin(1956)基于 Griffith 理论提出了更加便于实际工程应用的能量释放率的概念，建立了断裂分析的 G 判据。G 判据的建立标志着完成了线弹性断裂力学的理论体系的构建。后来，Irwin(1957)根据 Westergaard 理论(Westergaard, 1939)阐明了裂纹尖端的应力和位移可以通过一个和能量释放率有关的单一常数来描述。这个裂纹尖端表征参数就是后来众所周知的“应力强度因子”。线弹性断裂力学的建立及其早期在工程中的成功应用一举树立了该新兴领域在工程界的地位。例如，Wells(1955)利用断裂力学分析表明“彗星号”喷气式飞机的机身破坏是由于疲劳裂纹达到了临界长度的缘故，并且疲劳裂纹主要萌生于存在应力集中的机窗方形拐角部位；Winne 和 Wundt(1958)利用 Irwin 的能量释放率理论分析了通用电气公司的汽轮机大型转子的破坏问题，预测了转子锻件中大型圆盘的爆裂行为，并将这一认识用于防止实际转子的断裂发生。

2. 弹塑性断裂力学的发展

1960 年后，线弹性断裂力学的基础理论已经建立得相对完备，研究人员的注意力开始转向裂纹尖端塑性理论方面的研究，因此，可以将 1960 年看成弹塑性断裂力学研究的开端。如果材料和结构在断裂前发生了明显的塑性变形，则线弹性断裂力学理论不再适用，需要发展新的理论。在 1960～1961 年这相对较短的时间内，Irwin(1961)、Dugdale(1960)、Barenblatt(1962)和 Wells(1961)等发展了一些针对裂纹尖端塑性屈服的校正分析方法，具体内容将在后续章节有所涉及。

Rice(1968)发展了另一个表征裂纹前端非线性材料行为的参数。通过将塑性变形理想化为非线性弹性变形，Rice 将能量释放率推广到了非线性材料，并认为这个非线性能量释放率可以表示为一个线积分，称其为 J 积分，可通过沿裂纹尖端周围的任意一个封闭回路来积分计算。同年，Hutchinson(1968)及 Rice 和 Rosengren(1968)建立了 J 积分和非线性材料的裂纹尖端应力场之间的关系，提出了著名的裂纹尖端应力场的 HRR(Hutchinson

Rice Rosengren)解。这些分析表明 J 积分可以看成一个非线性应力强度参数或是能量释放率。从 1971 年开始，Begley 和 Landes(1972)采用 J 积分来表征核反应堆压力容器钢的断裂韧性，并对这些断裂韧性参数进行了实验测定，这也为 10 年之后 J 积分测试的试验标准的发布和推广奠定了坚实的实验和理论基础。材料韧性表征仅仅是断裂力学的一个方面，为了将弹塑性断裂力学的概念应用到实际的工程设计中，还需要建立断裂韧性、应力和裂纹大小之间的数学关系。尽管对于线弹性断裂问题，这些关系已经完备地建立，但是，基于 J 积分的弹塑性断裂设计分析直到 Shih 和 Hutchinson(1976)提供了这一方法的理论框架以后才成为可能。进而在这以后的几年内，美国电力研究所(EPRI)根据 Shih 和 Hutchinson 提出的方法出版了一本《断裂设计手册》(Kumar et al., 1981)。从后续章节的相关内容可以看到，基于 J 积分的弹塑性断裂力学分析仅限于裂纹尖端发生小范围塑性屈服的情形，对于裂纹尖端发生大范围塑性屈服的情形分析误差较大，并且不适用于裂纹处于全面屈服的材料中的情形。

英国焊接研究协会的韦尔斯(Wells)曾经因学术休假在美国海军实验室和 Irwin 共事过，他在结束休假返回英国焊接研究协会的工作岗位后，针对低强度和中强度钢开展了断裂行为研究，试图将线弹性断裂力学理论应用到这两类材料；然而，他通过研究发现，由于这两类材料韧性太好而不能利用线弹性断裂力学理论进行相关分析。但是，Wells 发现裂纹面将会随着塑性变形的发展而张开，并把这一张开位移推荐为断裂前发生显著塑性变形的另一个断裂判据(Wells, 1961)，这就是现在大家熟知的裂纹尖端张开位移(CTOD)判据，该判据可用于裂纹尖端发生大范围塑性变形的情形。从 20 世纪 60 年代后期开始，CTOD 判据在英国广泛应用于焊接结构的断裂分析中。

尽管从 20 世纪 60 年代开始，J 积分判据在美国的核反应堆结构断裂设计中得到了广泛的应用和长足的发展，CTOD 判据在英国的焊接钢结构的断裂分析中得到了广泛的应用，Shih(1981)通过研究揭示了在小范围塑性屈服情形下 J 积分判据和 CTOD 判据之间的对应关系，这意味着两种方法在表征小范围屈服情形下的弹塑性断裂力学问题上是同等有效的。另外，在 1960～1980 年，动态断裂力学的理论基础也得到了长足的发展。由于本书中不包含动态断裂力学方面的内容，此处对于动态断裂力学的发展历程不做过多介绍，关于动态断裂力学的相关内容，感兴趣的读者可参见 Freund(1990)和 Anderson(2005)等相关专著。

3. 断裂力学的新近发展

20 世纪 80 年代和 90 年代，断裂力学的理论体系逐渐发展成熟，当前的断裂力学研究成果倾向于促进断裂力学渐进式的进步，而不是重大的理论体系上的突破。由于断裂力学分析技术可以广泛地应用于解决各种实际问题，因此现在人们把断裂力学看成是一门成熟的工程学科。除了材料的塑性理论之外，还有很多更复杂的描述材料力学行为的模型蕴含在断裂力学分析之中。例如，诸如黏塑性和黏弹性这类时间相关的非线性材料变形行为也在金属材料的高温蠕变断裂和高分子材料的断裂分析中得到了充分考虑。另外，断裂力学也被用到复合材料的断裂分析中。

当前断裂力学研究的另一个发展趋势是发展断裂的微观结构模型及材料局部和整体

断裂行为的关联模型。例如，与此相关的一个研究主题是描述和预测断裂韧性的几何依赖性。这些理论在传统的所谓的单参数断裂力学不能使用时是非常必需的。

一方面，计算机技术的飞速发展也同样促进了断裂力学分析技术的发展和应用。例如，目前，利用普通的台式计算机即可完成包含裂纹的结构构件的三维复杂有限元分析；并且，基于数据分析的机器学习和人工智能也已经用于断裂力学问题的分析之中。另一方面，微电子工业的发展也促进了关于界面断裂和纳观断裂等方面的研究。对于未来断裂力学的新发展，本书将在最后一章结合最新的断裂力学研究动向进行简要展望，此处不再赘述。

1.2 疲劳分析简介

1.1 节对疲劳问题研究的发展历程进行了简要介绍，由此可以看到疲劳研究主要是依托大量的实验数据来进行的，是一个以实验研究为主的学科研究方向。本节将对疲劳的定义、特点、分类及研究方法等进行介绍，便于读者在整体上对疲劳问题的研究思路和研究方法有一个较为清楚的了解。

1.2.1 疲劳的定义

从疲劳问题研究的发展历程来看，Braithwaite(1854)最早在其发表的研究论文中使用疲劳这一术语来描述金属材料在反复载荷下发生的开裂和失效现象。因此，美国材料与试验协会在标准 ASTM E206-72 中引入了疲劳的定义：材料或构件在承受足够多次的交变(或反复)载荷作用之后，在局部形成裂纹或发生完全断裂的发展过程称为疲劳。

1.2.2 疲劳的特点

根据上述的疲劳定义，可以很清晰地看到疲劳破坏具有如下几个主要特点。

(1) 疲劳破坏在交变(或反复)载荷作用下才会发生。交变载荷是指随时间在一定范围内变化的载荷，这一载荷可以是施加的力或位移载荷，也可以转化为作用在材料或结构上的应力和应变(有时还可以包括温度、电场、磁场等其他物理场)。根据载荷随时间的变化规律不同，交变载荷又可以分为：恒幅载荷(载荷的幅值不随时间变化)、变幅载荷(载荷的幅值随时间有规律地变化)和随机载荷(载荷的幅值随时间随机变化)。以应力载荷为例，图 1-1 给出了三类典型的交变载荷。

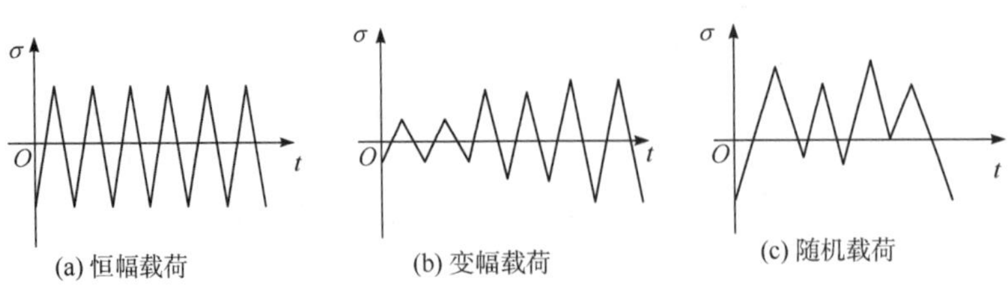

图 1-1 三类典型的交变载荷

(2) 疲劳破坏起源于材料或结构中局部的高应力或高应变区域。一般而言，在外载荷作用下，结构构件中的应力分布是不均匀的，构件几何形状和尺寸的变化使得构件内存在局部的应力集中，如图 1-2 所示。图中所示的结构构件的应力云图中箭头标记的就是存在应力集中的高应力区域，也就是疲劳破坏的起源区域。因此，为了防止结构构件发生过早的疲劳破坏，在结构设计时应尽可能减小构件中的应力集中程度。

图 1-2　结构构件中的应力集中现象

看彩图

(3) 疲劳破坏的表现形式是形成裂纹或完全断裂。在承受足够多次的交变载荷作用后，在材料或结构的局部高应力或高应变区域将会开始产生裂纹，形成的裂纹在交变载荷作用下继续扩展，直至材料或结构发生完全断裂。根据涉及的材料的不同，可将材料或结构中萌生裂纹或完全断裂时经历的交变载荷次数称为材料或结构的疲劳寿命。疲劳破坏引起的结构断裂一般都是局部突然发生的，从结构的整体响应上不易察觉，极具危害性。

(4) 疲劳破坏有一个明显的发展过程。疲劳破坏是材料和结构在经历了多次交变载荷以后发生的，材料和结构中的裂纹形成和扩展都需要足够的时间(或交变载荷的循环次数)积累，并且是一个逐渐累积和发展的过程。由此，也可以将材料和结构的疲劳寿命分为裂纹萌生寿命和裂纹扩展寿命。针对不同的材料和不同的载荷条件，这两种寿命在总寿命中所占的份额各不相同。

1.2.3　疲劳的分类

由于材料和结构的疲劳问题涉及的因素众多，可以从不同的角度来讨论疲劳的分类。

首先，从观察到的疲劳寿命的高低，可以将疲劳问题分为低周疲劳、高周疲劳和超高周疲劳三大类。低周疲劳是指在低于 10^5 次循环下发生的疲劳失效，多为材料在接近或超过其屈服强度的循环载荷作用下发生；高周疲劳是指经过高于 10^5 次循环下发生的疲劳失效，一般发生在材料承受低于屈服应力的交变载荷情况下；超高周疲劳则是指高于 10^8 次循环下发生的疲劳失效。近年来，为了研究金属结构在地震等极端载荷作用下的疲劳失效行为，研究者(Jia and Ge, 2019)引入了极低周疲劳的概念，将低于几百次循环下发生的疲劳失效归结为极低周疲劳失效范畴。另外，在传统的疲劳研究中，因为高周疲劳(包括超高周疲劳)通常发生在应力水平低于材料的屈服应力情形，试验测试中通常施加交变应力，因此，有时也称其为应力疲劳；与此对应，低周疲劳(包括极低周疲劳)通常发生在较高应力(接近或超过材料的屈服应力)水平下，试验测试中通常施加交变应变，因此，有时也称其为应变疲劳。

其次，根据材料和结构在疲劳失效过程中所处的应力状态，可以将疲劳问题分为单轴疲劳和多轴疲劳两大类。单轴疲劳指在单轴(拉伸和/或压缩)循环载荷作用下发生的疲劳失效，材料只承受单向的正应力，在试验测试过程中，单轴疲劳一般采用实心圆棒试样；多轴疲劳是指在多向应力作用下发生的疲劳，也称复合疲劳，对于材料的拉(压)-扭转组合多轴疲劳试验，可采用如图 1-3 所示的薄壁圆筒试样，此时材料所处的应力状态是拉压应力和切应力组合而成的二向应力状态。另外，工程中通常采用的扭转疲劳和旋转弯曲以及三点和四点弯曲疲劳严格来说均属于多轴疲劳的范畴，因为在这些疲劳试验过程中，试样所处的应力状态均是二向应力状态。

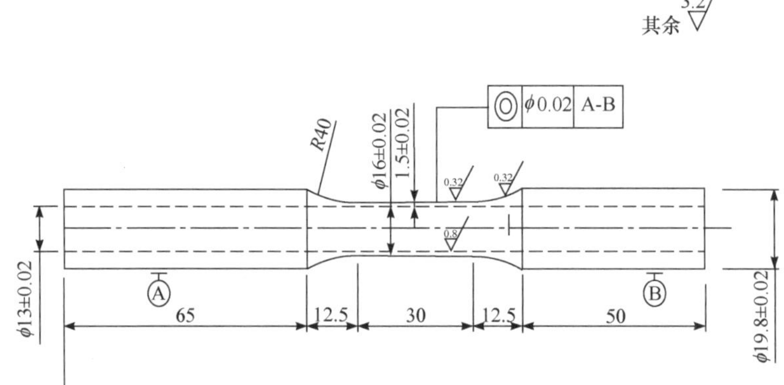

图 1-3　拉(压)-扭转组合多轴疲劳试样图(薄壁圆筒)(单位：mm)

再次，根据材料和结构在疲劳失效过程中交变载荷的变化特征(图 1-1)，可以将疲劳问题分为恒幅疲劳、变幅疲劳和随机疲劳三大类。顾名思义，恒幅疲劳是指在恒幅交变载荷作用下发生的疲劳，变幅疲劳是指在变幅交变载荷作用下发生的疲劳，而随机疲劳则是指在随机交变载荷作用下发生的疲劳。

最后，根据材料和结构在疲劳失效过程中所处的载荷类别和环境将其分为常规疲劳(室温下、单一的机械载荷)、高/低温疲劳、热疲劳、热-力耦合疲劳、力-电(或磁)耦合疲劳、力-热-电(或磁)耦合疲劳、腐蚀疲劳、振动疲劳、接触疲劳和微动疲劳等。

1.2.4　疲劳的研究方法和抗疲劳设计

材料的疲劳行为研究是结构疲劳分析的基础，只有在充分了解了材料的疲劳特性之后才能对结构的疲劳行为和疲劳寿命进行合理的分析与预测，从而促进结构的抗疲劳设计。然而，由于疲劳失效问题的复杂性，目前为止，不管是材料还是结构的疲劳分析，一般都是基于疲劳试验来开展的。对于材料疲劳，一般是通过标准试样由系统的疲劳试验来获得材料的基本疲劳性能(常用 *S-N* 或 *ε-N* 曲线来表示)。在宏观疲劳试验获得的基本疲劳性能数据的基础上，一方面可以建立相应的理论模型，对材料在不同疲劳工况下的疲劳寿命进行预测，而另一方面又可以结合必要的微观观察，揭示材料的疲劳失效机制，为材料抗疲劳性能的提升提供研究基础。对于结构疲劳，可以首先通过合理而准确的结构分析，获得在某一特定载荷下结构构件中的名义应力或是危险点的局部应力-应变响应，然后结合材料的基本疲劳性能数据来计算结构构件在这一载荷作用下的疲劳寿命，最后通过必要的结构构件疲劳试验来进行验证。然而，对于一些重要的大型复杂结构，也可以直接采用结构的疲劳试验来获得其疲劳性能。

由此可见，材料与结构的疲劳分析采用的是集实验、数值模拟和理论建模于一体的总体研究方法，其研究目的是认识材料与结构的疲劳性能，进而进行其疲劳寿命评估，最后指导结构的抗疲劳设计，尽最大可能避免材料和结构的疲劳失效发生。通过近 100 年对疲劳的研究，人们已经总结出了一些行之有效的抗疲劳设计方法，本小节将对几种主要的结构抗疲劳设计方法进行简要介绍。

1. 无限寿命设计方法

结构的无限寿命设计方法的设计准则是：当结构承受的交变载荷幅值小于某一个临界值时，结构构件中不会萌生疲劳裂纹，构件可承受无限次循环的交变载荷而不发生失效。这一设计准则是疲劳研究中基于材料的疲劳极限来建立的，可以用如下设计条件来表示：

$$\sigma_{\mathrm{a}} < \sigma_{\mathrm{f}} \tag{1-1}$$

其中，σ_{a}是构件承受的应力幅值，σ_{f}是材料的疲劳极限。

无限寿命设计方法主要应用于运行次数非常多(通常大于 10^7 次循环)的零部件，比如轴、轮和发动机顶杆等。此外，工程结构中一些难以更换的重要零部件也往往采用无限寿命设计方法来进行设计，以确保在服役过程中不会发生过早的疲劳失效。

2. 安全寿命设计方法

结构的安全寿命设计方法(又称为有限寿命设计方法)的设计准则是：将结构构件承受的交变载荷控制在某一范围内，使得构件在有限长的设计寿命周期内保证安全，不发生疲劳破坏。它的设计条件表示为

$$\sigma_{\mathrm{a}} < \sigma_N \tag{1-2}$$

其中，σ_{a}仍然表示构件承受的应力幅值，但σ_N则是所设计的构件的疲劳寿命为 N 时对应的极限应力。

安全寿命设计方法是目前应用最为广泛的结构抗疲劳设计方法，大部分的工程机械及其零部件均采用安全寿命设计方法。该设计方法在保证构件服役安全的条件下，并不过分追求非常高的疲劳寿命甚至无限寿命，可以有效地降低结构构件的自重和节约材

料，进而提高工程结构的经济性。然而，在安全寿命设计过程中必须考虑结构构件的安全系数，进而考虑疲劳数据的分散性和其他因素对构件疲劳寿命的影响。需要指出的是，在设计规范中给出的疲劳性能曲线，均是考虑安全系数之后的结果，而不是直接疲劳试验得到的结果。

3. 损伤容限设计方法

结构的损伤容限设计方法的设计准则是：假定构件中不可避免地存在裂纹，通过断裂力学的分析方法和台架试验来校验这些裂纹在定期检修检测出来之前是否会扩展到引起构件破坏的程度；也就是要求对于存在缺陷或裂纹的构件，必须保证在一定周期内不发生破坏。它的设计条件表示为

$$a_N < a_{\mathrm{c}} \quad 或 \quad \Delta K < \Delta K_{\mathrm{th}} \tag{1-3}$$

其中，a_N 为循环 N 次以后构件中的裂纹长度，而 a_{c} 为裂纹失稳扩展时的临界裂纹长度；ΔK 是构件在特定载荷作用下在具有一定长度的裂纹尖端产生的应力强度因子历程，而 ΔK_{th} 为对应的裂纹扩展门槛值。这表明该设计准则要求在一定周期内的裂纹长度应低于裂纹失稳扩展时的临界裂纹长度，或裂纹尖端承受的应力强度因子历程应低于材料的裂纹扩展门槛值。这种方法最早由美国空军实验室提出并使用，主要应用于服从定期检修的构件或已经存在裂纹的构件。损伤容限设计方法需要用到表征含裂纹物体力学行为的断裂力学知识，体现了结构疲劳分析和断裂力学理论的结合。

需要指出的是，除了上述三种结构的抗疲劳设计方法之外，还有近年来发展建立的结构耐久性设计和结构疲劳可靠性设计两种方法。耐久性是结构构件在规定的使用条件下抗疲劳断裂性能的一种定量度量，而耐久性设计是以结构构件的经济寿命控制为设计目标。结构构件的经济寿命是指结构构件在服役到一定寿命时，构件内部产生了不能经济维修的广布损伤。与传统的抗疲劳设计方法相比，结构耐久性设计由原来不考虑裂纹或仅考虑少数最严重的裂纹发展到考虑构件中可能出现的全部裂纹群，由仅考虑材料的疲劳抗力发展到考虑构件的细节设计和制造质量对构件疲劳抗力的影响，由仅考虑安全发展到综合考虑安全、功能和使用经济性。结构疲劳可靠性设计实际上是概率统计方法和传统抗疲劳设计方法相结合的产物，因此也称为概率疲劳设计。这种设计方法考虑了载荷、材料疲劳性能和其他相关疲劳涉及数据的分散性，可以把疲劳破坏的概率限制在一定范围内，因此，其设计精度要比其他抗疲劳设计方法高。这两种抗疲劳设计方法均是 21 世纪该领域的主要研究方向，感兴趣的读者可以查阅相关的书籍和论文。

1.2.5 疲劳的产生机制

尽管本书主要关注材料和结构疲劳的力学描述，但是学习和了解材料的疲劳破坏机制不仅有助于我们更加深入地认识材料和结构的疲劳现象以防止疲劳破坏的发生，也更有助于我们建立合理的力学模型对材料和结构的疲劳寿命进行预测和评估。因此，本小节将简要介绍目前研究最为广泛、理解最为透彻的金属材料的疲劳破坏机制，详细内容读者可参见《材料的疲劳》(Suresh，1999)这一专著。

一般来说，金属材料的疲劳破坏可以分为三个阶段，即疲劳裂纹萌生、疲劳裂纹扩

展和失稳断裂。各个阶段所涉及的物理机制不尽相同，下面分别介绍。

1. 疲劳裂纹萌生阶段

在疲劳裂纹萌生阶段，金属材料的疲劳破坏与金属多晶体的非均质性和各向异性密切相关，材料的疲劳破坏是在应力或应变最大和位向最不利的薄弱晶粒中或夹杂等缺陷处发生，形成疲劳裂纹，然后沿着一定的方向进行裂纹扩展。因此，构件中的疲劳裂纹容易在结构内的内圆角处或在亚表面的夹杂附近等应力集中处萌生。金属材料的疲劳裂纹萌生主要有以下三种形式：①普通合金材料多在表面或次表面层的冶金缺陷(如非金属夹杂物)、相界面和晶界处或机械加工缺陷处开裂；②纯金属和单相合金则多为滑移带的挤出和挤入诱发开裂；③高温下的金属材料则表现为晶界开裂。下面将详细分析这三种形式下疲劳裂纹是如何产生的。

普通合金材料表面或亚表面层往往存在夹杂或其他粒子等冶金缺陷，在交变载荷的作用下，这些夹杂或其他粒子可能与基体沿界面发生分离，或者夹杂或粒子本身在交变载荷作用下发生断裂，从而导致合金材料内出现疲劳裂纹。

在具有良好塑性变形能力的纯金属和单相合金材料中，疲劳裂纹一般起始于晶界附近或在某些滑移带上。在交变载荷作用下纯金属和单相合金材料发生塑性变形而产生的滑移线通常是不均匀的。这种滑移的不均匀性通常集中在金属材料的表面、晶界及夹杂物附近等处，进而在该处形成疲劳裂纹核心。图 1-4 给出了面心立方(FCC)金属内部产生的驻留滑移带(PSB)；图 1-5 给出了交变载荷下金属材料表面因驻留滑移带的产生而形成的“挤出脊”及“挤入沟”的一个例子。

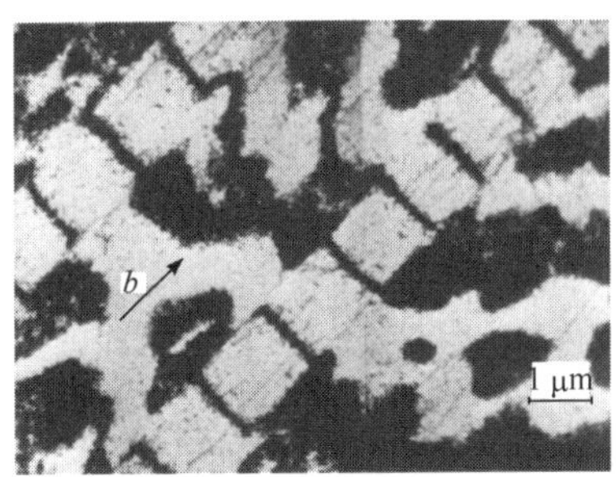

图 1-4　FCC 金属的驻留滑移带
(Mughrabi et al. , 1979)

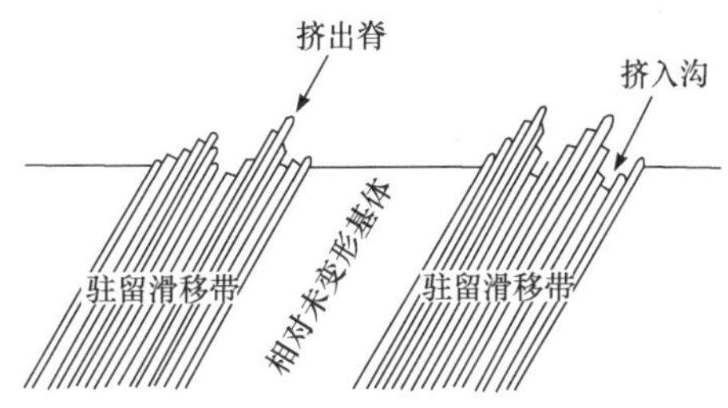

图 1-5　金属材料表面形成的“挤出脊”及“挤入沟”

对于高温下的金属材料，疲劳载荷作用下形成的滑移带移动到晶界时，由于晶界对位错滑移的阻碍作用，在晶界处形成位错塞积，导致应力集中，从而在晶界处率先形成疲劳裂纹。

2. 疲劳裂纹扩展阶段

疲劳裂纹形成以后，在后续交变载荷的继续下将会逐渐发生裂纹扩展。疲劳裂纹的扩展分为前后两个阶段，即切向扩展阶段和法向扩展阶段。图 1-6 给出了金属材料疲劳裂纹的扩展情况。

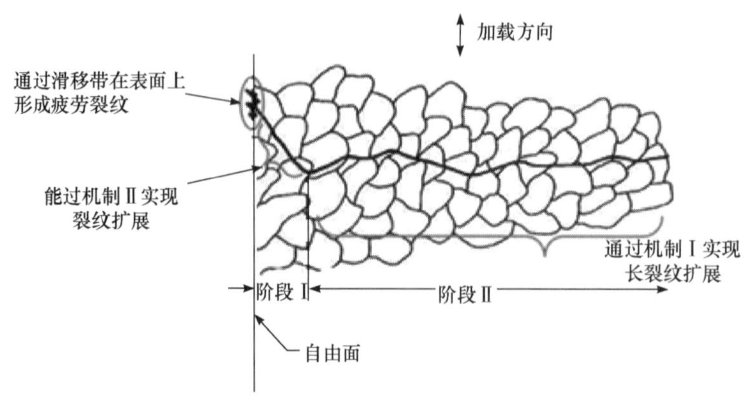

图 1-6　金属材料疲劳裂纹的扩展情况

由图 1-6 可见，金属材料在滑移带处形成裂纹后，裂纹尖端将沿着切应力最大的面(即与应力轴成 45°方向的滑移面)扩展，这是裂纹扩展的第一阶段；当裂纹扩展到裂纹长度超过几个晶粒或几十个晶粒尺寸后，各个小裂纹相互连接，形成一条单一的主裂纹，并在垂直于应力轴线的方向上稳定扩展，最终加速扩展直至断裂。

疲劳裂纹在扩展的第一阶段尺寸很小，一般在断口上不留下特殊痕迹；然而，对于第二阶段的疲劳裂纹扩展，则会在断口上观察到类似“条带”的显微特征(称为疲劳辉纹)。对疲劳裂纹扩展的第二阶段有较多机制性研究，下面介绍的是 Laird(1967)针对延性金属的疲劳裂纹扩展第二阶段提出的塑性钝化模型。图 1-7 给出了在交变载荷一个循环周次中的不同阶段时疲劳裂纹的几何形状及裂纹尖端附近的位错滑移方向。由图 1-7 可见：裂纹尖端最初为尖锐状态，加载过程中在裂纹尖端处产生的应力集中使裂纹尖端变宽，钝化成半圆；卸载过程中，裂纹尖端变成双缺口；在反向加载阶段，裂纹尖端发生裂纹面闭合，裂纹长度增长，形成新的裂纹尖端；如此循环往复，则在裂纹面上最终形成疲劳辉纹。图 1-8 给出了 7178 铝合金疲劳辉纹的显微图像，可见，疲劳辉纹由一系列基本上相互平行、略带弯曲并呈波浪形的条纹组成。

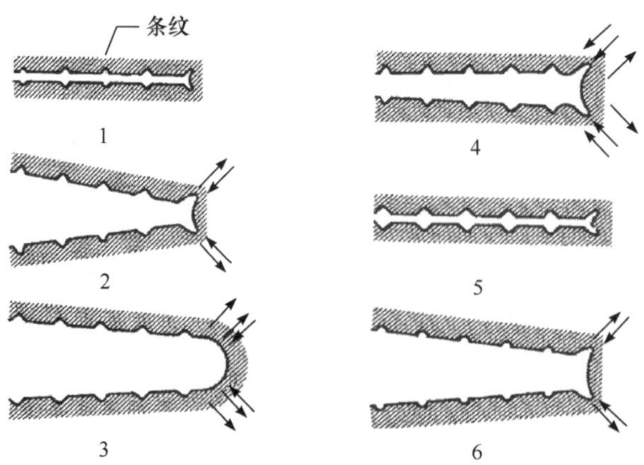

图 1-7　一次循环加载过程中裂纹尖端的变化

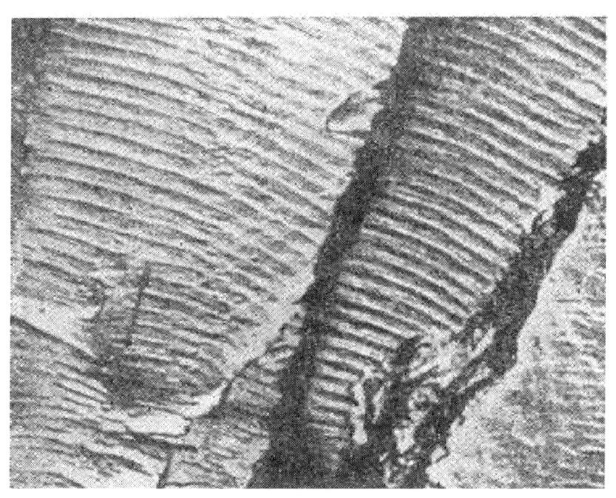

图 1-8 7178 铝合金疲劳辉纹的显微图像

3. 失稳断裂阶段

在失稳断裂阶段，材料的失稳断裂是损伤积累到临界值时突然发生的，也是疲劳裂纹扩展到裂纹长度临界值或裂纹尖端的应力强度因子达到其临界值的结果。此时材料的断裂机制与静载荷下的断裂机制相同。对于延性的金属材料，其断裂机制是：夹杂或第二相粒子与基体界面脱离形成微孔，微孔长大聚合形成微裂纹，微裂纹汇聚扩展，最后快速撕裂。图 1-9 给出了在扫描电镜下观察到的失稳断裂后断面上形成的韧窝。

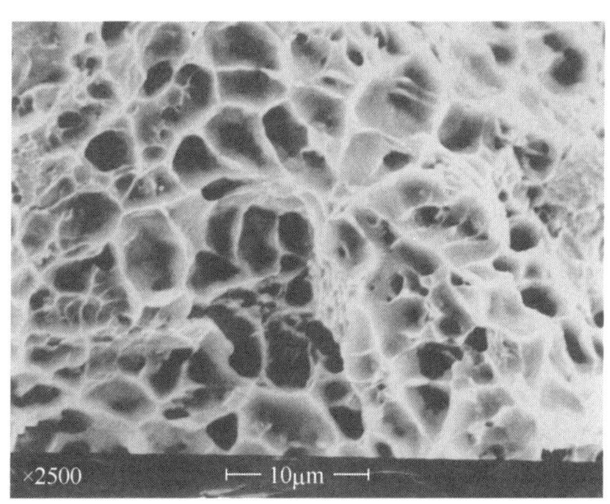

图 1-9 失稳断裂后断面上的韧窝

4. 疲劳断口分析

在上述疲劳裂纹萌生与扩展直至失稳断裂的机制分析中，疲劳断口分析起到了非常重要的作用。疲劳断口指材料或构件在疲劳过程中形成的一种匹配的表面。由于要在断裂后才容易进行相关的观察，因此称之为疲劳断口。疲劳断口分析对于确定构件是否属于疲劳破坏及其破坏原因，从而提出防止疲劳断裂事故的措施和方法是非常重要的。

根据宏观形貌特征，疲劳断口可划分为裂纹源区、裂纹扩展区和瞬时断裂区三个不同的区域，如图 1-10 所示。其中，裂纹源区和裂纹扩展区较为光滑平整，而瞬时断裂区则呈颗粒状，较为粗糙。

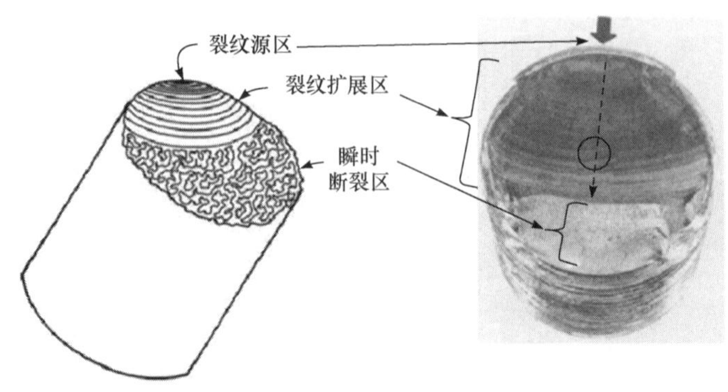

图 1-10　疲劳断裂后的断口形貌

首先来看裂纹萌生的裂纹源区。裂纹源一般位于夹杂物、缺陷等应力集中处或构件的表面高应力区。在交变载荷作用下，由于裂纹面的反复挤压和摩擦，裂纹源的附近区域一般会被磨光，形成光亮平整的表面，且颜色较浅。

介于裂纹源区和瞬时断裂区之间的就是裂纹扩展区。它的主要特征是具有类似贝壳表面的平行圆弧线，称为疲劳贝纹线。在疲劳过程中，由于空气和其他介质的腐蚀作用，疲劳裂纹扩展区的颜色一般较暗。

图 1-10 的左侧则是瞬时断裂区。瞬时断裂区的主要特征是断面粗糙、有韧窝。它与空气和其他介质的作用时间短、无腐蚀，因此，和疲劳裂纹扩展区的颜色相比，瞬时断裂区的颜色较浅。

1.3　断裂力学简介

1.3.1　断裂力学的特点

材料和结构的强度指的是材料和结构抵抗破坏的能力，在“材料力学”和“结构力学”这两门课程中均有涉及，但是，在这两门课程中讨论的材料和结构构件的强度均是在材料满足连续性假设的前提下进行的，也就是说它们的研究对象是连续的无间断的物体，物体内部没有裂纹或空穴等出现。然而，在实际的材料和结构构件中，有的会由于加工制造的原因在内部存在初始的裂纹或空穴，有的则会在经历了一定的服役时间后由于疲劳失效而产生了裂纹或空穴等不连续特征，但其仍然具有一定的承载能力。显然，这使得实际的材料和结构不满足材料力学和结构力学要求的连续性假设，因而，不能再利用传统的强度理论来进行其强度评估。为了进一步分析这些含裂纹或空穴等不连续结构特征的材料和结构的剩余强度，需要建立能够合理考虑裂纹问题的理论体系和分析方法。断裂力学正是为了解决这一基于连续性假设的传统强度理论的研究难题而出现的。也就是说，断裂力学就是研究含裂纹的材料和结构构件中裂纹扩展和破坏规律的力学理论和分析方法，研究含裂纹的连续介质中裂纹如何扩展，在什么条件下扩展，并从中提炼出一些新的强度和韧度指标，为解决存在裂纹的结构构件和零部件的安全和剩余寿命问题提供新的方法和依据。因此，断裂力学的主要特点就是讨论含裂纹的物体的力学行为，并对在一定载荷作用下裂纹的扩展与否进行定量表征。

断裂力学将物体中导致不连续结构特征的各种缺陷(如气孔、夹杂、疏松、缩孔、白点、应力腐蚀引起的蚀坑、交变载荷下产生的疲劳源)抽象为理想的裂纹(即裂纹尖端的曲率半径等于零的尖裂纹)来处理，引入了裂纹的概念，如图 1-11 所示(a 表示裂纹尺寸)。并认为：①裂纹的扩展导致材料和构件最终断裂；②由于裂纹尖端存在应力集中，裂纹尖端处的应力最大，裂纹的扩展由裂纹尖端开始；③裂纹尖端的应力-应变场强弱决定裂纹能否扩展。

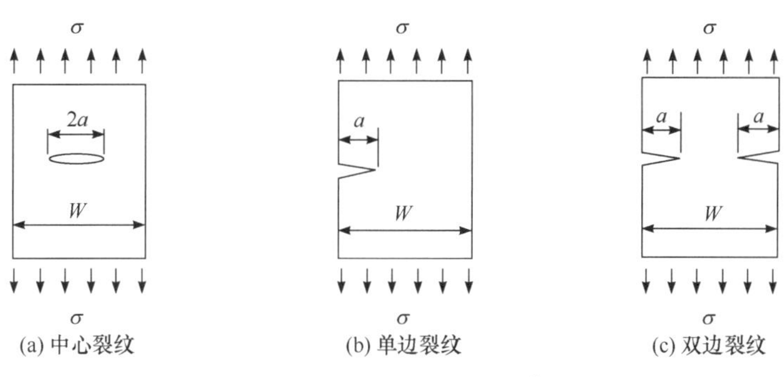

图 1-11 理想化的含裂纹体

在断裂力学中，尽管引入了裂纹这一抽象的概念来表征材料内部因各种缺陷导致的不连续结构特征，但是，在除裂纹之外的其他区域仍然采用了传统强度理论中使用的物体的连续性假设。也就是说，断裂力学中考虑的不连续性仅限于裂纹处。

1.3.2 断裂力学的分类

对于金属材料的断裂问题，从微观晶体学层面上可以将其分为滑移断裂和解理断裂，如图 1-12 所示。解理断裂是指金属材料在一定条件(如低温)下，当外加应力达到一定数值后以极快的速度沿一定的结晶学平面发生的断裂，断裂面平滑而光亮。解理断裂是典型的脆性断裂，一般在没有明显的塑性变形情况下发生，通常是由于垂直于解理面的正应力作用破坏了晶体原子间的结合力而引起的。滑移断裂是指金属材料在一定条件下由于剪应力作用破坏了晶体原子间的结合力而引起的，断裂之前晶格间发生了显著的滑移(即塑性变形)，断口呈灰暗的鹅毛状和纤维状形貌，断面与拉伸轴成一定的倾斜角。

图 1-12 金属材料的滑移断裂和解理断裂示意图

另外，根据断裂过程的宏观表象，从工程学的角度又可以将断裂问题分为脆性断裂和延性断裂。这一种分类方式也被教材《材料力学》所采用。如图 1-13 所示：脆性断裂是指材料在断裂前没有明显的变形；而延性断裂则是指在断裂前发生了显著变形的断裂问题。

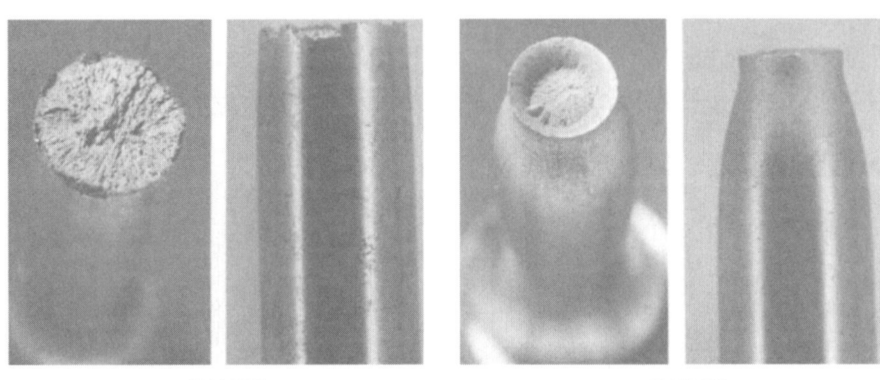

(a) 脆性断裂　　(b) 延性断裂

图 1-13　金属材料的脆性断裂和延性断裂示意图

从定义上来看，脆性断裂和延性断裂与解理断裂和滑移断裂有某种联系，但是并不存在简单的对应关系。也就是说，有的材料的断裂从晶体学角度上来看是解理断裂，但其宏观表现更符合延性断裂(断裂前发生了很大的变形)。

本书中讨论的断裂力学是从工程学的角度来讨论含裂纹体的力学问题，对断裂机制不做过多的讨论(断裂机制的讨论更多地属于断裂物理的范畴)。因此，按照分析方法的不同，断裂力学分析可分为：线弹性断裂力学和弹塑性断裂力学。线弹性断裂力学主要针对脆性断裂问题，即裂纹长度超过临界长度后，载荷下降并迅速发生断裂，并且发生断裂时材料和结构的总变形量很小，裂纹尖端附近塑性区范围很小。弹塑性断裂力学则针对延性断裂问题，即当裂纹长度超过临界长度后，载荷下降，但还需经历较大的变形后才发生最终断裂，并且发生最终断裂时材料和结构的总变形量较大，裂纹尖端附近塑性区范围较大，发生了大范围屈服。

1.3.3　断裂力学的研究方法

如前所述，断裂力学的研究对象是含裂纹体，其主要特点是围绕裂纹来研究裂纹扩展条件和扩展方式，除裂纹之外的其他部分仍然满足连续性假设。因此，断裂力学的研究方法是从弹性力学或弹塑性力学基本理论出发，把裂纹作为一种边界条件，考虑裂纹尖端附近的应力、应变和位移场，建立这些场与控制断裂的物理参量之间的关系以及裂纹尖端附近的局部断裂判据。可见，断裂力学具有较为严密的理论体系，同时，在断裂判据的建立过程中也离不开系统的实验研究和测试试验。

另外，在实际结构的断裂力学分析过程中，基于发展的断裂力学基础理论，还需要结合必要的数值计算方法(如有限单元法、边界元法和无网格法及相场模拟方法等)来分析具体结构中的裂纹扩展过程。

1.4　章节安排

本书共 12 章。第 1 章为绪论，其余 11 章归纳为三个部分。第一部分是疲劳分析基础篇，由第 2～5 章组成；第二部分是断裂力学基础篇，由第 6～9 章组成；第三部分是应用和发展篇，由第 10～12 章组成。第 2～12 章的主要内容简介如下。

第 2 章为材料循环变形行为和常幅疲劳分析。首先对材料性能试验中采用的循环载荷的表征方式和相关的特征参数进行介绍；其次，根据材料的循环变形试验结果介绍主要的循环应力-应变响应，包括一些最新的研究进展；再次，对常幅疲劳载荷作用下材料的高周疲劳性能进行介绍，重点讨论了材料 S-N 曲线的特点、表达式和平均应力的影响；从次，介绍在低周疲劳过程中材料 ε-N 曲线的特点、表达式和近似估算；最后，讨论影响材料疲劳性能的主要因素。

第 3 章为损伤累积理论和变幅疲劳分析。首先介绍损伤的定义和线性损伤累积理论，讨论变幅疲劳载荷下材料疲劳分析的理论基础；其次，介绍变幅载荷谱的分块特征、循环计数法及如何利用循环计数法将随机载荷谱等效为变幅载荷谱；最后，讨论几个变幅疲劳分析的示例。

第 4 章为结构疲劳分析基础。首先对基于应力的结构疲劳分析方法进行介绍，讨论了结构的缺口效应和结构疲劳分析的名义应力法；其次，介绍基于应变的结构分析方法，重点讨论结构疲劳分析的局部应力-应变法；最后，在材料疲劳强度的概率分析和疲劳载荷的概率分析的基础上，讨论结构的疲劳可靠性分析方法。

第 5 章为材料疲劳试验及数据处理。首先对材料高周疲劳试验方法和试验数据的处理及考虑概率统计的 P-S-N 曲线获取进行介绍；然后，讨论材料低周疲劳性能测试的试验方法和数据处理。

第 6 章为线弹性断裂力学。作为第二部分断裂力学基础篇的开篇之章，首先对裂纹的分类和裂纹尖端附近的应力场、应变场和位移场的获取进行介绍；其次，讨论基于能量的线弹性断裂力学基本理论；最后，详细介绍线弹性断裂力学中的应力强度因子理论。

第 7 章为弹塑性断裂力学。首先对裂纹尖端的塑性区大小和考虑裂纹尖端小范围塑性屈服时对应力强度因子的修正进行介绍；其次，讨论裂纹尖端张开位移的计算和基于裂纹尖端张开位移的断裂判据；最后，详细介绍适用于裂纹尖端大范围屈服的弹塑性断裂力学 J 积分理论，并且阐明 J 积分与其他断裂参数之间的关系。

第 8 章为材料断裂性能测试试验。分别介绍金属材料断裂韧性 K_{IC}、J_{IC} 和 δ_c 的测试方法及相关的数据处理过程。

第 9 章为疲劳裂纹扩展分析，主要讨论如何结合断裂力学的基本理论对疲劳裂纹的扩展过程和扩展寿命进行分析。首先结合试验得到的材料的疲劳裂纹扩展速率测试结果，介绍 Paris 公式的物理意义和具体应用；其次，在 Paris 公式的基础上讨论疲劳裂纹扩展寿命的计算；最后，总结影响材料疲劳裂纹扩展的一些重要因素。

第 10 章为基于有限元方法的结构疲劳与断裂分析，是第三部分应用和发展篇的开篇之章，主要讨论如何利用有限元分析来对工程结构及其构件的疲劳和断裂问题进行数值仿真。首先对基于有限元分析的无裂纹结构的疲劳寿命预测方法进行介绍；然后，对含裂纹体的裂纹扩展过程进行有限元分析，预测其剩余寿命或疲劳裂纹扩展寿命。

第 11 章为结构疲劳及断裂典型案例分析。主要介绍编者所在研究小组完成的典型结构的疲劳和断裂分析，包括高速铁路轮轨滚动接触疲劳分析、铁路道岔裂纹扩展分析和高速列车车轴剩余寿命预测三个典型案例。

第 12 章为疲劳与断裂力学研究新进展。主要介绍目前在疲劳与断裂力学研究中已经取得的、本书前面章节没有介绍的一些典型进展，进而拓宽读者的视野和激发读者的研究兴趣。

参考文献

Anderson T L. 2005. Fracture Mechanics: Fundamentals and Applications. Boca Raton, FL: Taylor & Francis.

Barenblatt G I. 1962. The mathematical theory of equilibrium cracks in brittle fracture. Advances in Applied Mechanics, 7: 55-129.

Begley J A, Landes J D. 1972. The J-integral as a fracture criterion. ASTM STP 514, American Society for Testing and Materials, Philadelphia, PA.

Braithwaite F. 1854. On the fatigue and consequent fracture of metals. Minutes of the Proceedings, 13: 463-467.

Dugdale D S. 1960. Yielding in steel sheets containing slits. Journal of the Mechanics and Physics of Solids, 8: 100-104.

Ewing J A, Humphrey J C. 1903. The fracture of metals under rapid alternations of stress. Phil. Trans. Roy. Soc. London, A200: 241-250.

Forsyth P J E. 1961. A two stage process of fatigue crack growth. In: Proc. Crack Propagation Symposium, Cranfield. The College of Aeronautics, Cranfield, 1: 76-94.

Freund L B. 1990. Dynamic Fracture Mechanics. Cambridge, UK: Cambridge University Press.

Griffith A A. 1920. The phenomena of rupture and flow in solids. Philosophical Transactions, Series A, 221: 163-198.

Head A K. 1953. The growth of fatigue cracks. Philosophical Magazine, Seventh Series, 44: 925-938.

Head A K. 1956. The propagation of fatigue cracks. Journal of Applied Mechanics, 23: 407-410.

Hutchinson J W. 1968. Singular behavior at the end of a tensile crack tip in a hardening material. Journal of the Mechanics and Physics of Solids, 16: 13-31.

Irwin G R. 1948. Fracture Dynamics. Fracturing of Metals. Cleveland, OH: American Society for Metals, 147-166.

Irwin G R. 1956. Onset of fast crack propagation in high strength steel and aluminum alloys. Sagamore Research Conference Proceedings, 2: 289-305.

Irwin G R. 1957. Analysis of stresses and strains near the end of a crack traversing a plate. Journal of Applied Mechanics, 24: 361-364.

Irwin G R. 1961. Plastic zone near a crack and fracture toughness. Sagamore Research Conference Proceedings, 4: 63-78.

Jia L J, Ge H B. 2019. Ultra-low-Cycle Fatigue Failure of Metal Structures under Strong Earthquakes. Singapore: Springer Nature.

Kumar V, German M D, Shih C F. 1981. An engineering approach to elastic-plastic analysis. Report No. NP 1931. Palo Alto: Electric Power Research Institute.

Laird C. 1967. The influence of metallurgical structure on the mechanisms of fatigue crack propagation. In Fatigue Crack Propagation Special Technical Publication, 415:131-68, Philadelphia: Thc American Society for Testing and Materials.

Mughrabi H, Ackermann F, Herz K. 1979. Persistent slip bands in fatigued face-centered and body-centered cubic metals. In Fatigue Mechanisms, Special Technical Publication, 675: 69-105.

Paris P C. 1962. The growth of cracks due to variations in load. PhD Thesis of Lehigh University.

Pook L P. 2002. Crack Paths. Southampton: WIT Press.

Pook L P. 2007. Metal Fatigue: What It Is, Why It Matters. Dordrecht, The Netherlands: Springer.

Rice J R. 1968. A path independent integral and the approximate analysis of strain concentration by notches and cracks. Journal of Applied Mechanics, 35: 379-386.

Rice J R, Rosengren G F. 1968. Plane strain deformation near a crack tip in a power-law hardening material. Journal of the Mechanics and Physics of Solids, 16: 1-12.

Schütz W. 1996. A history of fatigue. Engineering Fracture Mechanics, 54: 263-300.

Shih C F, Hutchinson J W. 1976. Fully plastic solutions and large-scale yielding estimates for plane stress crack problems. Journal of Engineering Materials and Technology, 98: 289-295.

Shih C F. 1981. Relationship between the *J*-integral and the crack opening displacement for stationary and extending cracks. Journal of the Mechanics and Physics of Solids, 29: 305-326.

Suresh S. 1999. 材料的疲劳. 王中光, 等译. 北京: 国防工业出版社.

Wells A A. 1955. The condition of fast fracture in aluminum alloys with particular reference to comet failures. British Welding Research Association Report.

Wells A A. 1961. Unstable crack propagation in metals: Cleavage and fast fracture. Proceedings of the Crack Propagation Symposium, Cranfield, UK.

Westergaard H M. 1939. Bearing pressures and cracks. Journal of Applied Mechanics, 6: 49-53.

Winne D H, Wundt B M. 1958. Application of the Griffith-Irwin theory of crack propagation to the bursting behavior of disks, including analytical and experimental studies. Transactions of the American Society of Mechanical Engineers, 80: 1643-1655.

第 2 章　材料循环变形行为和常幅疲劳分析

结构疲劳破坏通常起源于结构中应力/应变较高局部的材料破坏，萌生裂纹并发展至结构破坏。结构疲劳分析的基本思路是结合应力/应变较高的危险部位的载荷情况和材料的疲劳性能来计算结构的疲劳寿命。材料在循环载荷下的应力-应变响应和疲劳性能是进行结构疲劳分析的基础。

2.1　循环载荷的表征

循环载荷指随时间往复变化的载荷。循环载荷可以用载荷随时间变化的曲线来表示，称为载荷谱。载荷随时间变化可以是规则的，也可以是不规则的，甚至是随机变化的。根据载荷大小在循环过程中的变化情况，循环载荷可分为：常幅载荷、变幅载荷和随机载荷，图 2-1 给出了这三类循环载荷的载荷谱示意图。实际构件承受的循环载荷往往是复杂的随机载荷，为了方便起见，在进行试验和理论分析时往往简化为常幅载荷或变幅载荷。

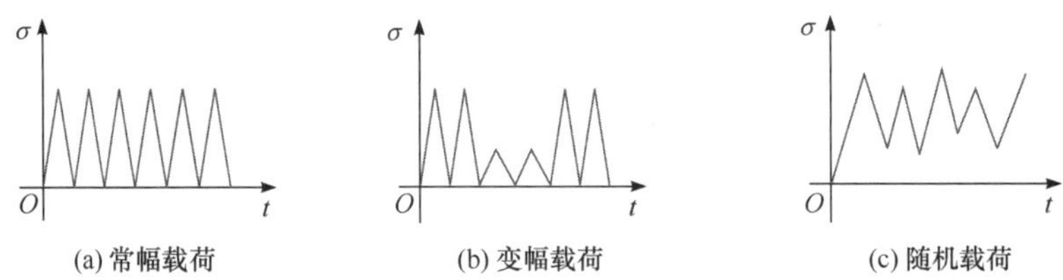

图 2-1　三类循环载荷的载荷谱示意图

除了用载荷谱直观地表征循环载荷外，对于规则变化的循环载荷，可以用一些循环参量来量化表征。最简单的循环载荷是以某一波形和固定幅值随时间周期性规则变化的常幅载荷。图 2-2 给出了一个按正弦波形变化的常幅应力循环载荷示意图，从图中可直接得到基本的循环参量有最大应力 σ_{max} 和最小应力 σ_{min}。此外，基于最大应力 σ_{max} 和最小应力 σ_{min} 而衍生出来的循环参量有应力变程、应力幅值、平均应力和应力比，其定义如下。

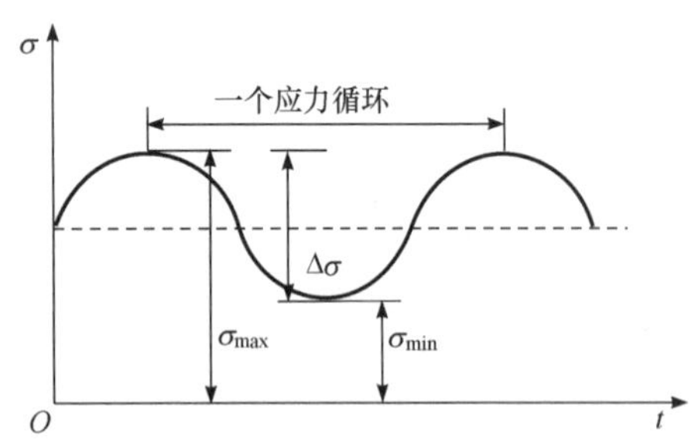

图 2-2　常幅应力循环载荷示意图

应力变程 $\Delta\sigma$：

$$\Delta\sigma = \sigma_{max} - \sigma_{min} \tag{2-1}$$

应力幅值 σ_a：

$$\sigma_a = \frac{1}{2}\Delta\sigma = \frac{1}{2}(\sigma_{max} - \sigma_{min}) \tag{2-2}$$

平均应力 σ_m：

$$\sigma_m = \frac{1}{2}(\sigma_{max} + \sigma_{min}) \tag{2-3}$$

应力比 R：

$$R = \frac{\sigma_{min}}{\sigma_{max}} \tag{2-4}$$

在这些循环参量中，只有两个是独立的，其他的参量都可以从独立的两个参量推导出来。也就是说，一个常幅应力循环载荷可以用两个独立的循环特征参量来表征，比较常用的组合表达方式有：最大应力+最小应力、平均应力+应力幅值、应力幅值+应力比等。在这些循环参量中，最大应力和最小应力反映的是循环载荷的大小，应力比反映的是载荷的变化情况。根据应力比的不同，循环载荷又可以分为：平均应力等于 0 的对称循环载荷和平均应力不等于 0 的非对称循环载荷；而非对称循环载荷有两种特殊情况，即脉动循环载荷($R=0$)和静载荷($R=1$)，如图 2-3 所示。

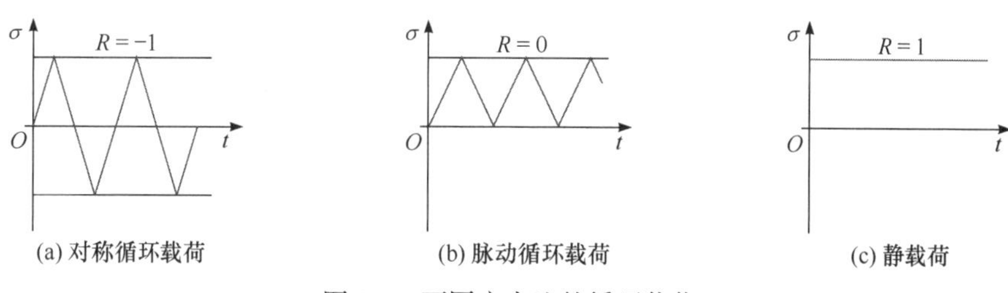

图 2-3　不同应力比的循环载荷

2.2　材料的循环应力-应变响应

2.2.1　单调应力-应变响应和塑性加-卸载曲线

疲劳破坏与材料在循环过程中的应力-应变响应密切相关，用以计算疲劳寿命的控制参量往往也通过材料循环应力-应变响应计算得到，因此，材料在循环载荷作用下的应力-应变响应对于研究疲劳问题是非常重要的。

为了保持内容的完整性，在研究材料的循环应力-应变响应之前，首先介绍材料在单调载荷作用下的应力-应变响应。图 2-4 给出了单调拉伸载荷下延性金属材料的典型应力-应变响应曲线，可以分为弹性变形和塑性变形两个阶段。在初始弹性变形阶段，应力-应变为近似线性关系，在弹性变形阶段卸载，材料会沿着原来的加载路径返回原点；进入塑性变形阶段后，应力-应变变为非线性关系，塑性变形阶段的应力-应变曲线的斜率(定义为应变硬化率)明显低于弹性变形阶段。在塑性变形阶段卸载，材料会以弹性变形阶段应力-应变曲线的斜率进行卸载，当载荷卸载为零时，会有残余变形(定义为塑性变形)产生。在塑性变形阶段卸载后再次加载，材料会出现比例极限提高、塑性变形降低的冷作硬化现象，如图 2-5 所示。

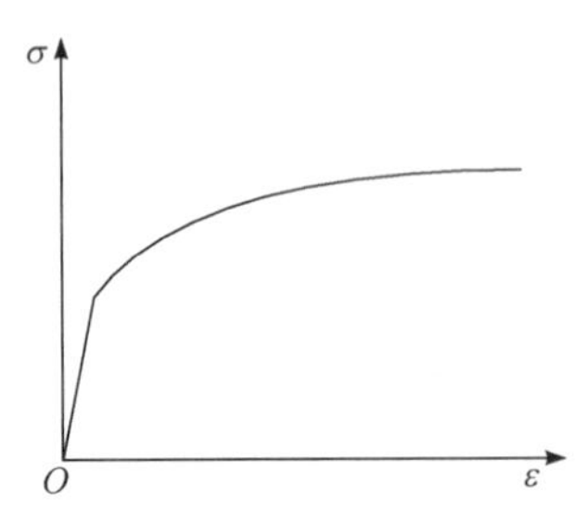

图 2-4 单调拉伸应力-应变响应曲线

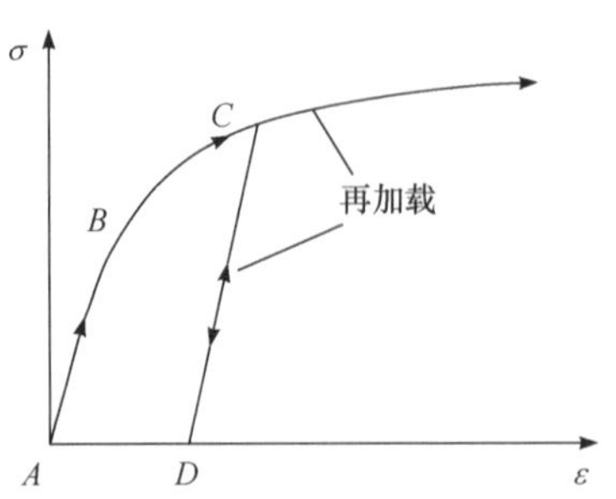

图 2-5 塑性加-卸载曲线

2.2.2 循环应力-应变滞回环和包辛格(Bauschinger)效应

材料的循环应力-应变滞回环是指材料在循环载荷作用下的应力-应变响应曲线。在循环载荷的开始阶段，载荷首先从零增加到最大值进而卸载并反向加载到最小值，然后再回到最大值，最后在最大值和最小值之间反复变换而构成循环载荷。图 2-6 给出了第一个载荷循环周次下完整的应力-应变响应曲线，其在载荷最大值和最小值之间循环变化时对应的应力-应变曲线称为应力-应变滞回环，该滞回环的面积反映了一个载荷循环过程中材料发生的耗散能密度大小。对于特定材料(如后续定义的循环稳定材料)，第一个循环周次的整个加载和变形过程可以分为如下几个阶段：①载荷从零增加到最大值，应力-应变曲线从 O 点沿着如前所述的单调加载路径进行到曲线的最高点 A；②载荷卸载到零，并反向加载至载荷最低点 B，应力-应变曲线从 A 点以弹性模量为斜率线性下降至零，在反向载荷超过材料的屈服点后非线性地变化到 B 点；③载荷从最低点重新回到载荷最高点，应力-应变曲线从 B 点以弹性模量为斜率线性上升，在进入塑性变形阶段后非线性地变化到 A'点，形成封闭的应力-应变曲线。除去初始单调加载曲线 OA 段，在载荷从最大值卸载到最小值，再加载到最大值这一载荷循环过程中得到的 ABA'封闭曲线则被称为循环应力-应变滞回环(简称滞回环)。描述材料循环应力-应变响应的一些特征参量都可以通过应力-应变滞回环获得，因此，应力-应变滞回环对于材料的疲劳寿命计算是非常重要的。根据图 2-6 可以计算出循环中的应力变程、应变变程(包括弹性应变变程和塑性应变变程)以及卸载模量。值得注意的是，循环应力-应变响应曲线与单调加载曲线相比有明显的区别。因此，不能用单调拉伸试验获得的材料参数来计算材料的循环应力-应变响应，必须用循环试验来获得材料的循环应力-应变响应。如果材料在循环变形过程中的响应是弹性的，循环应力-应变滞回环则退化为一条直线，滞回环面积为零，耗散为零。

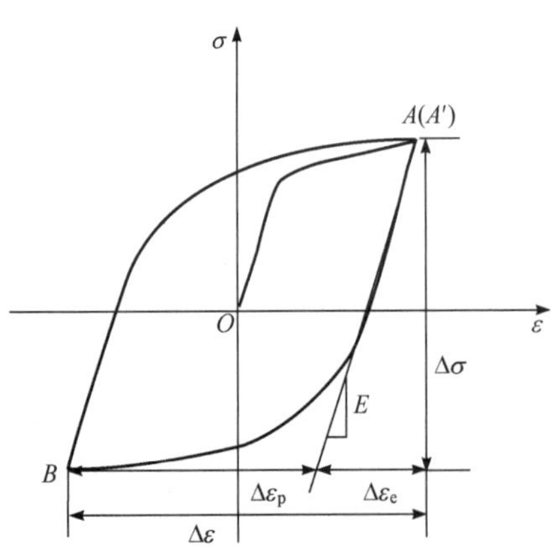

图 2-6 第一个载荷循环周次下完整的应力-应变响应曲线

Bauschinger 效应是指在金属塑性变形过程

中正向加载引起的塑性应变强化导致金属材料在随后的反向加载过程中呈现屈服极限降低的现象。简而言之，Bauschinger 效应就是正向强化、反向软化。图 2-7 给出了 Bauschinger 效应的示意图，反向加载阶段的应力增量和应变增量均用绝对值表示，虚线表示反向流动曲线，可见，材料的正向流动应力明显高于材料的反向流动应力。材料的 Bauschinger 效应可以用随动硬化模型来描述。随动硬化模型假设在循环过程中材料弹性阶段的应力历程是单调拉伸材料弹性极限σ_e的 2 倍，并且保持不变。材料在一个方向产生强化，由于弹性段范围恒定，在另一个方向就会产生软化，即屈服应力降低。图 2-8 给出了用随动硬化模型描述的对称应变控制循环(简称对称应变循环)加载下循环硬化材料(具体定义见 2.2.3 节)的一个循环周次内的应力-应变响应曲线。需要注意的是，对于循环硬化材料，其在一个载荷循环中得到的循环应力-应变曲线是不封闭的，与图 2-6 显示的循环稳定材料封闭的循环应力-应变曲线不同。

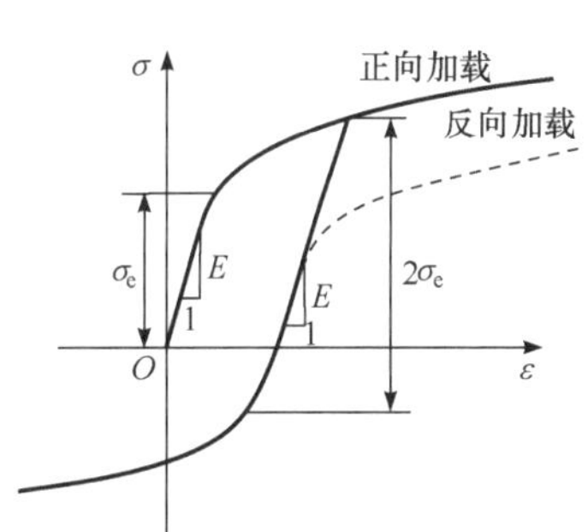

图 2-7　Bauschinger 效应示意图

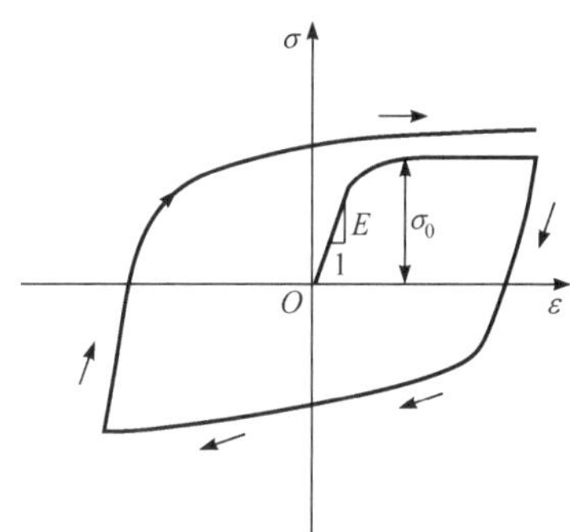

图 2-8　对称应变循环下的应力-应变响应曲线

2.2.3　循环软化和循环硬化效应

材料在循环载荷下的循环应力-应变曲线不仅和单调加载曲线不一样，而且在循环过程中还会产生不断的变化。图 2-9 给出了对称应变循环加载下出现的两种不同的应力响应：第一种响应情形称为循环软化(图 2-9(a))，即在循环应变恒定的情况下，响应的应力逐渐减小并趋于饱和，应力-应变滞回环的面积逐步减小；第二种情况称为循环硬

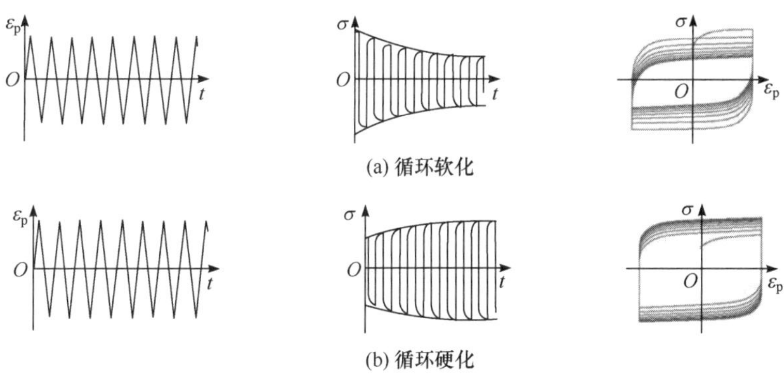

图 2-9　对称应变循环加载下材料循环软化(a)和循环硬化(b)效应的示意图

化(图 2-9(b))，和循环软化情况相反，响应的应力逐渐增大并趋于饱和，应力-应变滞回环的面积则逐步增大。另外，如果在对称应变循环过程中，各循环周次下的应力-应变滞回环重合，响应应力的峰谷值不发生变化，则称之为循环稳定，这样的材料也就称为循环稳定材料。

图 2-10 给出了对称应力循环下材料循环应力-应变曲线的演化。在第一种情况下(图 2-10(a))，循环应力不变，应变响应逐渐减小，滞回环也逐步变窄，这对应于循环硬化响应。在第二种情况下(图 2-10(b))，应变响应逐渐增大，滞回环也逐步变宽，这对应于循环软化响应。

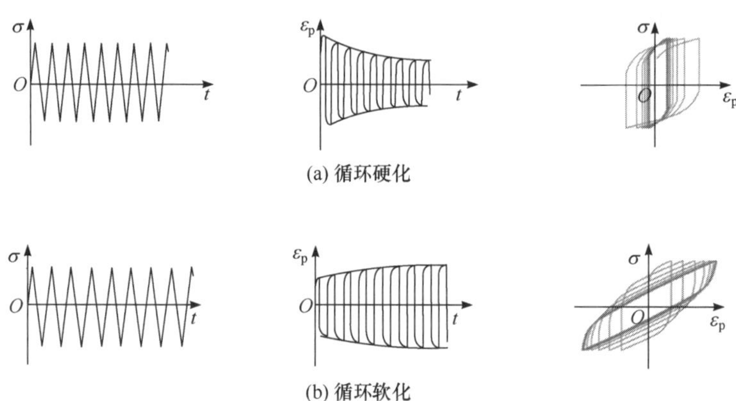

图 2-10　对称应力循环下材料的循环硬化(a)和循环软化(b)效应的应力-应变曲线

材料的循环软/硬化特性主要依赖于材料类型和热处理状态。一般而言，强度较低的材料大多表现为循环硬化，而强度较高的材料则多表现为循环软化。与之对应的是，退火态的材料多表现为循环硬化，而淬火态的材料多表现为循环软化。另外，部分材料的循环软/硬化特性还具有应变幅值依赖性。例如，304LN 不锈钢在应变幅值小于 1.2%时，在初始的几个循环中表现为一定的循环硬化后，在后续大部分循环中都表现为循环软化；然而，在应变幅值大于 1.2%后，在大部分循环中材料均表现出循环硬化现象。

2.2.4　循环应力幅值-应变幅值曲线

材料在循环载荷下的疲劳寿命主要受到循环载荷的幅值控制。循环稳定阶段的应变幅值或应力幅值可以通过循环应力幅值-应变幅值曲线来确定。需要注意的是，在其他疲劳相关的书籍中，为了和单调拉伸应力-应变曲线进行对比，反映循环软/硬化行为的影响，将这种循环应力幅值-应变幅值曲线简称为循环应力-应变曲线。本书中为了和 2.2.3 节提到的循环变形过程中的循环应力-应变曲线(即应力-应变滞回环)相区别，保留了它的全称。循环应力幅值-应变幅值曲线可以通过对称循环试验的方法来确定，并且有两种确定方法。第一种方法是成组试样法，即通过一系列不同应变水平的应变循环试验，得到其稳定的滞回环，将这一系列稳定滞回环的顶点连接起来，就可以得到循环应力幅值-应变幅值曲线，见图 2-11。该方法每一个应变水平都需单独的试样和试验，既费时又费材。图 2-12 给出了另一种较为简便的方法，即增级试验法。该方法采用各级应变水平由小到大再由大到小构成的程序块，由一个试样反复试验直至响应应力达到稳定值，将这个稳定循环程序块得到的许多滞回环顶点连接起来可得到循环应力幅值-应变幅值曲线。

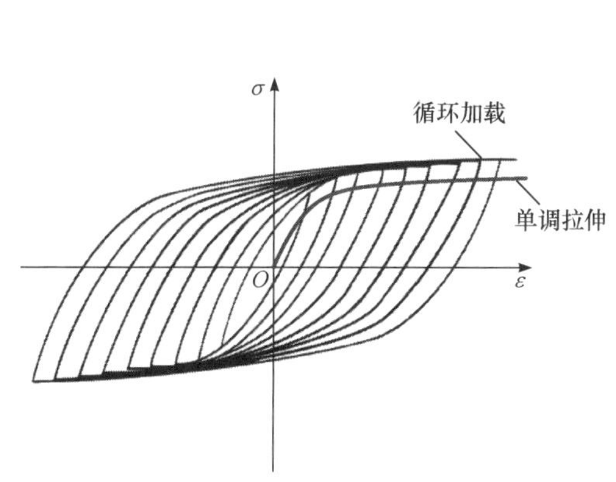

图 2-11　成组试样法确定循环应力幅值-应变幅值曲线

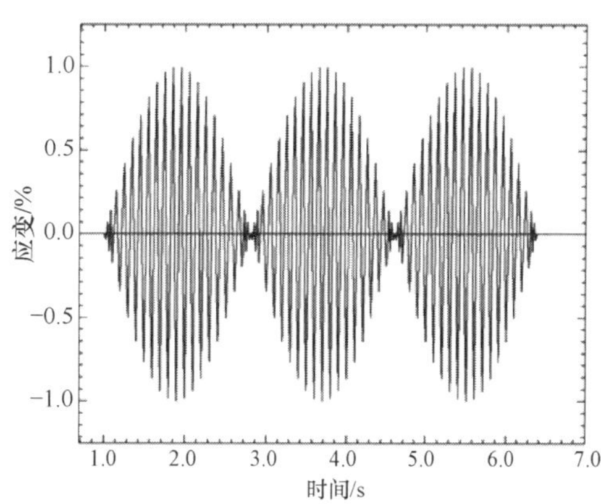

图 2-12　增级试验法的载荷谱块

一般情况下，材料的循环应力幅值-应变幅值曲线和单调应力-应变曲线有较大的差别。下面是一系列材料的循环应力幅值-应变幅值曲线和单调应力-应变曲线的对比。在相同的应变值下，如果循环应力幅值-应变幅值曲线高于单调应力-应变曲线，则表明该材料是循环硬化材料；反之，则是循环软化材料。因此，图 2-13 所示的 2024-T4 和 7075-T6 两种铝合金均为循环硬化材料。

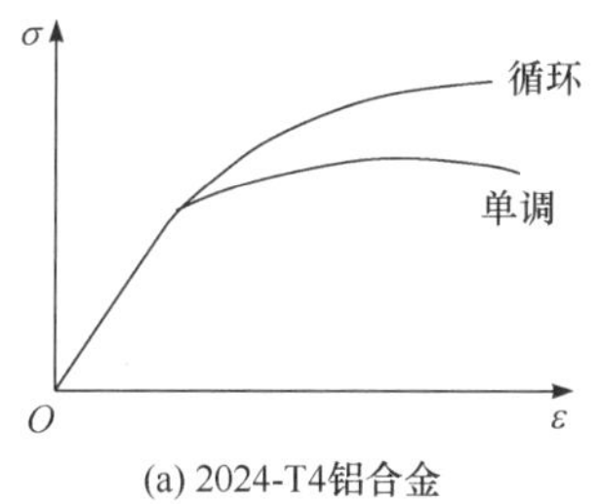

(a) 2024-T4铝合金

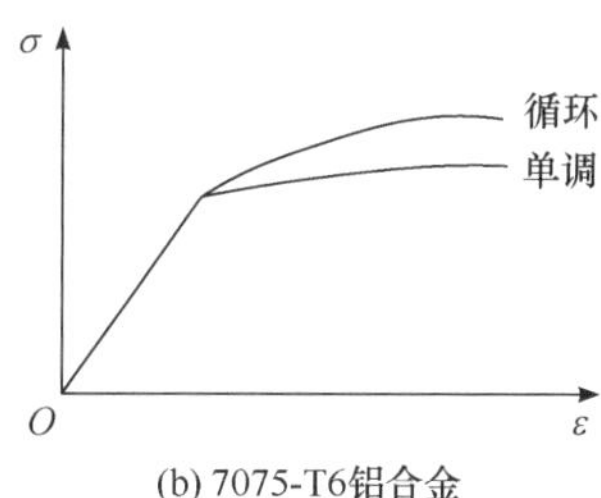

(b) 7075-T6铝合金

图 2-13　不同材料循环应力幅值-应变幅值曲线和单调应力-应变曲线的对比

2.2.5　非对称循环下的平均应力松弛和棘轮行为

在非对称应变循环下，材料的应力响应也是非对称的，且循环响应的平均应力随循环次数增加有逐渐下降的趋势，该现象称为平均应力松弛效应，如图 2-14 所示，显示了在非对称应变循环下，当施加的应力水平高于材料的屈服应力时，材料会在非零的平均应力方向上出现塑性变形的循环累积现象，称为棘轮行为。图 2-15 给出了 SS304 不锈钢和 1070 钢两种典型材料分别在正的平均应力和负的平均应力作用下，棘轮变形分别在拉伸方向和压缩方向的演化情况。已有研究(Kang, 2008)表明，材料的棘轮行为会明显降低材料的疲劳寿命，需要在材料与结构的疲劳分析中合理考虑棘轮行为的影响。

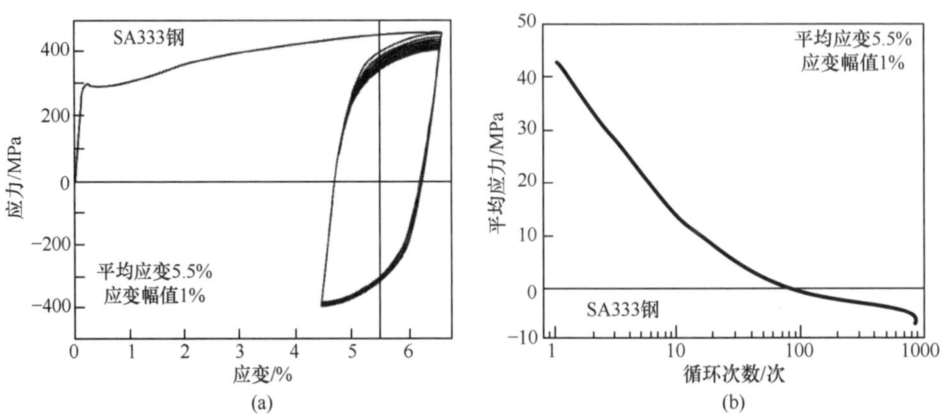

图 2-14　非对称应变循环下的平均应力松弛效应(Paul et al. , 2011)

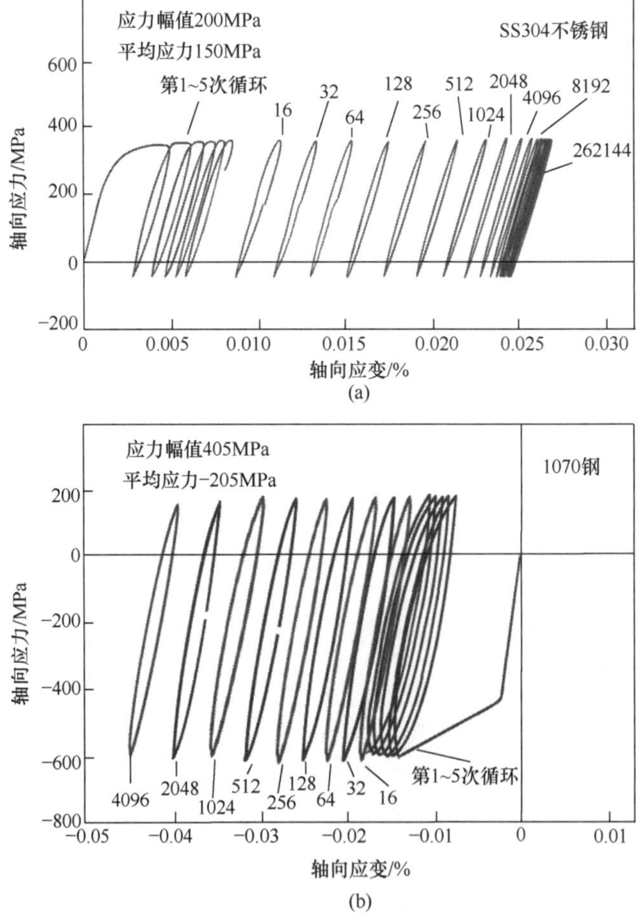

看彩图

图 2-15　非对称应力循环下材料的棘轮行为(Paul et al. , 2011)

2.3　高周疲劳 S-N 曲线

材料的疲劳试验，一般是指采用标准试样在控制应力或应变的条件下在疲劳试验机上进行循环加载，直至试样发生疲劳破坏的试验。试验中的疲劳破坏定义为试样发生脆性断裂或出现明显裂纹，而发生疲劳破坏时对应的载荷循环次数则称为疲劳寿命。试验中记录下试样在给定循环载荷下的疲劳寿命，并将循环载荷和疲劳寿命之间的关系绘制为疲劳曲线来表征材料的疲劳性能。根据疲劳寿命的长短，传统上将疲劳分为高周疲劳和低周疲劳两大类。高周疲劳指施加的载荷水平较低(通常低于材料的屈服应力)的疲劳行为，此时材料的整体循环应力-应变响应为弹性响应，无滞回环，循环次数较高(大于 10^5 次)。低周疲劳指施加的载荷水平较高(通常高于材料的屈服应力)的疲劳行为，此时材料的循环应力-应变响应具有明显的滞回环，循环次数较低(通常小于 10^5 次)。考虑到试验控制的方便，材料的高周疲劳试验一般采用应力作为控制参量，获得的是施加的应力水平与疲劳寿命之间的关系曲线，简称为 S-N 曲线；然而，低周疲劳试验通常用应变作为控制参量，获得的是施加的应变水平与疲劳寿命之间的关系曲线，称为ε-N 曲线。

2.3.1　高周疲劳 S-N 曲线的特点

高周疲劳试验中采用的应力控制循环载荷可以用应力幅值和应力比 R 来表征，通常的 S-N 曲线是在固定应力比 R 的情况下，在不同的应力幅值下通过试验来获得的。特别地，在 $R=-1$ (对称应力循环)时获得的 S-N 曲线，称为基本 S-N 曲线。通常来说，在未指明应力比的情况下，一般给出的 S-N 曲线就是 $R=-1$ 时的基本 S-N 曲线。

图 2-16 给出了在应力控制循环载荷下得到的典型高周疲劳 S-N 曲线，图中的空心圆点代表试验数据点，S-N 曲线通过对试验数据点拟合得到。S-N 曲线图中的横坐标为疲劳寿命，一般采用对数坐标；纵坐标为应力，可采用自然坐标或对数坐标。由图 2-16 所示的 S-N 曲线可见：随应力幅值的增大，疲劳寿命降低；随着寿命的增加，S-N 曲线变得平缓并趋于水平。另外，从材料的 S-N 曲线上可以获得材料的疲劳强度和疲劳极限两个重要的疲劳性能指标：疲劳强度 σ_N 是 S-N 曲线上对应于疲劳寿命 N 的应力 σ_N；疲劳极限 σ_f 是当疲劳寿命 N 趋于无穷大时，S-N 曲线趋近于的一条水平渐近线对应的应力。在实际情况中，由于很难进行寿命为“无穷大”的疲劳试验，往往取一个较大的数近似作为无穷大。对于普通钢材，“无穷大”可取 10^7 次循环。也就是说，如果在某一应力水平下循环次数达到 10^7 次时材料仍然不发生疲劳破坏，则认为该钢材在此应力下具有无限寿命，将疲劳寿命为 10^7 次时对应的应力记为疲劳极限 σ_f。在 $R=-1$ 的基本 S-N 曲线中，疲劳

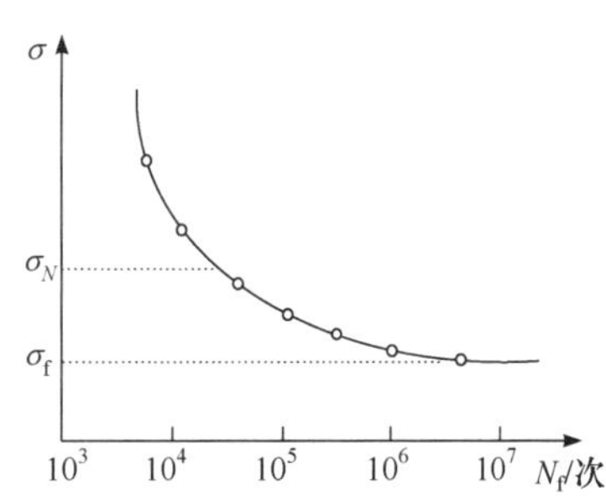

图 2-16　材料的高周疲劳 S-N 曲线

极限可简记为 σ_{-1}。

2.3.2　高周疲劳 *S*-*N* 曲线的表达式

为了便于准确地估计材料的疲劳寿命，高周疲劳 *S-N* 曲线可以用拟合公式来表示。常用的高周疲劳表达式有如下巴斯金(Basquin)公式：

$$\sigma^m N = C \tag{2-5}$$

对上式的两边取对数，可得

$$\lg\sigma = a + b\lg N \tag{2-6}$$

a 和 b 同样为两个与 m 和 C 相关的常数。式(2-6)表明 $\lg\sigma$ 和 $\lg N$ 之间呈线性关系。在图 2-17 所示的双对数坐标中对数据点进行线性拟合，即可确定 m 和 C 两个参数。

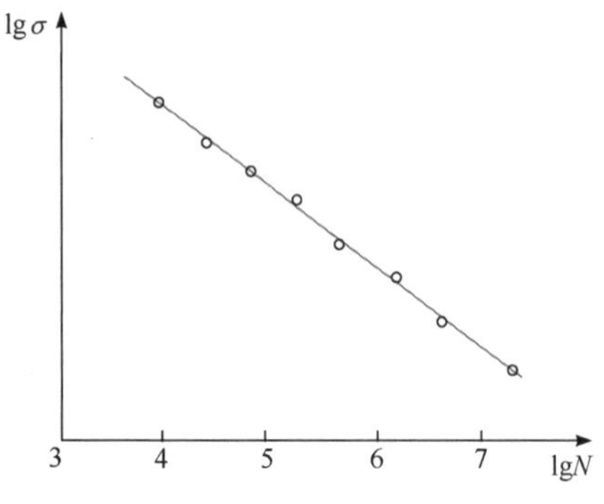

图 2-17　双对数坐标系下的高周疲劳 *S-N* 曲线

需要指出的是，Basquin 公式是对高周疲劳有限寿命段的应力与疲劳寿命关系的表述，只在疲劳试验获得的特定疲劳寿命范围内成立，一般不能外推。

2.3.3　高周疲劳 *S-N* 曲线的近似估计

严格来说，材料的 *S-N* 曲线应该通过实际的疲劳试验或查询相关手册和文献获得。但是，在疲劳试验难以开展或无相关材料 *S-N* 曲线资料等情况下，可以通过单调拉伸试验或查询文献获得材料的强度极限 σ_u，然后利用经验公式来估计材料的疲劳极限 σ_f 和 *S-N* 曲线，作为初步设计的参考。

通过对大量疲劳数据的分析，对于常用的金属材料提出了如下的经验公式，来估计材料的疲劳极限。

在强度极限 σ_u 低于 1400MPa 时，疲劳极限与强度极限线性相关，则

$$\sigma_f = k\sigma_u \tag{2-7}$$

在强度极限 σ_u 大于或等于 1400MPa 时，疲劳极限并不随强度极限的增加而增加，但可估计为

$$\sigma_f = 1400k \tag{2-8}$$

式中，k 是与加载方式有关的系数：弯曲疲劳，k 一般取 0.5；对称拉压疲劳，k 一般取 0.35；扭转疲劳，k 一般取 0.29。

在已知材料的强度极限 σ_u 和估计了疲劳极限 σ_f 的情况下，可进一步估计材料的 *S-N* 曲线。若 *S-N* 曲线采用 $\sigma^m N = C$：

假定 1：寿命 $N = 10^3$ 时，有 $\sigma_{10^3} = 0.9\sigma_u$，这对应于估计的 *S-N* 曲线的起点；

假定 2：寿命 $N = 10^6$ 时，有 $\sigma_{10^6} = \sigma_f = k\sigma_u$，$k$ 是与加载方式有关的系数，这对应

于估计的 S-N 曲线的终点。

将上述假设对应的两个式子联立，有 $(0.9\sigma_{\rm u})^m \times 10^3 = (k\sigma_{\rm u})^m \times 10^6 = C$，可以导出 Basquin 公式的两个参数为

$$m = \frac{3}{\lg(0.9) - \lg(k)},\quad C = (0.9\sigma_{\rm u})^m \times 10^3 \tag{2-9}$$

图 2-18 给出了按照此方法估计得到的 S-N 曲线。

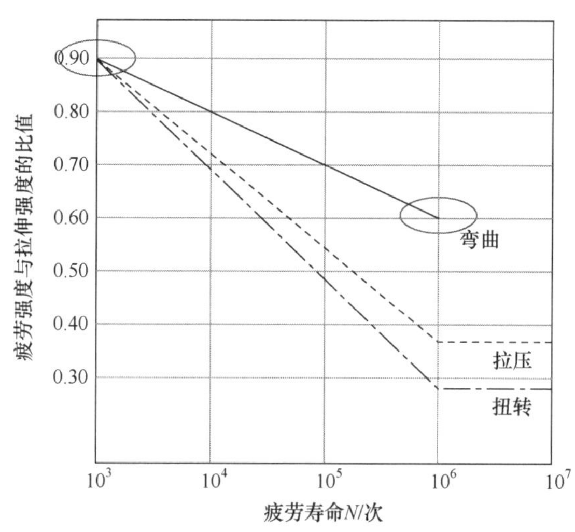

图 2-18　通过拉伸极限强度近似估计高周疲劳 S-N 曲线

例 2-1　某材料的强度极限 $\sigma_{\rm u}$ 为 1200MPa，假设在拉压对称循环下，$\sigma_{10^3} = 0.9\sigma_{\rm u}$，$\sigma_{10^6} = 0.35\sigma_{\rm u}$，试估算该材料的高周疲劳 S-N 曲线的表达式。

解　将已知数据代入式(2-9)可得

$$m = \frac{3}{\lg 0.9 - \lg 0.35} = 7.314$$

$$C = (0.9 \times 1200)^{7.314} \times 10^3 = 1.536 \times 10^{25}$$

故该材料的高周疲劳 S-N 曲线的表达式为

$$\sigma^{7.314} N = 1.536 \times 10^{25}$$

应力幅值是影响材料疲劳寿命的主要因素，S-N 曲线主要反映了在恒定应力比 R 时应力幅值与疲劳寿命之间的关系。但是，平均应力的高低也会对材料的 S-N 曲线产生影响。根据循环载荷表征参量之间的关系，可以得到：$\sigma_{\rm m} = (1+R)\sigma_{\rm a}/(1-R)$。因此，平均应力 $\sigma_{\rm m}$ 的影响也可以由应力比 R 来反映。图 2-19 给出了平均应力对 S-N 曲线的影响，其一般的趋势是：拉伸平均应力对疲劳寿命是有害的，在相同应力幅值下，拉伸平均应力越高，材料的疲劳寿命越短；然而，压缩平均应力对疲劳寿命是有利的。因此，在实际工程应用中，可利用喷丸、挤压等手段在构件内引入残余压应力，从而提高构件的疲劳寿命。

综上所述，材料的疲劳寿命同时受到应力幅值和平均应力的影响。为了将这二者的影响联系起来，研究者开展了大量的各种平均应力下的疲劳试验，在实验研究的基础上提出了海格(Haigh)图，以此来表示在等寿命情况下应力幅值和平均应力之间的依赖关系。Haigh 图是利用疲劳强度$\sigma_{N(R=-1)}$和强度极限σ_u对等寿命情况下不同平均应力和应力幅值的疲劳数据进行归一化处理而得到的无量纲化的等寿命图，其横坐标为σ_m/σ_u，纵坐标为$\sigma_a/\sigma_{N(R=-1)}$。图 2-20 给出了疲劳寿命为 10^7 次时，由金属材料疲劳试验得到的 Haigh 图。由图可见，大部分的数据点位于虚线的两侧，可以用如下的格伯(Gerber)曲线方程来描述：

$$\frac{\sigma_a}{\sigma_{N(R=-1)}}+\left(\frac{\sigma_m}{\sigma_u}\right)^2=1 \tag{2-10}$$

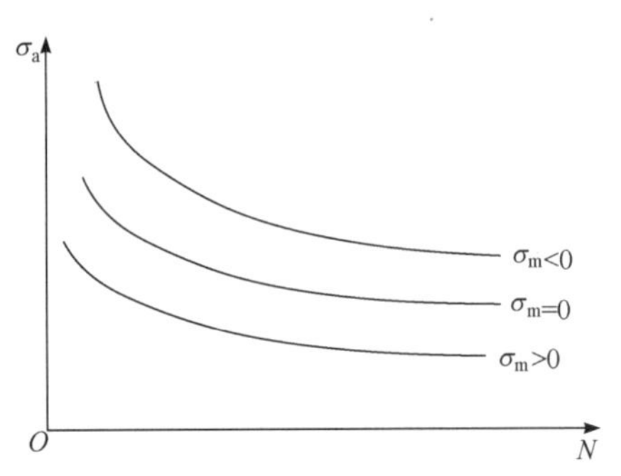

图 2-19 不同平均应力下的高周疲劳 S-N 曲线

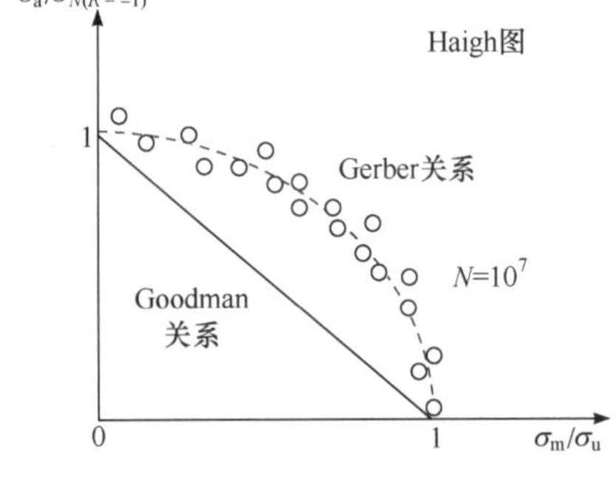

图 2-20 金属疲劳试验 Haigh 图

描述等寿命情况下应力幅值和平均应力之间的依赖关系的另一个公式是古德曼(Goodman)直线方程：

$$\frac{\sigma_a}{\sigma_{N(R=-1)}}+\frac{\sigma_m}{\sigma_u}=1 \tag{2-11}$$

由图 2-20 可见，试验点均位于 Goodman 直线的上方，即实际的载荷值比 Goodman 公式计算出的预测值偏高，这意味着 Goodman 公式给出的是偏于保守的结果。由于 Goodman 直线方程形式简单，并能给出偏于保守的结果，目前在工程中得到了较为广泛的应用。

利用上述两种关系(即 Gerber 关系和 Goodman 关系)，可将应力比不为零的非对称应力循环等寿命地转换为对称应力循环，从而可以基于$R=-1$时的基本 S-N 曲线来估计不同应力比或平均应力下材料的疲劳寿命。

例 2-2 如图 2-21 所示矩形截面悬臂梁，长度为 2m，截面宽度$b=40\text{mm}$，截面高度$h=80\text{mm}$，悬臂梁右端受循环载荷 F 作用，$F_{max}=10\text{kN}$，$F_{min}=1\text{kN}$。若已知材料的强度极限为 700MPa，试估算其疲劳寿命。

解　(1) 确定危险点的位置。由材料力学知识可知，对于悬臂梁，在固定端有最大弯矩。再根据固定端截面的应力分布情况可知，固定端截面上下边缘处的应力最大，并且上边缘为拉应力，下边缘为压应力。由于拉伸平均应力对疲劳寿命是有害的，因此对于疲劳寿命而言，危险部位位于固定端截面的上边缘处。

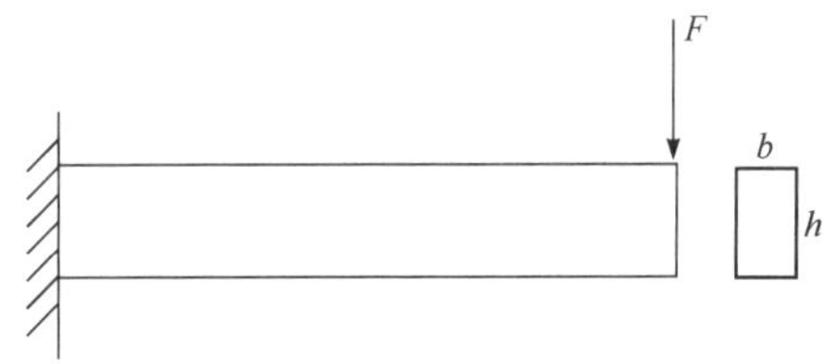

图 2-21　矩形截面悬臂梁

(2) 计算危险部位的循环应力。当 $F = F_{\max}$ 时，有

$$\sigma_{\max} = \frac{Fl}{W_z} = \frac{6Fl}{bh^2} = 468.75\text{MPa}$$

当 $F = F_{\min}$ 时，有

$$\sigma_{\min} = 0.1\sigma_{\max} = 46.875\text{MPa}$$

固定端截面的上边缘处应力循环的特征参量为

$$\sigma_{\mathrm{m}} = \frac{1}{2}(\sigma_{\max} + \sigma_{\min}) \approx 257.81\ \text{MPa}$$

$$\sigma_{\mathrm{a}} = \frac{1}{2}(\sigma_{\max} - \sigma_{\min}) \approx 210.94\text{MPa}$$

(3) 进行不同循环应力水平的等寿命转换。根据 Goodman 直线：$\dfrac{\sigma_{\mathrm{a}}}{\sigma_{N(R=-1)}} + \dfrac{\sigma_{\mathrm{m}}}{\sigma_{\mathrm{u}}} = 1$，可得

$$\sigma_{N(R=-1)} = \frac{\sigma_{\mathrm{a}}}{1 - \dfrac{\sigma_{\mathrm{m}}}{\sigma_{\mathrm{u}}}} = 333.92\text{MPa}$$

(4) 根据材料的强度极限估算 *S-N* 曲线。载荷形式为拉压循环载荷，$k = 0.35$，

$$m = \frac{3}{\lg 0.9 - \lg 0.35} = 7.314$$

$$C = (0.9 \times 700)^{7.314} \times 10^3 = 2.981 \times 10^{23}$$

故该材料的高周疲劳 *S-N* 曲线的表达式为

$$\sigma^{7.314} N = 2.981 \times 10^{23}$$

(5) 预测疲劳寿命。将转换得到的等效应力幅值代入高周疲劳 *S-N* 曲线，可得此悬臂梁在外加应力水平为 $\sigma_{\mathrm{a}} = 210.94\text{MPa}$，$\sigma_{\mathrm{m}} = 257.81\text{MPa}$ 的循环载荷下的疲劳寿命为

$$N = \frac{C}{(\sigma_{N(R=-1)})^m} = 1.04 \times 10^5(\text{次})$$

可见，计算材料的疲劳寿命时，最基本的两个因素是材料的 *S-N* 曲线和材料所承受

的循环载荷高低。需注意的是，循环载荷的应力比和 S-N 曲线的应力比要匹配。通常是将平均应力不为零的非对称应力循环载荷利用 Goodman 公式转换成 $R=-1$ 对称应力循环下的应力幅值，再利用材料的基本 S-N 曲线来确定其疲劳寿命。

2.4 低周疲劳 ε-N 曲线

2.4.1 低周疲劳 ε-N 曲线的特点

在材料的高周疲劳试验中，由于施加的载荷水平较低，材料整体上处于弹性变形阶段，应力和应变之间为线性关系，可以通过控制应力来获得材料的 S-N 曲线。然而，在低周疲劳范畴，由于施加的载荷水平较高，材料发生了明显的塑性变形。材料发生塑性变形后，其应力-应变曲线较弹性阶段的应力-应变曲线平缓得多，应力的微小变化可能导致应变响应的较大变化，进而使疲劳寿命亦发生很大变化，从而导致试验时应力参数设置困难和应力控制下疲劳试验结果分散性较大等不利现象。因此，在材料发生明显塑性变形的低周疲劳试验中，多采用控制应变的方式来进行试验，从而获得材料的 ε-N 曲线来描述材料的疲劳性能。实际上，在高周疲劳试验中，由于材料的线弹性变形特征，由控制应力得到的 S-N 曲线也可以转化为用应变幅值表示的 ε-N 曲线，此时的应变幅值以弹性应变幅值为主，如图 2-22 所示。

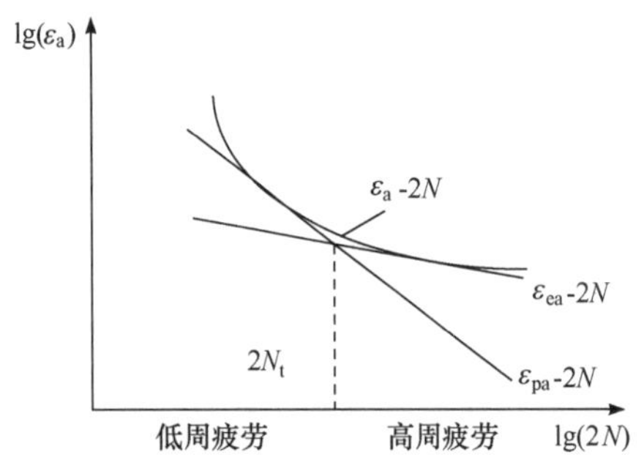

图 2-22 典型的材料 ε-N 曲线

一般来说，在疲劳试验中控制的是试样的总应变幅值，应为弹性应变幅值和塑性应变幅值之和。图 2-22 所示为典型的材料 ε-N 曲线，图中给出了分别以总应变幅值、塑性应变幅值和弹性应变幅值三个应变参量与 2 倍疲劳寿命在双对数坐标下的关系曲线。由图可见，总应变幅值与疲劳寿命在双对数坐标下呈曲线形状，该曲线可近似用两条直线的组合来表示：在疲劳寿命较低的低周疲劳范围，塑性应变幅值占主导地位，疲劳寿命由塑性应变幅值控制；而在疲劳寿命较长的高周疲劳范围，塑性变形量很小，疲劳寿命由弹性应变幅值控制。图 2-22 中的弹性应变幅值-寿命曲线和塑性应变幅值-寿命曲线有一个交点，该交点对应的疲劳寿命称为转换寿命 N_t：当疲劳寿命 N_f 大于 N_t 时，材料的疲劳失效属于高周疲劳范围，由弹性应变幅值控制；当疲劳寿命 N_f 小于 N_t 时，则属于低周疲劳范围，塑性应变幅值控制疲劳寿命。工程上通常以 5×10^4 次或 10^5 次循环作为高周疲劳和低周疲劳的划分界限。

对于疲劳试验获得的 ε-N 曲线，可以用如下方程来表示：

(1) 应变分解，总应变幅值可以分解为弹性应变幅值和塑性应变幅值：

$$\varepsilon_a = \varepsilon_{ea} + \varepsilon_{pa} \tag{2-12}$$

式中，$\varepsilon_{\text{ea}} = \dfrac{\sigma_{\text{a}}}{E}$，$\varepsilon_{\text{pa}} = \varepsilon_{\text{a}} - \varepsilon_{\text{ea}}$。

(2) 弹性应变幅值-寿命曲线可以表示为

$$\varepsilon_{\text{ea}} = \frac{\sigma_{\text{f}}'}{E}(2N)^b \tag{2-13}$$

该式也可视为 Basquin 公式的应变表示。

(3) 塑性应变幅值-寿命曲线可以用 Manson-Coffin 公式表示为

$$\varepsilon_{\text{pa}} = \varepsilon_{\text{f}}'(2N)^c \tag{2-14}$$

(4) 总应变幅值-寿命曲线可以表示为

$$\varepsilon_{\text{a}} = \varepsilon_{\text{ea}} + \varepsilon_{\text{pa}} = \frac{\sigma_{\text{f}}'}{E}(2N)^b + \varepsilon_{\text{f}}'(2N)^c \tag{2-15}$$

其中，σ_{f}' 为疲劳强度系数，应力量纲；b 为疲劳强度指数，量纲为一；ε_{f}' 为疲劳延性系数，量纲为一；c 为疲劳延性指数，量纲为一。对于大多数金属材料：$b = -0.06 \sim -0.14$，$c = -0.5 \sim -0.7$，近似估计时：$b \approx -0.1$，$c \approx -0.6$。特别地，当 $N = 0.5$ 时，即单调拉伸试验时，σ_{f}' 对应于材料的拉伸强度，则 ε_{f}' 对应于材料发生破坏时的塑性应变。实际的 σ_{f}' 和 ε_{f}' 是通过疲劳试验数据拟合得到的，其值和单调拉伸曲线获得的参数并不准确对应，但如果这两个参数与单调拉伸的参数差别很大，则应引起注意，有必要检查疲劳数据的合理性。

2.4.2　低周疲劳 ε-N 曲线的估计和平均应力修正

和高周疲劳 S-N 曲线估计的方法类似，在疲劳试验难以开展或无相关材料 ε-N 曲线资料等情况下，也可以利用单调拉伸试验获得的强度极限 σ_{u}，通过经验公式来估计 ε-N 曲线中的参数，作为初步设计的参考。

Manson 提出的通用斜率法是将式(2-15)简化为

$$\Delta\varepsilon = 3.5\frac{\sigma_{\text{u}}}{E}(N)^{-0.12} + \varepsilon_{\text{f}}^{0.6}(N)^{-0.6} \tag{2-16}$$

式中，σ_{u}、E 和 ε_{f} 分别是通过单调拉伸试验确定的强度极限、弹性模量和断裂应变。

与高周疲劳中平均应力的影响类似，材料的低周疲劳寿命主要受应变幅值控制，但也受到平均应力的影响。平均应力的影响可以通过如下修正式来反映：

$$\frac{\Delta\varepsilon}{2} = \frac{(\sigma_{\text{f}}' - \sigma_{\text{m}})(2N)^b}{E} + \varepsilon_{\text{f}}'(2N)^c \tag{2-17}$$

比较式(2-15)可见，上式中用 $\sigma_{\text{f}}' - \sigma_{\text{m}}$ 替代了 σ_{f}，以反映平均应力的影响。当 σ_{m} 为正时，在疲劳寿命 N 不变的情况下，应变幅值降低，表明此时平均应力对疲劳寿命是不利的。此规律与高周疲劳中平均应力的影响是一致的。

另一个常用的反映平均应力对 ε-N 曲线影响的公式是由 Smith、Watson 和 Topper (1970)提出的 SWT 公式：

$$\sigma_{max}\varepsilon_a E = (\sigma_f')^2(2N)^{2b} + \sigma_f'\varepsilon_f'(2N)^{b+c} \tag{2-18}$$

式中用循环最大应力 σ_{max} 和循环应变幅值 ε_a 的乘积来作为疲劳寿命的控制参量。由于应变和应力的乘积的物理含义是应变能密度，因此 SWT 公式其实是一种基于能量准则的疲劳寿命预测公式。

由于有平均应力松弛效应存在，低周疲劳范围内的平均应力影响较之高周疲劳要小很多，在实际应用中很多情况也可不做平均应力修正。

2.5　影响疲劳的因素

2.5.1　应力(应变)幅值和平均应力

控制材料疲劳寿命的主要控制参量是施加载荷的幅值和平均值，其中应力幅值/应变幅值是主要因素，平均应力是次一级的因素。普遍的规律是：应力幅值越大，疲劳寿命越低；拉伸平均应力对疲劳寿命是有害的，而压缩平均应力对疲劳寿命的提升是有利的。前述的寿命预测公式均体现了这两个因素与疲劳寿命之间的关系。

2.5.2　载荷形式的影响

常见的疲劳试验可以根据载荷形式的不同分为拉压疲劳试验、旋转弯曲疲劳试验和扭转疲劳试验。载荷形式不同，获得的疲劳寿命曲线也是不同的，因此，不同载荷类型的疲劳试验结果不能相互替代。在这三种形式的疲劳试验中，以拉压疲劳试验最为常见，在没有特殊说明的情况下，各种手册和规范中提供的 *S-N* 和 ε-*N* 曲线均是通过拉压疲劳试验来确定的。

载荷形式主要影响的是试样横截面上的应力分布规律和应力类型。下面以拉压疲劳和旋转弯曲疲劳试验的对比来说明不同加载方式引起的应力分布规律的变化对疲劳寿命的影响。在拉压疲劳试验中，试样横截面上的正应力是均匀分布的；然而，在弯曲疲劳试验中，试样横截面上的正应力是线性分布的，在试样横截面中心处的应力为 0，在试样表面的应力最大。因此，在最大应力相同的情况下，就整个横截面上的应力平均值而言，拉压疲劳试验中试样横截面上的应力平均值是高于弯曲疲劳试验的，进而导致在最大应力相同的情况下拉压疲劳试验获得的疲劳寿命低于弯曲疲劳试验获得的疲劳寿命。另外，对于金属材料来说，裂纹萌生多发生在内部驻留滑移带处，而位错滑移是在切应力方向发生。因此，在相同大小情况下，切应力载荷下的疲劳寿命低于正应力情况下的疲劳寿命。

2.5.3　尺寸效应

标准的材料疲劳试样的直径为 6～10mm，而实际的结构或零部件尺寸往往不同于该尺寸。根据试验经验可知，随着试样尺寸的增大，其疲劳强度有下降的趋势。这是由于试样尺寸的增大，使材料内部的不均匀性和缺陷的可能性都随之增大，从而降低其疲劳性能。因此，将使用标准疲劳试样获得的材料 *S-N* 或 ε-*N* 曲线应用于结构设计时往往还需进行尺寸修正。

2.5.4　表面状态

标准的材料疲劳试样表面经过精细的磨削和抛光，表面光洁度很高。而实际部件的表面加工工艺各异，表面光洁度有很大的差异。粗糙的表面相当于在表面形成很多微小的缺口，引起应力集中，导致疲劳寿命降低。因此，将使用标准疲劳试样获得的材料 *S-N* 或ε-*N* 曲线应用于结构设计时往往也需进行表面光洁度的修正。对于常用的加工制造工艺所得的表面光洁度而言，镜面抛光>精磨>车削>热轧>锻造。

机械加工和热处理还可能使得构件表面存在残余应力或是表面强化，同样会影响构件的疲劳寿命，在进行疲劳设计时也需加以考虑。因为压缩残余应力对疲劳寿命的提升是有利的，所以工程上常常采用喷丸强化或表面挤压工艺在构件表面形成压缩残余应力来提高构件的疲劳寿命。而焊接、磨削等工艺则容易在表面引起拉伸残余应力，从而导致构件疲劳寿命的下降。

2.5.5　其他因素

除以上在设计时常考虑的影响构件疲劳的一些因素外，还有一些在特殊情况下需要考虑的影响疲劳性能的因素。

通常的疲劳试验是在室温干燥的空气中进行。然而，一些构件是在高温或腐蚀环境中工作，这就需要考虑环境温度和腐蚀介质等环境因素对材料或构件疲劳寿命的影响。一般而言，高温环境下普通金属材料的疲劳性能低于室温环境，并且随温度的增加，材料的疲劳性能呈下降趋势。同时，在腐蚀环境下的疲劳性能也低于没有腐蚀介质作用时的疲劳性能。

另外，在通常的疲劳试验中，只要加载频率不引起试样明显的温度上升，对材料疲劳寿命的影响就很小。但是，在高温或腐蚀环境下，加载频率的变化会导致试验时间明显改变，这就需要考虑由此而引起的材料疲劳性能的加载速率效应和腐蚀时间效应。

习　题

习题 2-1　某应力循环载荷的平均应力 $\sigma_m = 100\text{MPa}$ ，应力幅值 $\sigma_a = 300\text{MPa}$ ，试求该应力循环载荷的最大应力、最小应力和应力比 *R*。

习题 2-2　某材料的强度极限为 1000MPa，假设在拉压对称循环下 $\sigma_{10^3} = 0.9\sigma_u$ ，$\sigma_{10^6} = 0.35\sigma_u$ ，该材料制成的构件承受平均应力为 200MPa、应力幅值为 350MPa 的循环载荷作用，试求此情况下该构件的疲劳寿命。

习题 2-3　如图 2-23 所示，长度为 1m、直径为 20mm 的钢制实心圆棒两端受到最大值 $F_{max} = 100\text{kN}$ ，最小值 $F_{min} = -100\text{kN}$ 的循环载荷 *F* 作用，该圆棒材料的基本 *S-N* 曲线可表示为：$\sigma^7 N = 3.0\times10^{23}$ ，试求该实心圆棒的疲劳寿命。

习题 2-4　某构件受循环载荷的作用，其危险部位的应变历程为应变幅值 $\varepsilon_a = 0.8\%$ 的对称应变循环，已知该构件材料的拉伸试验获得的极限强度 $\sigma_u = 800\text{MPa}$ ，弹性模量 $E = 200\text{GPa}$ ，断裂应变 $\varepsilon_f = 0.4$ ，试根据通用斜率法确定材料的低周疲劳曲线表达式并确定该构件的疲劳寿命。

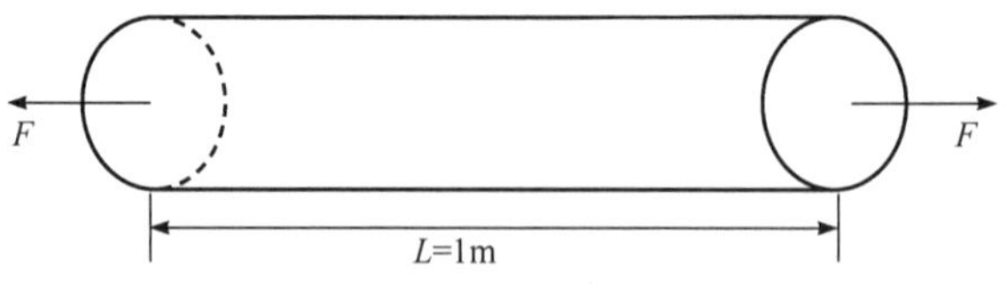

图 2-23　习题 2-3 图

参 考 文 献

Kang G Z. 2008. Ratchetting recent progresses in phenomenon observation, constitutive modeling and application. International Journal of Fatigue, 30: 1448-1472.

Paul S K, Sivaprasad S, Dhar C, et al. 2011. Key issues in cyclic plastic deformation: Experimentation. Mechanics of Materials, 43:705-720.

Smith R N, Watson P, Topper T H. 1970. A stress-strain function for the fatigue of metals. Journal of Materials, 5:767-778.

第 3 章 损伤累积理论和变幅疲劳分析

3.1 线性疲劳损伤累积理论

通常的材料疲劳试验是在恒定幅值的循环载荷下进行的，从而获得材料在恒定幅值循环载荷下的 S-N 或ε-N 曲线。实际的零构件承受的载荷往往是变幅载荷，即服役过程中循环载荷的幅度是变化的，并且载荷幅度变化有的是规则的，有的则是随机变化的。为了将常幅载荷下材料的简单疲劳试验结果应用于复杂的变幅载荷工况，引入了“损伤”这个物理量来定量描述载荷作用后对材料形成的疲劳损害。为了将复杂的变幅载荷下造成的损伤分解为简单常幅载荷下疲劳损伤的累加，提出了疲劳损伤累积理论。

为了讨论描述不同循环载荷造成的损伤如何进行累加，不同的学者提出了不同的损伤累积理论，其中应用最广泛的是由 Miner(1954)提出的线性损伤累积理论，包含三方面的内容。

(1) 损伤的定义。如果材料在某一个常幅应力水平 σ 作用下循环至疲劳破坏的寿命为 N，则在该应力水平下循环 n 次时的损伤 D 定义为

$$D = \frac{n}{N} \tag{3-1}$$

依此定义，若循环次数等于 0，对应的损伤 $D=0$，表示材料未受损伤；若循环次数 $n=N$，则 $D=1$，意味着材料发生疲劳破坏。由式(3-1)给出的损伤定义可见：在常幅循环载荷作用下，材料的损伤是随循环次数的增加线性增加的，且发生疲劳破坏时的损伤 $D=1$。图 3-1 给出了常幅循环载荷下的线性损伤演化。

(2) 不同循环载荷造成的材料损伤是线性叠加的。若材料在 k 个应力水平 σ_i 作用下各经受 n_i 次循环，则总损伤为

$$D = \sum_{i=1}^{k} D_i = \sum_{i=1}^{k} \frac{n_i}{N_i} \tag{3-2}$$

其中，n_i 是在 σ_i 作用下的循环次数，由载荷谱给出；N_i 是在 σ_i 作用下材料循环到疲劳破坏时的寿命，由材料的 S-N 曲线(或ε-N 曲线)确定，如图 3-2 所示。

如果包含 σ_1 和 σ_2 两种载荷水平的变幅循环载荷分别作用 n_1 和 n_2 次，则由上述线性损伤累积理论可得总的损伤为

$$D = \frac{n_1}{N_1} + \frac{n_2}{N_2} = \frac{n_2}{N_2} + \frac{n_1}{N_1}$$

显然，总的损伤与载荷作用的次序是无关的。这是线性损伤累积理论的一大特点。

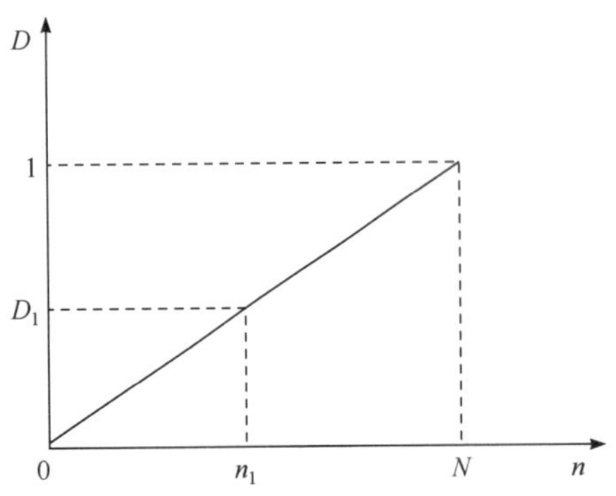

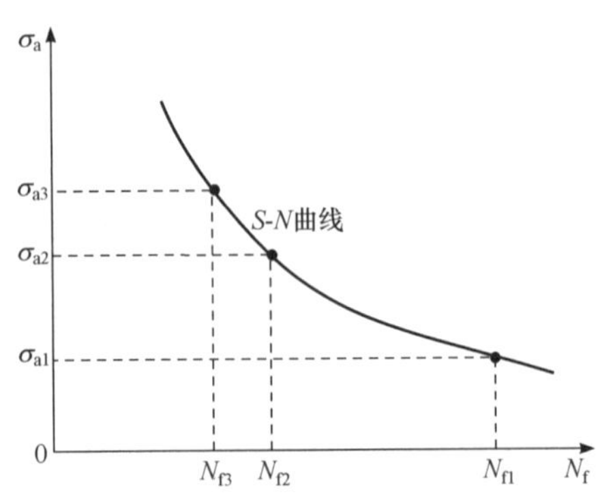

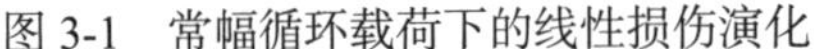
图 3-1　常幅循环载荷下的线性损伤演化　　图 3-2　疲劳寿命 N_i 的确定

(3) 线性累积损伤理论的破坏准则为

$$D_{cr}=\sum_{i=1}^{k}\frac{n_i}{N_i}=1 \tag{3-3}$$

即在多级载荷下的损伤累积到 1 时，材料产生疲劳破坏。多级载荷下材料的损伤临界值与常幅循环载荷下的一致，均为 1。然而，这个假设与很多实际情况不符，需要借鉴工程经验或试验来确定多级载荷下的损伤临界值。在无任何参考资料情况下，也可将损伤临界值取 1 作为一个粗略的计算。

例 3-1　已知铁路客车车钩在某线路上运行速度为 120km/h 和 160km/h 时运行 1 年的典型载荷谱如表 3-1 和表 3-2 所示，车钩材料的 S-N 曲线为 $\sigma^2 N=2.0\times10^{11}$。若该线路的客车在运行速度 120km/h 下使用 2 年后，提速至 160km/h 运行，请问该客车的车钩还能用多长时间？

表 3-1　车钩在 120km/h 速度下运行 1 年的典型载荷谱

载荷工况	应力幅值 σ_{ai}/MPa	平均应力 σ_{mi}/MPa	循环次数 $n_i/10^5$	疲劳寿命 $N_i/10^5$	损伤 D_i
启动	250	0	2	32.00	0.0625
运行	200	0	3	50.00	0.060
制动	300	0	2	22.22	0.090
总损伤 D_{120}					0.2125

表 3-2　车钩在 160km/h 速度下运行 1 年的典型载荷谱

载荷工况	应力幅值 σ_{ai}/MPa	平均应力 σ_{mi}/MPa	循环次数 $n_i/10^5$	疲劳寿命 $N_i/10^5$	损伤 D_i
启动	300	0	2	22.22	0.090
运行	220	0	3	41.32	0.0726
制动	400	0	2	12.50	0.160
总损伤 D_{160}					0.3226

解　在构件承受的循环载荷谱已知的情况下，首先根据 S-N 曲线确定每一级应力循环下的常幅循环疲劳寿命 N_i，然后由 $D_i = \dfrac{n_i}{N_i}$ 计算相应的损伤因子 D_i，结果如表 3-1 和表 3-2 所示。

在速度 120km/h 下使用 2 年后造成的损伤为 $2D_{120}$。假设在速度 160km/h 下运行的剩余寿命为λ年，有：$2D_{120} + \lambda D_{160} = 1$，可得$\lambda$=1.783(年)，即该线路的客车在运行速度 120km/h 下使用 2 年后，提速至 160km/h 运行，该客车的车钩还能用 1.783 年。

Miner 提出的线性损伤累积理论形式简单、物理概念清晰，在工程中得到了广泛的应用。但是，它只是一种简单的近似理论，存在两个明显的局限。①没有考虑载荷作用次序的影响，即循环载荷引起的损伤与该循环在载荷历程中的位置无关，也没有考虑载荷之间的相互作用。事实上，载荷顺序对于损伤的累积及最终疲劳破坏是有影响的，先低载荷循环加载再高载荷循环加载与先高载荷循环加载再低载荷循环加载两种情况的损伤临界值有明显的差别。②发生疲劳破坏时的损伤临界值等于 1 的假设对于大多数实际情况不相符。在线性损伤累积理论的基础上，不少学者提出了更加符合工程实际的损伤累积理论，如图 3-3 所示。具有代表性的有双线性损伤累积理论和非线性损伤累积理论。双线性损伤累积理论认为在材料的疲劳过程初期和后期，损伤分别按两种不同的线性规律累积。非线性损伤累积损伤理论则认为损伤按照非线性规律来累积：在构件使用前期，损伤累积速率较低；随着使用时间增加，损伤速率逐步增长；在使用后期，损伤速率加速增长。通常而言，实际材料的损伤演化规律更加接近非线性损伤演化模型。

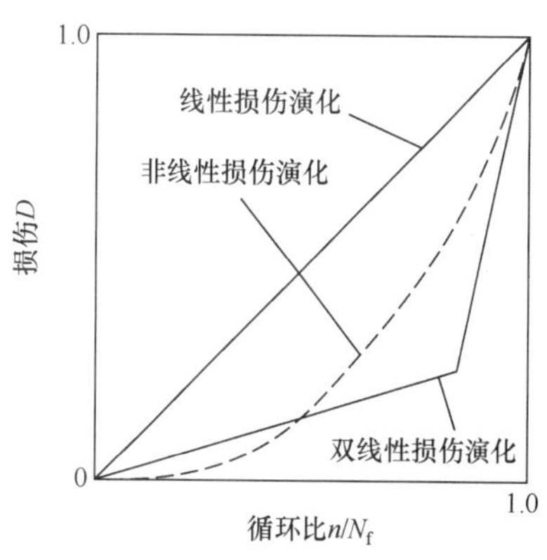

图 3-3　不同模型下的损伤演化曲线

3.2　变幅载荷和随机载荷

3.2.1　变幅载荷谱

对于循环载荷幅值随时间周期性规则变化的材料或零部件，其载荷谱可以通过对典型工况下测得的典型载荷谱转化为更为规则的分级载荷谱。图 3-4 给出了铁路货车车钩的一个典型载荷谱块的示意图。根据货车在运行过程中的状态，车钩的工况可以分为启动、运行和制动三种典型工况。每一种工况载荷的作用时间或循环次数可以通过一段周期内的载荷来统计。图 3-4 是将运行一定里程数的载荷合并起来而形成的典型载荷谱块。典型载荷谱是按照载荷实际发生顺序进行排列的，其大小变化是不规则的。在进行设计或试验时可以将一段时间内的典型载荷谱中的载荷进行归并和排序，形成更加规则的分级载荷谱，如图 3-5 所示。分级载荷谱虽然损失了载荷的真实顺序信息，但对于线性损伤累积而言，这并无影响。分级载荷谱简明直观，在设计和进行疲劳试验时得到了广泛应用。

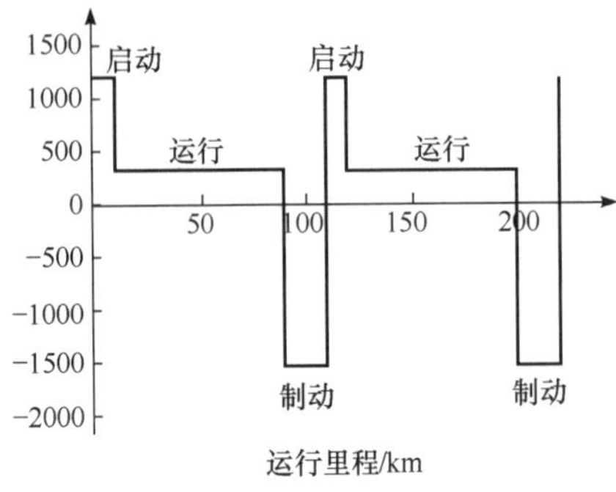

图 3-4　典型载荷谱块的示意图

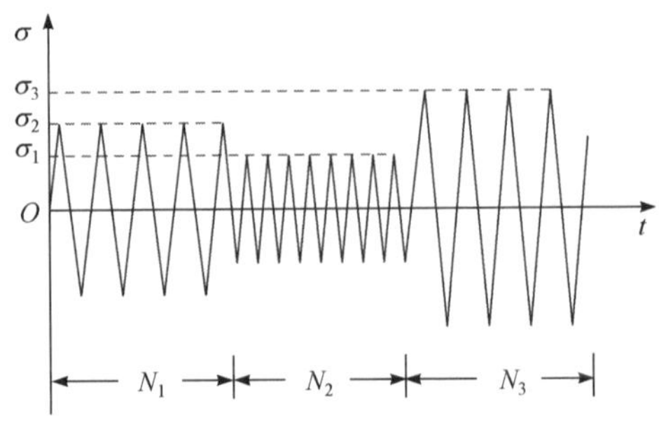

图 3-5　分级载荷谱

3.2.2　随机载荷谱

如果材料或构件的载荷历程很复杂，不能直接统计获得规则的分级载荷谱，可以以典型时段内的实测载荷谱为基础，提取典型随机载荷谱，并在此基础上分析得到分级载荷谱。图 3-6 给出了一个随机载荷谱的实例，并给出了随机载荷谱的一些相关定义。在随机疲劳载荷谱中：载荷-时间历程曲线上一阶导数从正变为负的那个点称为峰，而载荷-时间历程曲线上一阶导数从负变为正的点称为谷；相邻峰、谷点之间的载荷差称为载荷范围或载荷变程。随机载荷谱的载荷大小是随机变化的，相邻的峰、谷值点之间的变程通常是不相等的，形成一系列不完整的载荷循环，给随机载荷谱的分析和处理带来困难。

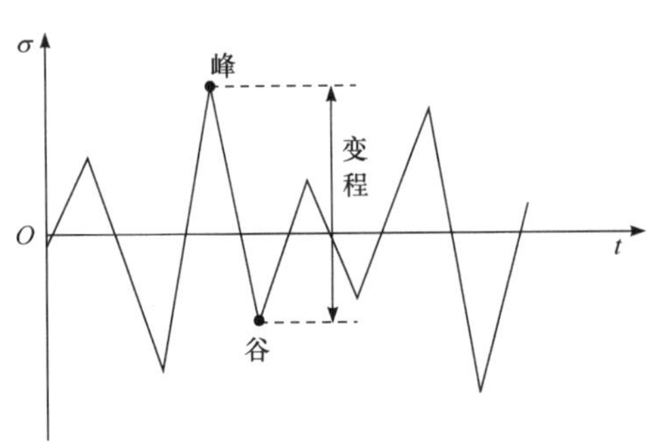

图 3-6　随机载荷谱

3.3　循环计数法

3.3.1　雨流计数法

循环计数法就是将随机的载荷-时间历程转化为一系列独立的循环载荷事件，并统计其中完整循环载荷的次数的方法。工程中比较常用的循环计数法是雨流计数法。该方法假设随机载荷谱可视为以典型载荷谱段为基础的重复历程，首先需要从原始随机载荷谱中取出典型载荷谱来进行计数。雨流计数法的典型载荷谱要求典型段从最大峰或最小谷处起止。图 3-7 所示从最低的谷值点开始的载荷-时间历程可以作为雨流计数法的典型载荷谱。

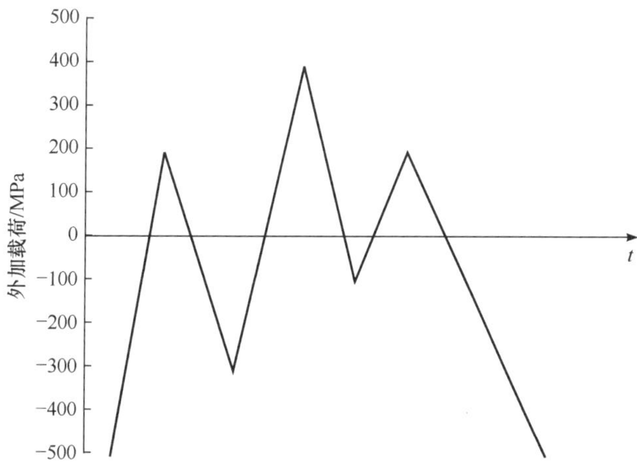

图 3-7　雨流计数法的典型载荷谱

雨流计数法对典型载荷谱进行处理的流程如下：

首先，将以时间作为横轴的典型载荷谱顺时针旋转 90°，得到以载荷大小为横轴，时间为纵轴的雨流谱块，如图 3-8(a)所示。可将不断起伏的载荷-时间历程曲线视为一个多层的屋檐，假设有一雨滴从某一顶点开始沿着屋檐往下流。当雨滴流到屋檐顶端时，如果下面有更加突出的屋檐，则往下滴；反之，则反向沿着屋檐流动，直至流动到和起始点相同载荷时，形成一个完整的载荷循环。在图 3-8(a)中，雨滴从顶点 A 点开始沿着 AB 段往下流，到达端点 B 时，由于下方的 D 点比 B 点更加突出，雨点滴落到 CD 段屋檐上继续往下流，直至 D 点。在端点 D 时，由于下方没有比 D 点更加突出的点，雨滴在 D 点反向，沿着 DE 段往下流，到达端点 E。根据以上流动规则，雨点从 E 点滴落到 A'点，由于 A'点和 A 点的载荷相同，雨滴流动所经过的载荷历程形成一个完整的循环 ADA'。这就是第一次雨流计数，得到一个完整的循环 ADA'。

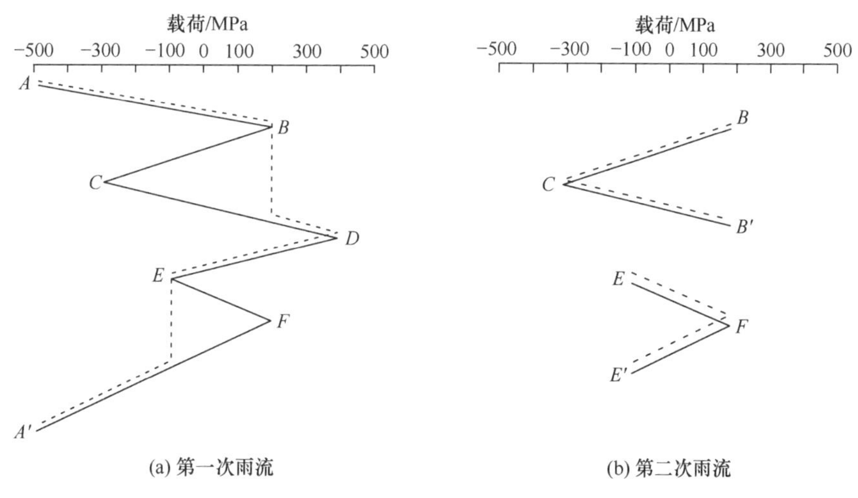

(a) 第一次雨流　(b) 第二次雨流

图 3-8　雨流计数法的主要过程

然后，将雨滴流过的载荷时间历程删掉，对剩余的载荷时间历程开始新一轮的雨流计数，直至雨滴流过所有的载荷时间历程。图 3-8(b)给出了第二次雨流计数的流动过程和形成的完整的载荷循环 BCB'和 EFE'。最后，统计形成的所有完整的循环载荷历程包括完整载荷循环的个数、每个完整循环的载荷幅值、平均载荷等信息，得到表 3-3 所示的雨流计数结果。

表 3-3　雨流计数后的结果

循环载荷历程	平均应力 σ_m/MPa	应力范围 $\Delta\sigma$/MPa
ADA'	−50	900
BCB'	−50	500
EFE'	50	300

雨流计数法是两参数计数法，能得到表示载荷循环的两个循环特征参量，如表 3-3 中给出的应力范围和平均应力两个参量，雨流计数的结果都是由两参量表示的全循环。完整载荷谱就是典型载荷谱的重复，将典型载荷谱的计数结果乘以重复次数就可以得到完整载荷谱的计数结果。许多规范(ASTM E1049-85，2017)和文献(董乐义等, 2004)还给出了雨流计数法的具体流程和算法，可以通过计算机编程的方式实现对随机载荷谱的快速计数处理。

需要指出的是，这种简单的雨流计数法只统计了各个完整的循环载荷的大小信息，没有统计各循环载荷的加载顺序信息。对于主要涉及材料的线弹性响应的高周疲劳而言，加载顺序影响较小，忽略加载顺序的影响是合理的。

3.3.2　载荷的等损伤转换

随机载荷谱通过雨流计数后可以转换为由很多级具有不同载荷水平的完整循环载荷组成的变幅载荷谱，这仍然十分复杂，不便于工程应用。为了方便材料的疲劳损伤计算和试验模拟，还需要进一步将复杂的变幅载荷谱简化为有限个常幅载荷谱的组合。在这一简化过程中，就需要在具有不同应力水平和不同循环次数的载荷之间进行等损伤转换。

不同循环载荷对材料疲劳寿命的影响可用产生的损伤量来描述，而在进行载荷之间的相互转换时需要保持转换后的循环载荷对材料疲劳寿命的影响不变，即应该遵循损伤等效原则。例如，如果要将σ_1下循环n_1次的载荷转换成σ_2下循环n_2次的载荷，则根据等损伤转换条件，有

$$D_1 = \frac{n_1}{N_1} = \frac{n_2}{N_2} = D_2 \tag{3-4}$$

即转换前后产生的损伤是相同的。由式(3-4)可导出：

$$n_2 = n_1 \frac{N_2}{N_1} \tag{3-5}$$

这就是载荷等损伤转换时所用的公式。其中，N_1、N_2 分别为在应力水平σ_1和σ_2下的疲劳寿命。

例 3-2　已知某结构钢材料的$\sigma_u = 800\text{MPa}$，基本 S-N 曲线为$\sigma^2 N = 2.0\times10^{11}$。该材

料的典型载荷谱为承受 $\sigma_{a1}=250\text{MPa}$ ，$R=0$ 的应力循环 2.0×10^5 次，$\sigma_{a1}=600\text{MPa}$ ，$R=-1$ 的应力循环 1.0×10^5 次。为简化起见，拟对该材料开展常幅疲劳试验，试验的载荷设定为 $\sigma_a=600\text{MPa}$ ，应力比 $R=-1$ ，试验次数应设定为多少次才能使得其损伤与典型载荷谱损伤相等?

解　需要将 $\sigma_{a1}=250\text{MPa}$ ，$R=0$ 的应力循环 2.0×10^5 次等损伤转换为 $\sigma_{a1}=600\text{MPa}$ ，$R=-1$ 的应力循环。应用式(3-5)有：$n_2=n_1\dfrac{N_2}{N_1}$，需要求出 N_2 和 N_1。

$R=-1$ 时应力循环下的疲劳寿命 N_2 可直接由基本 S-N 曲线求得：$N_2=5.56\times10^5$ 次。

求 $R=0$ 时应力循环下的疲劳寿命 N_1 则需要进行载荷转换，可利用 Goodman 直线方程来进行等寿命转换，转换为 $R=-1$ 时的载荷：

$$\frac{\sigma_{a1}}{\sigma_{N1(R=-1)}}+\frac{\sigma_{m1}}{\sigma_u}=1$$

可得 $\sigma_{N1(R=-1)}=363.64\text{MPa}$ 。

将 $\sigma_{N1(R=-1)}=363.64\text{MPa}$ 代入基本 S-N 曲线分别求出疲劳寿命 $N_1=1.51\times10^6$ 次。

将 N_1 和 N_2 代入式(3-2)，可得 $n_2=0.736\times10^5$ 次。

总的试验次数为：$0.736\times10^5+1.0\times10^5=1.736\times10^5$ 次。

3.4　随机载荷下的弹塑性应力-应变响应

对于主要在材料弹性范围内的高周疲劳行为，由于其近似线性的应力-应变关系和加载的次序无关性，由计数法统计得到完整的载荷循环后，单独计算每个载荷循环造成的损伤，然后依据损伤累积法则即可求出总的损伤及对应的疲劳寿命。但是，对于材料已经进入塑性变形阶段的低周疲劳行为，其非线性的应力-应变响应和塑性加载的历史路径依赖性使得应力-应变历程的计算变得非常复杂，必须考虑加载历史的影响。下面分为几种情况来介绍材料的弹塑性应力-应变响应的计算。

3.4.1　单调加载的应力-应变响应

对于大多数的金属材料，其单调拉伸变形的应力-应变响应曲线的形状和图 3-9 类似。单调拉伸应力-应变曲线上进入塑性变形后任一点的应变可以表示为

$$\varepsilon=\varepsilon_e+\varepsilon_p \tag{3-6}$$

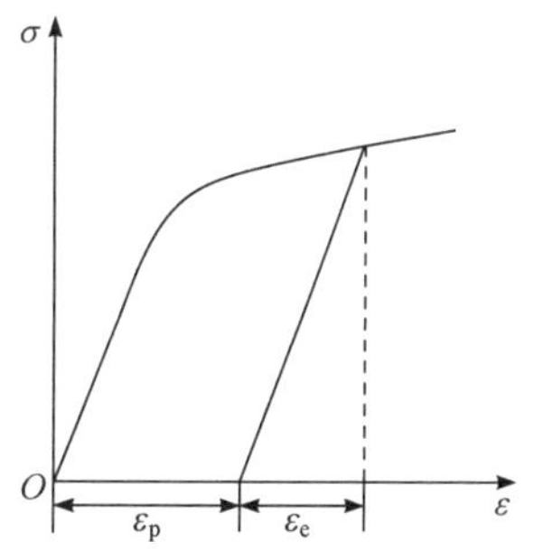

图 3-9　单调加载的应力-应变响应曲线

即总应变可以分解为弹性应变和塑性应变两部分。对于弹性应变，可以用 Hooke 定律表达为：$\sigma=E\varepsilon_e$ ；对于塑性应变，则可以用幂函数表达

为：$\sigma = K(\varepsilon_p)^n$，$K$ 为具有应力量纲(MPa)的强度系数，n 为量纲为一的应变硬化指数。对于常用的结构金属材料，应变硬化指数 n 一般为 0～0.6。如果 n=0，应力不随塑性应变的增加而变化，等于一个常数，则表示材料为理想塑性材料。将上述弹性应变和塑性应变的表达式相加，则总应变可以表示为

$$\varepsilon = \varepsilon_e + \varepsilon_p = \frac{\sigma}{E} + \left(\frac{\sigma}{K}\right)^{\frac{1}{n}} \tag{3-7}$$

这就是著名的 Ramberg-Osgood 弹塑性应力-应变关系，可用来描述塑性应力-应变曲线类似呈幂律函数曲线的材料弹塑性应力-应变关系。如果材料的弹塑性应力-应变曲线和幂律函数曲线有明显的差异，则应该用其他形式的本构关系来描述。

3.4.2 循环加载的应力幅值-应变幅值响应

在循环加载条件下，材料会表现出循环硬化或循环软化效应，应力-应变响应随循环次数改变。但是，大多数的金属材料经过一定周次的循环载荷作用后，应力-应变响应趋于稳定，形成稳定的应力-应变滞回环。同时，还有一些金属材料，必须经历很高的循环次数后才能达到循环稳定状态，甚至有些材料循环到疲劳破坏也未能达到循环稳定状态。对于这类材料，可以将常应变幅值循环加载下的循环次数为疲劳寿命一半时的滞回环作为名义稳定滞回环。在不同的应变水平下进行常幅循环试验，可以得到一系列稳定的滞回环，将这些稳定的滞回环画在同一个坐标系中，将各滞回环顶点连接起来得到的循环应力幅值-应变幅值响应曲线(图 3-10)，其形状与单调应力-应变响应曲线类似，因此可以用和式(3-7)相同的形式来表述：

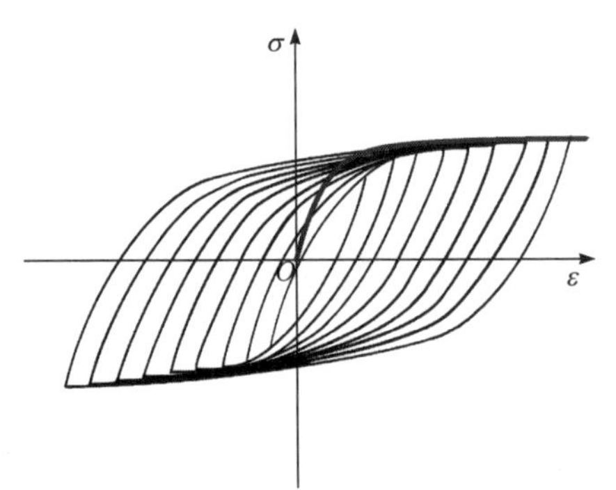

图 3-10 循环载荷下的应力幅值-应变幅值响应曲线

$$\varepsilon_a = \varepsilon_{ea} + \varepsilon_{pa} = \frac{\sigma_a}{E} + \left(\frac{\sigma_a}{K'}\right)^{\frac{1}{n'}} \tag{3-8}$$

其中，K' 为具有应力量纲(MPa)的循环强度系数；n' 为量纲为一的循环应变硬化指数。

需要注意的是，虽然循环应力幅值-应变幅值响应曲线在形状上和公式的形式上与单调变形类似，但两者的物理含义是不同的。循环应力幅值-应变幅值曲线反映的是材料循环变形得到的稳定滞回环顶点所对应的应力幅值和应变幅值之间的关系，它不反映加载路径的影响。

3.4.3 循环加载的增量应力-应变响应

在进入塑性变形范围后，材料的应力-应变行为受加载历史的影响，因此不能用一

一对应的全量应力-应变关系来求加载过程中某点的弹塑性应力-应变响应，只能用增量形式的弹塑性应力-应变关系求得应力-应变响应的增量，然后通过逐点增量叠加的方法来计算全程的应力-应变响应。用来计算循环过程中不同加载路径下的 $\Delta\sigma$-$\Delta\varepsilon$ 增量关系的是滞回环曲线。如图 3-11 所示，将坐标原点移动到滞回环的左下角，建立 $\Delta\sigma$-$\Delta\varepsilon$ 坐标，对滞回环的正向加载部分进行描述。显然，$\Delta\sigma$-$\Delta\varepsilon$ 曲线与图 3-10 中给出的循环应力幅值-应变幅值响应曲线是几何相似的，滞回环曲线也可用与式(3-8)相同的幂律函数来表示。注意到滞回环的顶点坐标在 σ_a-ε_a 坐标系中对应于 $\left(\dfrac{\Delta\sigma}{2},\dfrac{\Delta\varepsilon}{2}\right)$，将其代入式(3-8)，有如下增量关系式：

$$\frac{\Delta\varepsilon}{2}=\frac{\Delta\sigma}{2E}+\left(\frac{\Delta\sigma}{2K'}\right)^{\frac{1}{n'}} \tag{3-9}$$

其中，K' 为循环强度系数；n' 为循环应变硬化指数，取值与式(3-8)一致。滞回环曲线方程表示的是循环过程中应变增量与应力增量之间的关系，用来描述循环过程中的加载路径。需要注意的是，式(3-9)中的Δ表示的是增量，而不是应力或应变的范围。

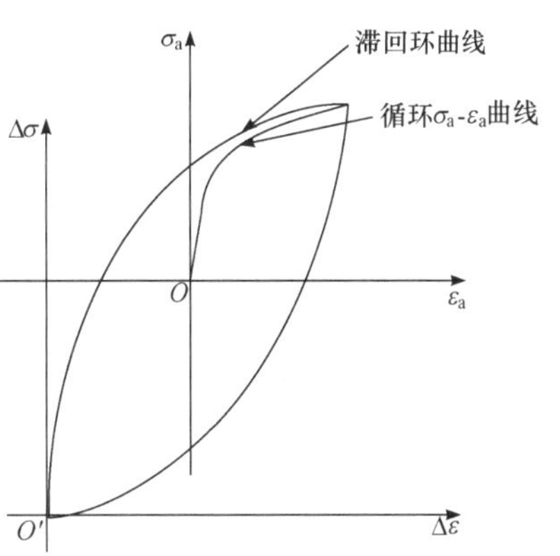

图 3-11　循环加载中的增量应力-应变响应曲线

3.4.4　加卸载的记忆效应

在进入塑性变形范围后，材料的应力-应变行为受到加载历史的影响，因此，前序循环加载对后续加载的影响对于计算随机载荷下的应力-应变响应是非常重要的。

图 3-12 给出了一个“加载—卸载—再加载”过程中应力-应变曲线的变化过程。应力-应变曲线的 OA 段可视为单调加载；如果在 A 点不卸载，继续加载则会形成单调加载路径 OAC；如果在 A 点卸载到 B 点，再次加载到和 A 点应变相同的 A'点，若继续加载，材料的响应不会沿着 BA'段的斜率加载到 C'点，而是沿着卸载前加载路径加载到 C 点。可见，材料会记住先前的加载路径，在应力-应变历程中不受中途卸载的影响，所以也称之为材料的加卸载记忆特性。

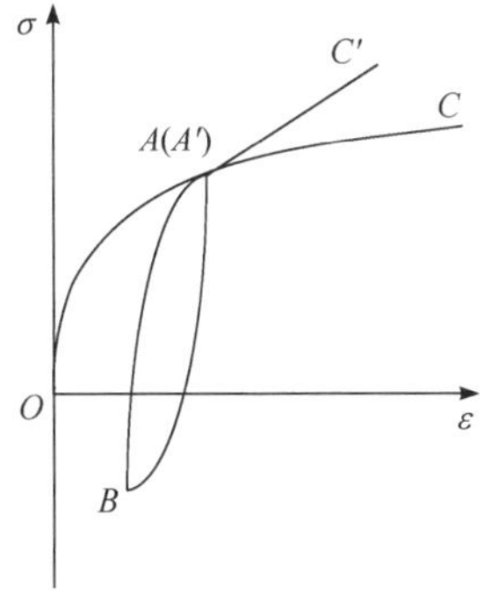

图 3-12　加卸载的记忆效应

材料的加卸载记忆特性可总结为以下两点：①如果应变第二次达到发生过卸载的某处就形成封闭环，如图 3-12 所示，在 A 点卸载，当第二次到达 A 点对应的应变值 A'点时，则形成封闭的滞回环 ABA'。②超过封闭滞回环的顶点后，应力-应变曲线不受中途卸载的影响，会按照记忆的先前路径发展。如图 3-12 所示，曲线虽然在 A 点有卸载，但在超过卸载形成的封闭的滞回环的顶点 A 后，曲线按照卸载前的 OA 路径的延长线 AC 发展，而不会按照卸载后的 BA'路径的延长线 AC'

发展。

3.4.5　随机载荷下的应力-应变历程计算

本节以材料在不同加载条件下的应力-应变关系和材料的加卸载记忆特性为基础，通过一个具体的例子来讨论在塑性变形范围内随机载荷作用下材料的应力-应变响应计算。图 3-13 是从一个构件的随机应变历程中取出的一个典型载荷谱块。

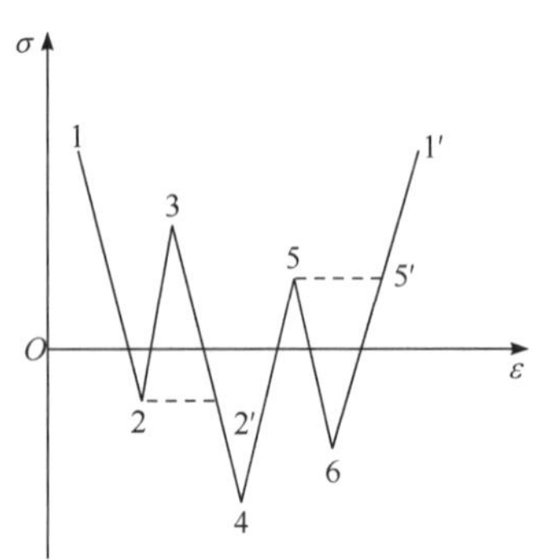

图 3-13　随机应变谱的典型载荷谱块

典型载荷谱块是从载荷历程中取出的一段，可以认为已经达到了循环稳定状态，故 1 点是稳态滞回环的顶点。因此，1 点的应力 σ_1 可根据 1 点的应变 ε_1 由循环应力幅值-应变幅值方程(3-8)来求解：

$$\varepsilon_1 = \frac{\sigma_1}{E} + \left(\frac{\sigma_1}{K'}\right)^{\frac{1}{n'}}$$

注意，这个方程是一个非线性方程，一般需用迭代等数值方法来求解应力。

点 1 之后的各个点的应力-应变历程，可用描述增量应力-应变关系的滞回环方程来逐点求出增量，通过叠加来得到。

将点 1 到点 2 的应变增量 $\Delta\varepsilon_{1-2}$ 代入式(3-9)：

$$\frac{\Delta\varepsilon_{1-2}}{2} = \frac{\Delta\sigma_{1-2}}{2E} + \left(\frac{\Delta\sigma_{1-2}}{2K'}\right)^{\frac{1}{n'}}$$

然后，可用数值方法求出相应的应力增量 $\Delta\sigma_{1-2}$，又由于从点 1 到点 2 是一个卸载过程，故从 1 点的应力值减去应力增量，即可得到 2 点处的应力值 σ_2。

从点 2 到点 3 是一个加载过程，可用前述方法由滞回环曲线求得应力增量 $\Delta\sigma_{2-3}$，进而得到点 3 处的应力和应变值。

在计算点 3 到点 4 的应力增量 $\Delta\sigma_{3-4}$ 时要特别注意，在到达与点 2 相同应变值的点 2′时，根据材料的加卸载记忆特性，2—3—2′会形成一个封闭的滞回环，应力-应变曲线不受中途卸载的影响，会按照记忆的先前路径发展。所以，在求点 4 的响应时，应该去掉封闭的 2—3—2′滞回环，按照 1—2—4 来计算增量应力-应变响应，则有

$$\frac{\Delta\varepsilon_{1-4}}{2} = \frac{\Delta\sigma_{1-4}}{2E} + \left(\frac{\Delta\sigma_{1-4}}{2K'}\right)^{\frac{1}{n'}}$$

从而求得应力增量 $\Delta\sigma_{1-4}$。由 1 点的应力减去 $\Delta\sigma_{1-4}$，得到 4 点的应力值：

$$\sigma_4 = \sigma_1 - \Delta\sigma_{1-4}$$

按照上述相同的方法，利用滞回环增量应力-应变关系，可依次求得从点 4 到点 5、从点 5 到点 6、从点 6 到点 1′的应力增量及相应的各点应力值。

在计算点 6 到点 1′时，还需注意去掉 5—6—5′封闭滞回环。事实上，1—4—1′也形

成封闭的滞回环，点 1′的应力-应变值应该与点 1 处的相同。

最后，依照计算出的各点应力-应变值，在坐标系中描点，再依次将各点连接起来，即可得到该典型载荷谱块的应力-应变历程，如图 3-14 所示。由图可见，该典型载荷谱块由 3 个完整循环的滞回环组成，雨流计数法得到的完整循环与应力-应变响应计算的结果一致。

例 3-3　已知某随机应变谱的典型载荷谱块如图 3-15 所示，并且已知材料的力学性能参数 $E=200\text{GPa}$ ， $K'=1500\text{MPa}$ ， $n'=0.3$ 。试计算其应力-应变响应。

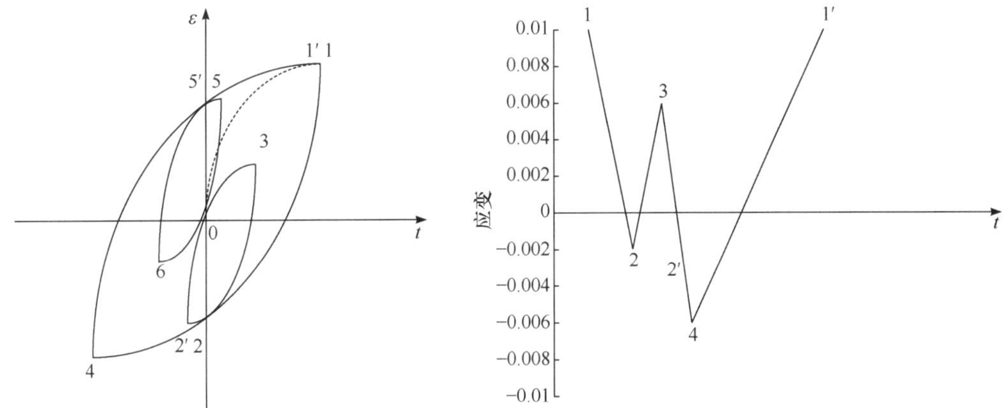

图 3-14　典型载荷谱块的应力-应变响应曲线　　　图 3-15　随机应变谱的典型载荷谱块

解　(1) 首先利用循环应力幅值-应变幅值关系求起点(点 1)的应力：

$$\varepsilon_1=\frac{\sigma_1}{E}+\left(\frac{\sigma_1}{K'}\right)^{\frac{1}{n'}}$$

代入 1 点的应变值和材料参数 E、K'和 n'，可得 $\sigma_1=355.3\text{MPa}$ 。

(2) 利用滞回环方程(3-9)求解后续各点的应力响应：

$$\frac{\Delta\varepsilon}{2}=\frac{\Delta\sigma}{2E}+\left(\frac{\Delta\sigma}{2K'}\right)^{\frac{1}{n'}}$$

代入点 1 至点 2 的应变增量 $\Delta\varepsilon_{1-2}=0.012$ 和材料参数，可求出应力增量 $\Delta\sigma_{1-2}$ 为 593.7MPa，又由于 1—2 是卸载过程，则点 2 的应力为 $\sigma_2=\sigma_1-\Delta\sigma_{1-2}=-238.4\text{MPa}$ 。

同样，对 2—3 加载段。由 $\Delta\varepsilon_{2-3}=0.008$ 得 $\Delta\sigma_{2-3}=510.1\text{MPa}$ ，则 $\sigma_3=-238.4\text{MPa}+510.1\text{MPa}=271.7\text{MPa}$ 。对 3—4 卸载过程中，达到和反向点 2 的应变相同的 2′点处，形成封闭的滞回环 2—3—2′，故去掉滞回环 2—3—2′，用 1—4 历程的增量来计算点 4 的应力。则由 $\Delta\varepsilon_{1-4}=0.02$ 得 $\Delta\sigma_{1-4}=710.6\text{MPa}$ ，则 $\sigma_4=355.3\text{MPa}-710.6\text{MPa}=-355.3\text{MPa}$ 。

点 1′和 1 点应变相同，形成大的封闭滞回环 1—4—1′，点 1′的应力等于点 1 的应力 355.3MPa。最后，依次连接各点，绘 σ-ε 响应曲线，得到如图 3-16 所示的应力-应变响应曲线。

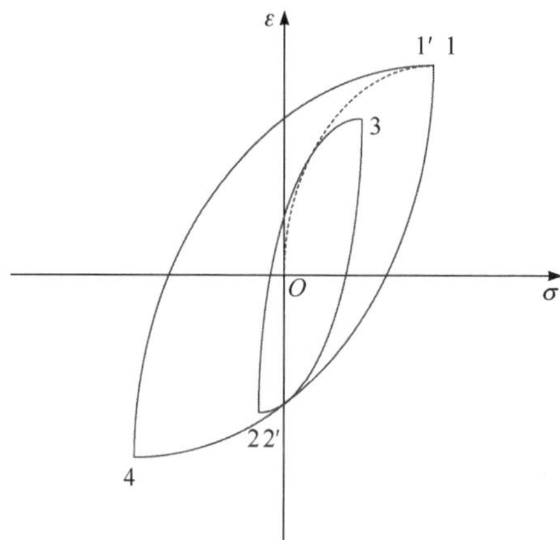

图 3-16　载荷谱块的应力-应变响应曲线

习　　题

习题 3-1　已知某构件的 S-N 曲线为 $\sigma^2 N = 2\times10^{10}$；如果其一年内所承受的典型应力谱如表 3-4 所示，试估算其使用寿命。

表 3-4　某构件一年内所承受的典型应力谱

设计应力谱 σ_i/MPa	循环次数 $n_i/10^6$
150	0.01
120	0.04
90	0.10
60	0.60

习题 3-2　请利用雨流计数法为图 3-17 所示随机载荷谱典型载荷谱段计数，并指出各循环的应力变程和平均应力。

习题 3-3　某构件工作 1h 承受的典型载荷谱块如图 3-18 所示，材料的基本 S-N 曲线表达式为 $\sigma_a^2 N = 6.0\times10^9$，材料极限强度 $\sigma_u = 800\text{MPa}$，(1)利用雨流计数法为该载荷谱计数，并指出各循环的应力范围 $\Delta\sigma$ 和平均应力 σ_m；(2)根据 S-N 曲线和典型载荷谱块计算该构件的疲劳寿命。

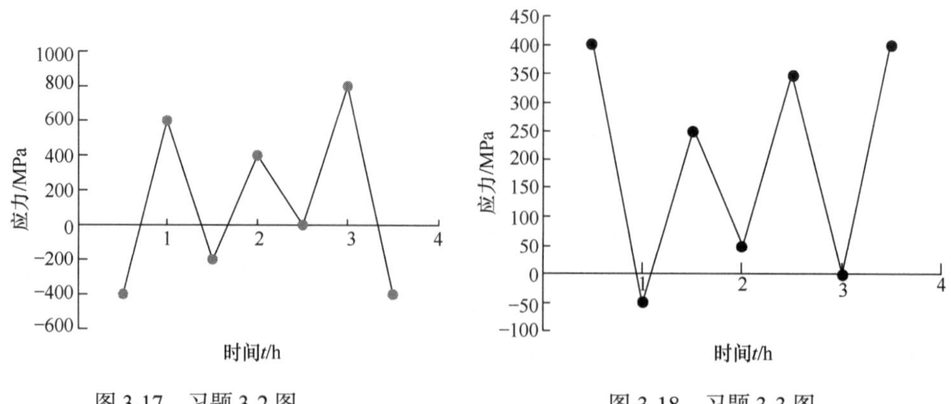

图 3-17　习题 3-2 图　　　　图 3-18　习题 3-3 图

习题 3-4　已知某合金钢的材料参数 $E = 200\text{GPa}$，$K' = 1600\text{MPa}$，$n' = 0.5$，试计算在图 3-19 中应变循环条件下的循环应变幅值、应力幅值和平均应力。

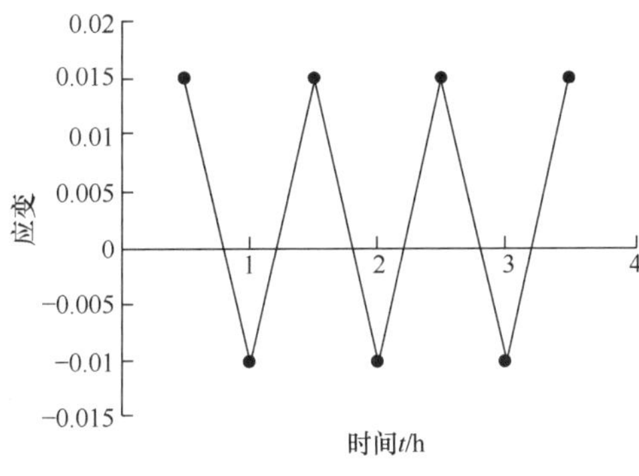

图 3-19　习题 3-4 图

参 考 文 献

董乐义, 罗俊, 程礼. 2004. 雨流计数法及其在程序中的具体实现. 计算机技术与应用, 24(3): 38-40.

ASTM E1049-85. 2017. Standard Practices for Cycle Counting in Fatigue Analysis.

Miner M A. 1954. Cumulative damage in fatigue. Journal of Applied Mechanics, 12(3): 159-164.

第 4 章　结构疲劳分析基础

材料的疲劳 S-N 曲线等是利用标准试样在典型载荷情况下的疲劳试验获得的，而实际结构的受力状态、表面状态和几何尺寸等与材料疲劳试验的标准试样有较大差异，因此在进行结构疲劳分析时，还需要考虑结构危险部位的应力集中、表面粗糙度和尺寸效应等因素对结构疲劳性能的影响，按照一定的结构疲劳分析方法结合材料的 S-N 曲线来估算结构的疲劳寿命。

图 4-1 给出所示的拉压循环载荷下圆棒状试样横截面上的正应力分布，显然，在此情况下横截面上正应力是均匀分布的。然而，图 4-2 则给出了通过有限元计算得到的某构件的应力分布情况，也称为应力云图。从图 4-2 中可见，在孔洞、圆角等几何突变的地方存在明显的应力集中，疲劳裂纹往往萌生在这些应力集中区域，在这些区域内应力分布是不均匀的，在计算结构疲劳时就要考虑应力集中带来的影响。

图 4-1　拉压循环下疲劳试样横截面的正应力分布

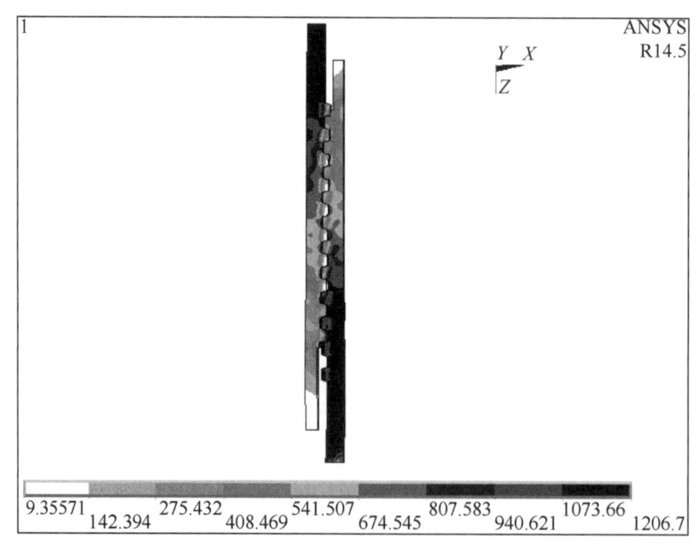

看彩图

图 4-2　有限元计算得到的螺纹结构非均匀应力分布云图

结构疲劳问题的总体分析思路可总结为图 4-3。由图 4-3 可见，结构疲劳寿命分析和前述计算材料疲劳寿命的流程类似，需要计算出循环载荷下结构的响应，结合材料的 S-N 曲线，利用疲劳累积损伤法则来计算结构构件的疲劳寿命。与材料的疲劳分析不同的是，分析结构构件的疲劳寿命时，需要额外考虑结构构件的缺口应力集中、构件尺寸、表面状态等因素对参考的材料疲劳性能的影响。因此，本章主要讨论缺口效应的影响，然后再介绍两种典型的结构疲劳分析方法。

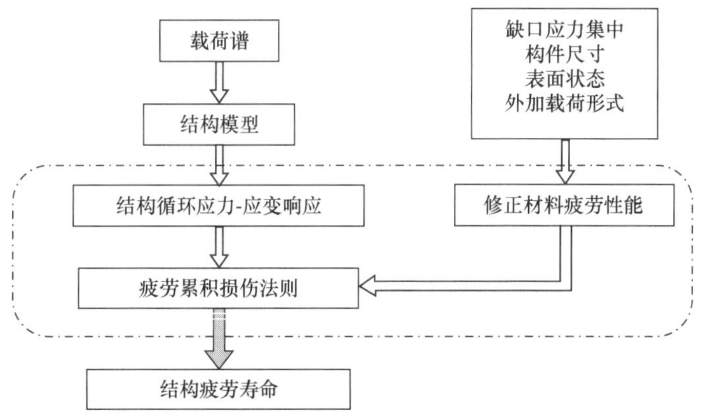

图 4-3　结构疲劳问题的总体分析思路

4.1　缺口效应

结构中的应力集中往往是由孔洞、圆角等产生的，所以可用缺口效应来反映结构中的应力集中效应对其疲劳性能的影响。在进行结构疲劳分析时需要对缺口引起的疲劳强度削弱进行定量化描述。引入疲劳缺口系数 K_f：

$$K_f = \frac{\sigma_N}{\sigma'_N} \tag{4-1}$$

即相同疲劳寿命下的光滑试样和缺口试样的疲劳强度之比。式中，σ_N 是光滑试样在给定疲劳寿命下的疲劳强度，σ'_N 是对应的缺口试样在相同寿命下的疲劳强度。光滑试样的疲劳强度一般来说应高于缺口试样，因此 $K_f \geqslant 1$。K_f 需要通过缺口试样和光滑试样的疲劳试验对比来确定。

疲劳缺口系数 K_f 是反映应力集中效应对结构疲劳性能影响的一个重要参量，它主要受到缺口大小、材料强度等因素的影响。对材料相同但尺寸不同的两种缺口试样，假设它们在缺口根部的最大应力相等，则图 4-4 给出了缺口大小对缺口周围应力场的影响。由图 4-4 可见，当缺口半径较大时，缺口附近的应力梯度较小，导致缺口应力集中区的平均应力较大，而平均应力对疲劳寿命是有害的，故较大的缺口带来的较大平均应力导致 K_f 较大；相应地，当缺口半径较小时，对应的缺口附近区域的平均应力较小，K_f 也较小。

材料的极限强度对疲劳缺口系数 K_f 也有影响。假设两种材料的缺口试样中的缺口是相同的，缺口最大应力也是相同的，则低强度材料由于屈服极限低，进入塑性屈服的区域较大，平均应力就较小，因此 K_f 也较小；相应地，高强度材料进入塑性屈服的区域较小，平均应力较大，进而导致 K_f 也较大。

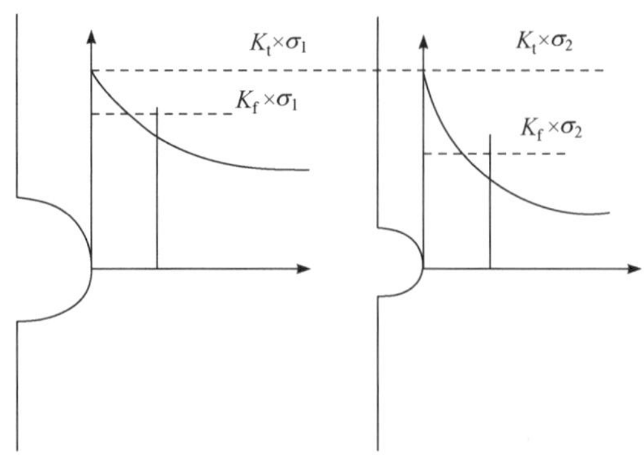

图 4-4　缺口大小对缺口周围应力场的影响

图 4-5 中给出了某金属材料光滑试样和缺口试样的疲劳 *S-N* 曲线，缺口试样的 *S-N* 曲线明显低于光滑试样的 *S-N* 曲线，而且缺口效应对于疲劳寿命的影响是随着疲劳寿命的延长而增加的，一般采用这两种试样的疲劳极限的比值作为疲劳缺口系数 K_f。通过试验来测定 K_f 的方法费时费力，代价很大。基于大量疲劳数据的统计，设计手册中也给出一些经验公式来计算 K_f，比较通用的是缺口敏感系数法。

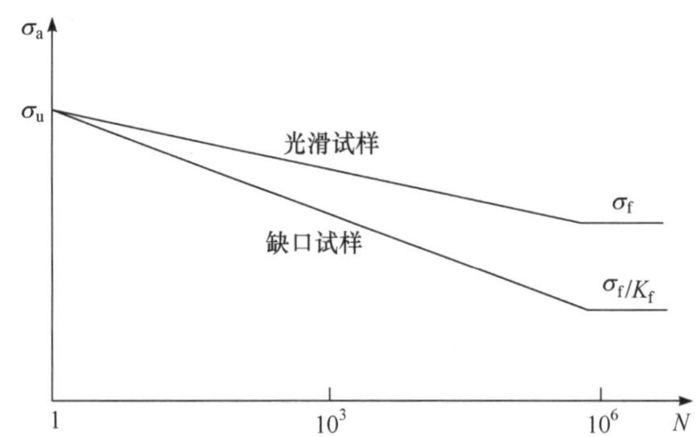

图 4-5　某金属材料光滑试样和缺口试样的疲劳 *S-N* 曲线(杨新华和陈传尧，2018)

通过弹性理论，可以计算出缺口根部应力集中点的最大应力，该最大应力和名义应力的比值称为理论应力集中 K_t。通过试验发现，K_t 和 K_f 之间存在一定的关联。这里定义缺口敏感系数 q 来建立 K_t 和 K_f 之间的联系。q 的值越大表示缺口对疲劳性能的影响也越大，q 的定义式如下：

$$q=\frac{K_f-1}{K_t-1} \tag{4-2}$$

式中，q 的值介于 0 到 1 之间。特别地，如果 $q=0$，可导出 $K_f=1$，则说明没有缺口效应，材料疲劳性能不受缺口的影响；如果 $q=1$，则疲劳性能受影响程度和应力集中效应等同，疲劳性能对缺口非常敏感。一般而言，K_f 大于等于 1，K_t 大于等于 K_f。

工程上常用的计算缺口敏感系数的公式有 Peterson 公式和 Neuber 公式，也可在相关设计手册中查询 q 的曲线。

(1) Peterson 公式

$$q=\frac{1}{1+\frac{a_{\mathrm{p}}}{r}} \tag{4-3}$$

其中，r 是缺口根部半径；a_{p} 是与晶粒大小和载荷有关的材料常数。

(2) Neuber 公式：

$$q=\frac{1}{1+\sqrt{\frac{a_{\mathrm{N}}}{r}}} \tag{4-4}$$

其中，r 是缺口根部半径；a_{N} 是与晶粒大小有关的材料常数。

在确定了 K_{t} 和 q 之后，可通过下式来计算 K_{f}：

$$K_{\mathrm{f}}=1+(K_{\mathrm{t}}-1)q \tag{4-5}$$

此后，即可对光滑试样获得的 S-N 曲线进行修正来估算带有缺口的结构构件的疲劳寿命。

4.2　名义应力法

名义应力法是最早形成的结构疲劳设计方法，它以材料或构件的 S-N 曲线为基础，对照结构疲劳危险部位的应力集中系数和名义应力，结合疲劳损伤累积理论，校核疲劳强度或计算疲劳寿命。

名义应力法的基本假设：对于相同材料制成的构件，只要理论应力集中系数 K_{t} 相同，名义应力载荷谱相同，则它们的疲劳寿命就相同。例如，图 4-6 所示的三种结构构件形式，虽然它们的缺口位置不一，甚至截面积也不同，但由于它们在缺口处的理论应力集中系数相同，因此，基于名义应力法的上述假设，可以认为这三种结构构件的疲劳寿命相同。

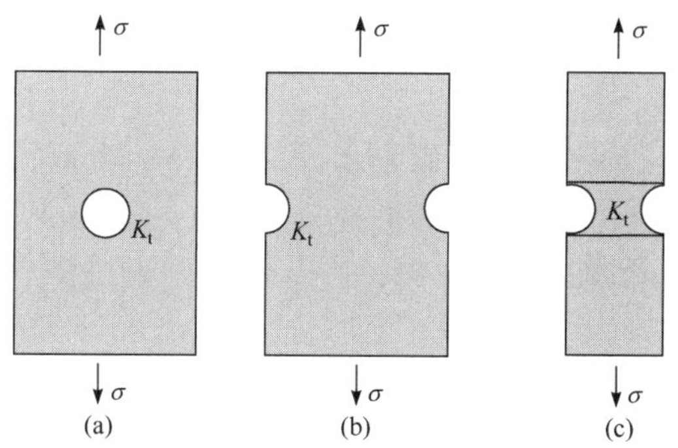

图 4-6　具有相同 K_{t} 和名义应力 σ 的构件的疲劳寿命相同

构件的名义应力定义为：不考虑缺口引起的应力集中，按照均匀分布和弹性应力-应变关系得到的应力。例如，对于图 4-6 所示的在拉伸载荷作用下的构件可以用轴向拉伸载荷除以构件在缺口处的净面积来计算：

$$\sigma = \frac{F}{A_N} \tag{4-6}$$

式中，A_N是构件危险截面上除去缺口的净面积。

名义应力法估算结构疲劳寿命的步骤如图 4-7 所示：首先根据工程经验或结构的有限元分析确定结构的危险部位的位置，再根据结构的载荷谱来计算危险部位的名义应力谱；然后，结合构件的 S-N 曲线把名义应力谱的各级应力与该应力水平下的寿命对应起来；最后，结合疲劳损伤累积理论，完成危险部位疲劳寿命评估。需要指出的是，在名义应力法对结构疲劳寿命评估中所用的是结构构件的 S-N 曲线，而不是材料的 S-N 曲线。但是，一般可以通过考虑缺口效应、尺寸系数等因素对材料 S-N 曲线进行修正，来获得针对具体结构构件的 S-N 曲线。如果载荷具有非零平均应力，还要对材料的标准 S-N 曲线先进行平均应力修正，然后再进行缺口效应和尺寸系数等的修正。具体的修正公式如式(4-7)所示。

$$S_a = \frac{\sigma_a}{K_f} \varepsilon \beta C_L \tag{4-7}$$

式中，σ_a对应于材料 S-N 曲线中的应力幅值；S_a对应于构件 S-N 曲线中的应力幅值；K_f是疲劳缺口系数；ε是尺寸系数；β是表面状态系数；C_L是加载方式系数。这些修正系数的具体数值可以参考有关的设计手册和规范(赵少汴和王忠保，1997)。

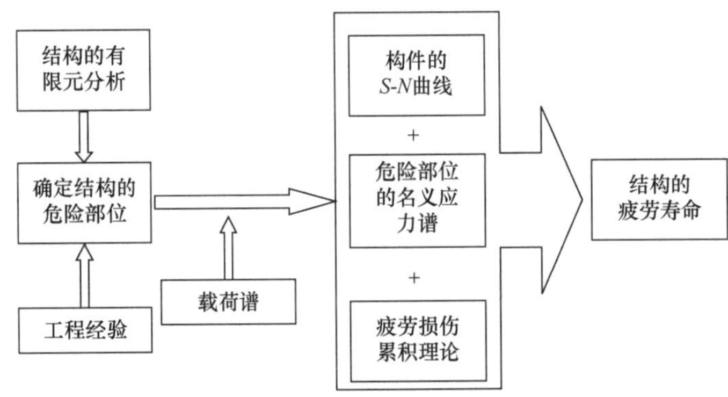

图 4-7　名义应力法估算结构疲劳寿命的步骤

例 4-1　如图 4-8 所示的一根变截面圆杆，尺寸为 $D = 36\text{mm}$，$d = 30\text{mm}$，$r = 6\text{mm}$。材料的拉伸强度极限$\sigma_u = 1100\text{MPa}$，S-N 曲线为：$\sigma^2 N = 2.0\times10^{11}$；对于该圆杆，保守假设$K_f = K_t$。圆杆受到常幅循环载荷作用，最大载荷为 400kN，最小载荷为−400kN，试估算其疲劳寿命。

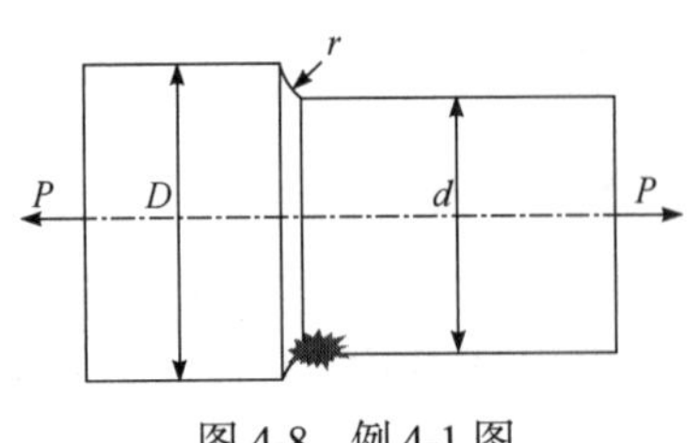

图 4-8　例 4-1 图

解　(1) 首先确定危险部位的位置。根据受力分析，圆杆的变截面过渡圆弧根部的应力最大，是危险部位。

(2) 计算危险部位的名义应力载荷谱。通过材料力学给出的圆杆拉压应力计算公式可得

$$\sigma_{max} = \frac{4P_{max}}{\pi d^2} = 565.9\text{MPa}$$

$$\sigma_{\min} = \frac{4P_{\min}}{\pi d^2} = -565.9\text{MPa}$$

可得，名义应力幅值为 $S_a = 565.9\text{MPa}$，名义平均应力为 0MPa。

(3) 计算危险部位的理论应力集中系数 K_t，再根据 K_f 将含缺口构件的名义应力转换为光滑试样的应力。该变截面构件在变截面处的理论应力集中系数可以查相关手册或利用有限元方法进行计算。由于本例的变截面杆的 $D/d = 1.2$，$r/d = 0.2$，根据这两个几何参数，查询相关应力集中或机械设计手册可得 $K_t = 1.44$。然后，再根据 K_f 的定义式有

$$\sigma_{a光滑} = \sigma_{a缺口} \times K_f = 565.9 \times 1.44 \approx 814.9\text{MPa}$$

(4) 将转换得到的光滑试样的应力幅值代入材料的标准 S-N 曲线，有

$$N_f = \frac{2.0 \times 10^{11}}{(814.9)^2} \approx 3.01 \times 10^5 次$$

这表明该构件的疲劳寿命为 3.01×10^5 次循环。

4.3　局部应力-应变法

名义应力分析方法是主要针对应力控制的结构疲劳问题，一般用于高周疲劳范畴的结构疲劳寿命预测。然而，对于应变控制的结构疲劳问题，也就是涉及弹塑性变形的结构低周疲劳问题，则通常需要采用基于应变的疲劳分析方法。局部应力-应变法是工程中应用广泛的基于应变的结构疲劳分析方法。

局部应力-应变法的基本假设(图 4-9)是：若同种材料制成的构件在缺口根部承受与光滑件相同的应力-应变历程，则它们的疲劳寿命相同。也就是说，缺口根部的材料元在局部应力 σ 或局部应变 ε 循环载荷作用下的疲劳寿命可由承受同样载荷历程的光滑试样的疲劳寿命来预测。

局部应力-应变法的分析步骤为：首先，利用结构的有限元分析确定危险部位的位置；然后，结合循环 σ_a - ε_a 曲线计算危险部位的局部应力-应变历程，进而根据光滑试样获得的材料 ε-N 曲线进行损伤评估；最后，通过疲劳损伤累积理论预测结构的疲劳寿命。

名义应力法和局部应力-应变法这两种结构疲劳寿命评估方法的适用范围是不一样的。结构的疲劳寿命取决于危险部位附近的应力-应变历程。通常而言，在图 4-10(a)中所示的小载荷结构整体响应为弹性情况下，应力集中部位的应力梯度较大，不能用危险点的局部应力来代替危险部位附近的整体情况。这时，可以使用基于结构构件整体的应力响应的名义应力法，结合反映局部应力集中的构件 S-N 曲线来计算结构的疲劳寿命。可见，由于讨论的是低载荷情况，因此名义应力法通常用于高周疲劳范围的结构疲劳寿命分析。然而，对于图 4-10(b)中所示的大载荷作用下的情形，在构件中发生应力集中的危险部位附近发生了较大范围的塑性屈服，塑性屈服区的应力梯度较小，因此，可以用

危险点局部应力-应变响应代替危险部位附近的整体情况。可见，由于讨论的是大载荷作用情形，涉及较大范围的塑性屈服，因此，局部应力-应变法通常用于低周疲劳范围的结构疲劳寿命分析。

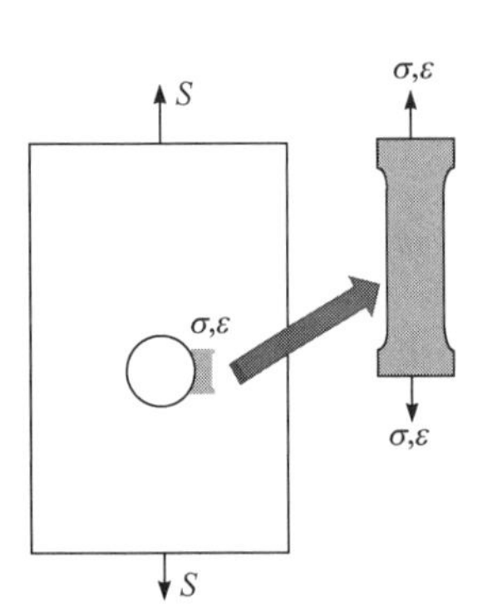

图 4-9　局部应力-应变法的基本假设

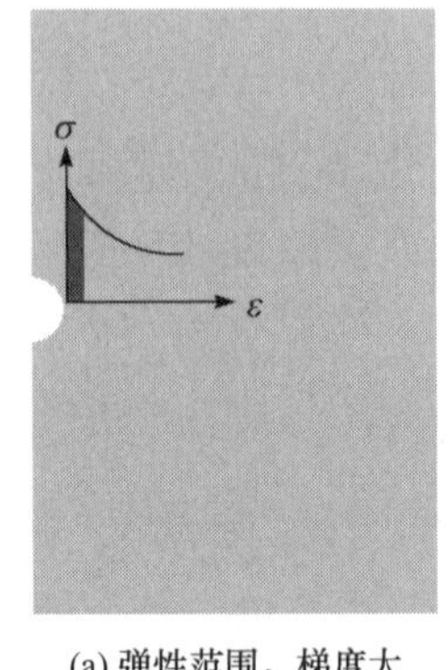

(a) 弹性范围，梯度大

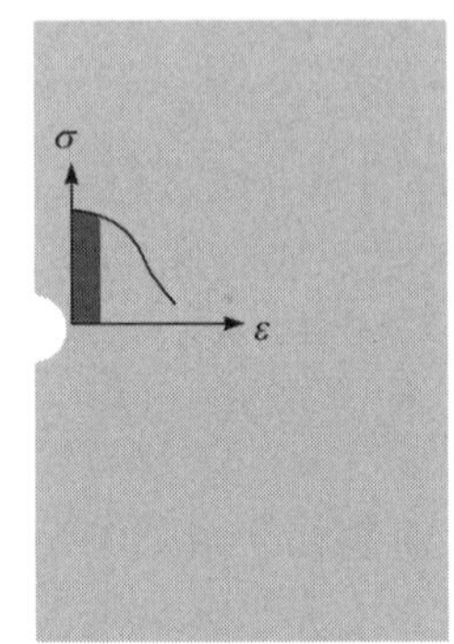

(b) 塑性范围，梯度小

图 4-10　应力集中部位附近的应力分布

局部应力-应变法采用应力集中部位的局部应力-应变历程，根据标准试样的疲劳曲线来计算构件的疲劳寿命。因此，局部应力-应变法预测结构构件疲劳寿命的关键环节就是如何得到缺口根部的局部应力-应变历程。计算缺口局部应力-应变历程的方法主要有两种：①弹塑性有限元方法；②近似计算方法。弹塑性有限元方法计算结果比较准确，但对计算机软硬件要求较高，适合于结构形式比较复杂的情况。对于一些简单的结构构件，可以利用近似计算方法来快速计算缺口根部的局部应力-应变历程。下面介绍确定局部应力-应变的 Neuber 方法。

为了根据缺口附近的名义应力 S、名义应变 e，求出缺口根部的局部应力 σ 和局部应变 ε，可以首先定义如下应变集中系数 K_ε 和应力集中系数 K_σ：

$$K_\varepsilon = \frac{\varepsilon}{e} \tag{4-8}$$

$$K_\sigma = \frac{\sigma}{S} \tag{4-9}$$

在已知名义应力和名义应变的前提下，只要获得应变集中系数和应力集中系数，就可以求得缺口根部的局部应力和应变。在弹性变形阶段，应力-应变之间为线性关系，应变集中系数K_ε的值和应力集中系数 K_σ 相同，都等于理论应力集中系数 K_t。此时，名义应力、名义应变和局部应力、局部应变之间的关系为

$$\sigma = K_t S, \quad \varepsilon = K_t e \tag{4-10}$$

但是，在弹塑性变形阶段，由于非线性的应力-应变关系，应变集中系数并不等于应力集中系数 K_t。在实际应用中常结合一些假定，利用理论应力集中系数 K_t 来求应变集中系数和应力集中系数，进而得到缺口根部的局部应力、局部应变。

Neuber 方法给出了如下假设：在弹塑性状态下，应变集中系数和应力集中系数的乘积与理论应力集中系数的平方相等，即

$$K_{\varepsilon}K_{\sigma}=K_{t}^{2} \tag{4-11}$$

整理之后，得到

$$\sigma\varepsilon=K_{t}^{2}eS=K_{t}^{2}\frac{S^{2}}{E} \tag{4-12}$$

可见，在名义应力 S 和理论应力集中系数 K_t 确定以后，局部应力-应变的乘积则是一个常数。在应力-应变坐标系中，该函数表现为一条双曲线，如图 4-11 中的 Neuber 曲线所示。利用 Neuber 双曲线和循环应力幅值-应变幅值曲线进行联立求解，就可以求出循环过程中的局部应力-应变的稳态解。

将前述单调加载下的全量形式改写为增量形式，即可用于计算循环载荷下的局部应力-应变历程。根据局部应力-应变法，通过已知的名义应力或名义应变历程计算结构疲劳寿命的流程总结如下：

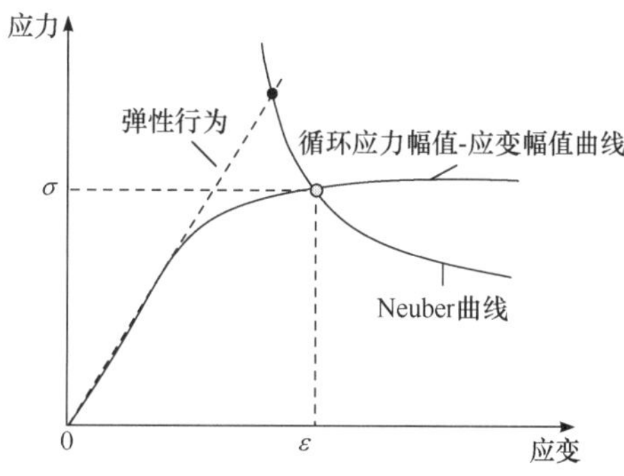

图 4-11 局部应力-应变求解的 Neuber 曲线

(1) 对于典型载荷谱的起点，已知名义应力或者名义应变，按照循环应力幅值-应变幅值曲线，求出对应的名义应变或名义应力，再根据 Neuber 双曲线和循环应力幅值-应变幅值曲线，联立求解该起点对应的局部应力和应变。该计算过程中涉及的计算公式如下：

$$e=\frac{S}{E}+\left(\frac{S}{K'}\right)^{\frac{1}{n'}} \tag{4-13}$$

$$\varepsilon=\frac{\sigma}{E}+\left(\frac{\sigma}{K'}\right)^{\frac{1}{n'}} \tag{4-14}$$

$$\varepsilon\sigma=K_{t}^{2}eS=K_{t}^{2}\frac{S^{2}}{E} \tag{4-15}$$

(2) 随后，反向加载，根据已知的名义应力或名义应变的变程，由滞回环曲线求得未知的名义应变或名义应力增量。再进行联立求解，计算局部应力和应变的增量。该计算过程中涉及的计算公式如下：

$$\Delta e=\frac{\Delta S}{E}+2\left(\frac{\Delta S}{2K'}\right)^{\frac{1}{n'}} \tag{4-16}$$

$$\Delta\varepsilon=\frac{\Delta\sigma}{E}+2\left(\frac{\Delta\sigma}{2K'}\right)^{\frac{1}{n'}} \tag{4-17}$$

$$\Delta\varepsilon\Delta\sigma=K_{t}^{2}\Delta e\Delta S \tag{4-18}$$

(3) 计算出局部应力和局部应变增量后，将增量叠加到前一步的局部应力和局部应变中，则可得到当前加载步的局部应力和局部应变值。

(4) 针对载荷历程中的各个峰谷值点，经过逐点计算则可获得整个加载历程中局部的循环应力-应变响应。最后，由求得的各个完整循环的应变幅值和平均应力，利用考虑平均应力修正的应变-寿命曲线来估算构件的疲劳寿命。

例 4-2　如图 4-12 所示的一块中心圆孔板，受到平均应力为 100MPa、应力幅值为 300MPa 的循环载荷作用。已知圆孔处的应力集中系数 $K_t = 3$，材料的弹性模量 $E = 200\text{GPa}$，材料的循环应力幅值-应变幅值曲线的参数如下：$n' = 0.1$，$K' = 1500\text{MPa}$，材料应变-疲劳寿命曲线的参数为 $\varepsilon_f' = 0.6$，$\sigma_f' = 1500\text{MPa}$，$b = -0.1$，$c = -0.5$。试根据圆孔边缘的局部应力-应变估算其疲劳寿命。

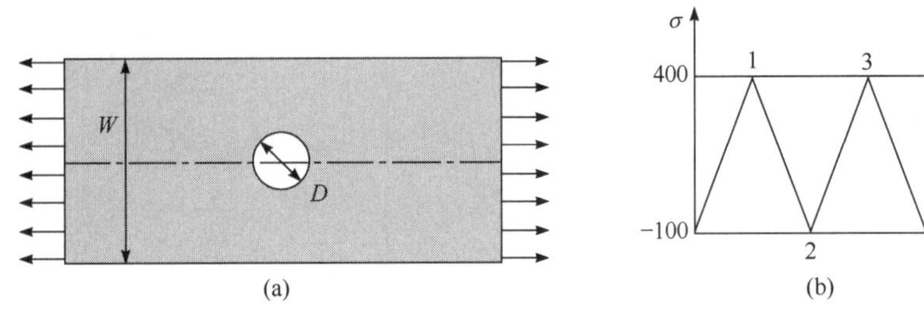

图 4-12　中心圆孔板及其所受载荷情况

解　(1) 首先计算危险部位的局部应力-应变响应。

对于 1 点，对应于滞回环的一个顶点，将应力从零点到 1 点的应力幅值 S_1= 400MPa 代入循环应力幅值-应变幅值曲线求得 1 点的名义应变为

$$e_1 = \frac{S_1}{E} + \left(\frac{S_1}{K'}\right)^{\frac{1}{n'}} = 0.002$$

随后，联立 Neuber 双曲线和循环应力幅值-应变幅值曲线，求得对应于 1 点的局部应力-应变：

$$\varepsilon_1 \sigma_1 = K_t^2 e_1 S_1 = K_t^2 \frac{S_1^2}{E} = 7.2$$

$$\varepsilon_1 = \frac{\sigma_1}{E} + \left(\frac{\sigma_1}{K'}\right)^{\frac{1}{n'}}$$

可得，$\varepsilon_1 = 0.00833$，$\sigma_1 = 864\text{MPa}$。

在 1—2 卸载过程中，名义应力由 400MPa 卸载到−100MPa，则名义应力的增量为 $\Delta S = 500\text{MPa}$，由滞回环曲线可得

$$\Delta e = \frac{\Delta S}{E} + 2\left(\frac{\Delta S}{2K'}\right)^{\frac{1}{n'}} = 0.0025$$

随后，联立增量形式的 Neuber 双曲线和循环应力-应变曲线，解得对应于 1—2 卸载过程

的局部应力-应变增量：

$$\Delta\varepsilon\Delta\sigma = K_t^2 \Delta e \Delta S = 11.25$$

$$\Delta\varepsilon = \frac{\Delta\sigma}{E} + 2\left(\frac{\Delta\sigma}{2K'}\right)^{\frac{1}{n'}}$$

求得局部应力和局部应变的增量分别为 $\Delta\varepsilon = 0.008$ ，$\Delta\sigma = 1403\text{MPa}$ 。

由于 1—2 为卸载过程，2 点对应的局部应力和局部应变则为

$$\varepsilon_2 = \varepsilon_1 - \Delta\varepsilon = 0.00033$$

$$\sigma_2 = \sigma_1 - \Delta\sigma = -539\text{MPa}$$

由于 2—3 点又是加载过程，我们重复上述计算步骤，可以获得 3 点的局部应力和局部应变。其实可以发现，3 点的应力和应变与 1 点完全一样，1—2—3 实际上形成了一个封闭的滞回环，即

$$\varepsilon_3 = \varepsilon_1 = 0.00833$$

$$\sigma_3 = \sigma_1 = 864\text{MPa}$$

可以求得在一个稳态循环中，局部应变幅值为

$$\frac{\Delta\varepsilon}{2} = \frac{\varepsilon_2 - \varepsilon_1}{2} = 0.004$$

局部平均应力为

$$\sigma_\text{m} = \frac{\sigma_2 + \sigma_1}{2} = 161\text{MPa}$$

(2) 通过局部应力-应变历程求疲劳寿命。

将孔边局部的应变幅值 $\dfrac{\Delta\varepsilon}{2}$ 和平均应力 σ_m 代入考虑平均应力修正的低周疲劳公式：

$$\frac{\Delta\varepsilon}{2} = \frac{(\sigma_\text{f}' - \sigma_\text{m})(2N)^b}{E} + \varepsilon_\text{f}'(2N)^c$$

即可计算得到该板的疲劳寿命为 10546 次循环。

关于例 4-2 的进一步讨论：圆孔处的应力集中系数 $K_t = 3$ ，然而，在本例中，名义最大应力为 400MPa，对应的局部最大应力却为 864MPa，小于 1200MPa。可见，在弹塑性响应过程中，由于受到塑性屈服的影响，构件中应力集中处的应力集中系数大大低于按照弹性响应计算得到的理论应力集中系数 K_t 。

4.4　基于有限元计算的大型结构疲劳分析方法

前面介绍的是结构疲劳寿命计算的基本方法和流程，这些基本方法只适用于载荷和构件形式都比较简单的情况。如果结构构件所受载荷很复杂或者是构件的结构形式很复

杂，则需要利用商用有限元软件的疲劳分析模块或专用的疲劳分析软件进行载荷谱计算和弹塑性响应的计算等工作。本小节以通用有限元软件 ANSYS 为例来说明复杂情况下大型结构疲劳分析的基本流程。

首先介绍有限元应力和疲劳分析中通常使用的几个基本术语。①位置(location)：在有限元分析模型中储存疲劳应力的节点，这些节点是结构上某些容易发生疲劳破坏的位置；②事件(event)：在特定的应力循环过程中，在不同时刻的一系列应力状态；③载荷(loading)：是事件的一部分，表征其中的一个加载工况；④应力强度(stress intensity)：其值为第一主应力减去第三主应力，是根据第三强度理论推导出的当量应力。

结构常常承受各种最大和最小应力的作用，它们发生的顺序是未知的(甚至是随机的)。因此，就必须仔细地考虑如何在各种可能的应力范围内得到正确的循环次数，以获得有效的疲劳累积损伤使用因子。ANSYS 程序自动计算所有可能的应力范围，同时采用特定的循环计数方法，比如雨流法计数来跟踪应力循环发生的次数。在选定的节点位置，对所有事件进行搜索，以寻找产生最大应力强度的载荷对(应力矢量)。记录这些应力幅值的重复次数，同时包含这些载荷的事件的剩余重复次数则随之减少，最终至少有一个事件在某一个位置被“用光”，而属于这一事件的其他应力状态在随后的过程中将被忽略。一直重复这一过程，直到所有的应力强度和重复次数都被计及后结束。

载荷谱计数完成后的计算是基于 ASME 标准(美国机械工程师协会标准)、采用简化的弹塑性假设和 Miner 损伤累积理论来进行结构疲劳寿命评估。图 4-13 给出了复杂结构疲劳寿命评估的计算流程。

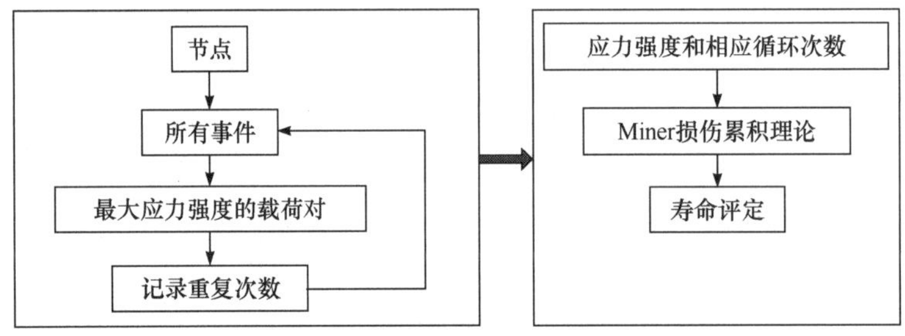

图 4-13 复杂结构疲劳寿命评估的计算流程

完成了载荷谱计数后的计算又包含四个步骤：

(1) 将有限元计算得到的结构上所有的载荷作比较，计算最大交变剪切应力，也就是剪切应力幅值。为了计算这个最大交变剪切应力，首先要计算所有应力向量的差值，存为一个矩阵。σ_i 为载荷 L_i 对应的应力矢量，σ_j 为载荷 L_j 对应的应力矢量。其次，通过这个应力差值矩阵，计算应力强度。计算公式如下：

$$\{\sigma\}_{i,j}=\{\sigma\}_i+\{\sigma\}_j \tag{4-19}$$

$$\sigma_{\mathrm{I}}(i,j)=\mathrm{MAX}\left(|\sigma_1-\sigma_2|,|\sigma_2-\sigma_3|,|\sigma_3-\sigma_1|\right) \tag{4-20}$$

计算最大剪切应力强度时采用第三强度理论，即主应力间的差值除 2 得到最大剪切应力，即

$$\sigma_{i,j}^{d}=\frac{\sigma_{\mathrm{I}}(i,j)}{2} \tag{4-21}$$

在弹塑性分析时，还需要对这个最大剪切应力强度进行弹塑性修正，即乘上 K_{e} 因子。K_{e} 的取值见表 4-1，在弹性时取 1；随着应力强度增大，K_{e} 的值越大。m 和 n 是 ANSYS 提供的弹塑性模型的两个参数。

$$\sigma_{i,j}^{c}=K_{\mathrm{e}}\sigma_{i,j}^{d} \tag{4-22}$$

表 4-1　系数 K_{e} 的取值

分析类型	应力范围	K_{e}
弹性	全部	1.0
简化弹塑性	$S_n<3S_m$	1.0
	$3S_m<S_n<3mS_m$	$1.0+\frac{1-n}{n(m-1)}\left(\frac{\sigma_n}{3S_m}-1\right)$
	$3mS_m<S_n$	$\frac{1}{n}$

表 4-1 中，σ_n 是 $2\sigma_{i,j}^{d}$ 的应力强度等效值，S_m 为设计应力集度值，m 为弹塑性第一个参数($m>1$)；n 为弹塑性第二个参数($0<n<1$)。

(2) 由排列组合可知 L 个载荷之间有 $\frac{L(L-1)}{2}$ 种组合方式，也就是说，应力强度矩阵中有相应组数的数据。在第二步将这些数据以 $\sigma_{i,j}^{d}$ 的最大值为起始，按从大到小排列。

(3) 对某组应力强度数据，它代表从载荷 l_i、事件 k_i 到载荷 l_j、事件 k_j 的一次载荷变程。两个事件发生的次数中的较小值设为 M_{t}，即这两个事件的循环次数。根据 Miner 线性累积损伤理论，这两个事件间发生的损伤，也就是使用因子 f_{u} 为

$$f_{\mathrm{u}}=\frac{M_{\mathrm{t}}}{M_{\mathrm{A}}} \tag{4-23}$$

式中，M_{A} 就是当前应力水平下的疲劳寿命，由 S-N 曲线获得。随后进行累加，相应地减少 k_i 和 k_j 两个事件的数目，直到其中一个为 0，等于 0 则表示其中一个事件用完了。也就意味着，这一个载荷循环结束了。

(4) 换一个应力强度，重复步骤(3)，直到所有的应力强度用完，最终获得循环载荷谱以及这一个载荷谱下的累积损伤使用因子，也就是损伤因子。根据损伤因子，则可以评估结构的受损伤程度和计算疲劳寿命。

习　题

习题 4-1 结构中某构件有一个缺口，其理论应力集中系数 $K_t = 3$，材料的 S-N 曲线为 $\sigma^2 N = 2.0 \times 10^{11}$，对于该结构构件，保守假设 $K_f = K_t$。该构件受到最大名义应力 $S_{max} = 500\text{MPa}$、最小名义应力 $S_{min} = 50\text{MPa}$ 的常幅循环载荷的作用，试估算其疲劳寿命。

习题 4-2 一块中心圆孔板，受到平均应变 $\varepsilon_m = 0.005$、应变幅值 $\varepsilon_a = 0.008$ 的循环载荷作用。已知圆孔处的理论应力集中系数 $K_t = 3$，材料的弹性模量 $E = 200\text{GPa}$，材料的循环应力-应变曲线方程中的参数如下：$n' = 0.1$，$K' = 1500\text{MPa}$；而材料应变-疲劳寿命曲线的参数为 $\varepsilon_f' = 0.6$，$\sigma_f' = 1500\text{MPa}$，$b = -0.1$，$c = -0.5$。试根据圆孔边缘的局部应力-应变法估算其疲劳寿命。

参 考 文 献

杨新华, 陈传尧. 2018. 疲劳与断裂. 2 版. 武汉：华中科技大学出版社.

赵少汴, 王忠保. 1997. 抗疲劳设计——方法与数据. 北京：机械工业出版社.

Neuber H. Theory of stress concentration for shearstrained prismattical bodies with arbitrary nonlinears stress-strain laws. Journal of Applied Mechanics, E28:544-550.

第 5 章　材料疲劳试验及数据处理

材料疲劳试验指的是通过试验的方法来获得材料在交变载荷下的疲劳性能。材料疲劳试验所采取的方法是：使用标准试样在疲劳试验机上施加特定的交变载荷，得到材料在不同载荷下对应的疲劳寿命，通过对试验数据的处理得到材料的疲劳寿命曲线(即 S-N 曲线或 ε-N 曲线)及与之对应的疲劳寿命曲线方程。通过对一个试样施加特定的循环载荷，直至试样产生裂纹或者完全破坏，记录下施加的载荷水平和疲劳寿命(循环次数)，并分别作为横纵坐标，即可在图中绘制一个试验数据点。通过在不同载荷水平下进行多次试验可以获得一系列的试验点，然后，通过对疲劳数据的统计分析来获得对应于一定统计概率的疲劳寿命曲线或疲劳寿命曲线方程。这些疲劳寿命曲线或疲劳寿命曲线方程就代表材料的疲劳性能，可用于材料或构件的疲劳寿命评估中。

5.1　高周疲劳试验

5.1.1　试验方法

具体的疲劳试验方法可以参考国家标准 GB/T 3075-2021《金属材料　疲劳试验　轴向力控制方法》。依据疲劳试验标准，应力控制的高周疲劳标准试样一般采用如图 5-1 所示的哑铃状试样，可以分为图 5-1(a)所示的带有平行段的等直试样和图 5-1(b)所示的不含有平行段的漏斗形试样两种。高周疲劳试样对于表面光洁度的要求很高，金属材料的高周疲劳试样表面一般需经过磨削和抛光工艺处理。对于研究有缺口效应的疲劳试验，可采用如图 5-2 所示的缺口试样，在试样表面通过机加工或线切割等方式预加工缺口。

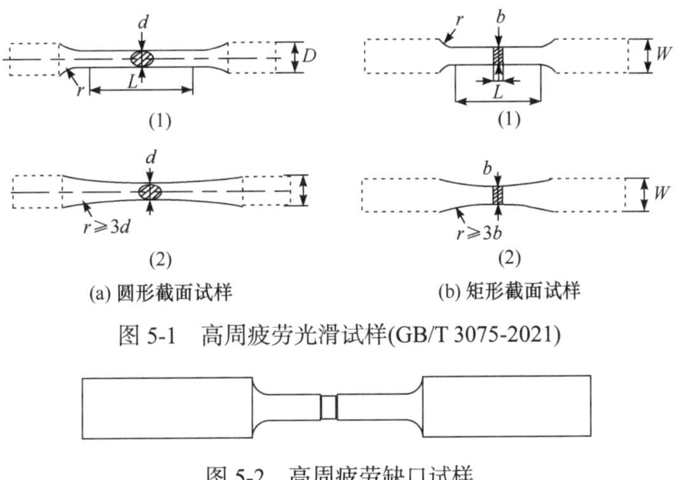

(a) 圆形截面试样　　(b) 矩形截面试样

图 5-1　高周疲劳光滑试样(GB/T 3075-2021)

图 5-2　高周疲劳缺口试样

常用于材料高周疲劳试验的试验机有两类：即旋转弯曲疲劳试验机和高频疲劳试验机。

旋转弯曲疲劳试验机是最早出现的疲劳试验机，它的原理图如图 5-3 所示。它的主体部分是一个电机和一个加载支座，试样通过联轴器安装在电机轴线上，通过在加载支座上悬吊重物或施加固定载荷的方法给试样施加一个垂直于轴线的弯矩；在试验过程中，电机带动试样旋转，试样上的某点便承受由旋转和弯矩引起的交变载荷。旋转弯曲疲劳对于旋转的轴类零部件(如火车车轴等)的受力情况是十分吻合的。

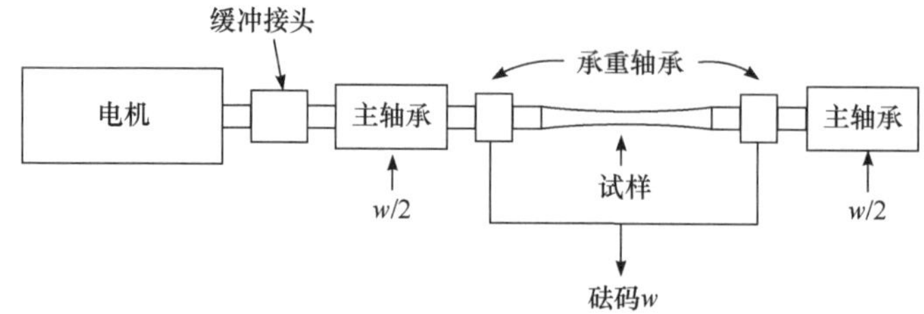

图 5-3　旋转弯曲疲劳试验机的原理图

高频疲劳试验机(图 5-4)是基于系统共振原理进行工作的，它的振动由电磁激振器来激励和保持。当激振器产生的激振力的频率和相位与振动系统的固有频率基本一致时，系统便发生共振；配重在共振情况下产生的惯性力就往复作用在试样上，完成疲劳加载。高频疲劳试验机的试验频率一般在几十至几百赫兹(Hz)。相对于普通的电子式和液压式材料试验机而言，频率较高，故称之为高频疲劳试验机，一般用于金属材料的高周疲劳性能测试。

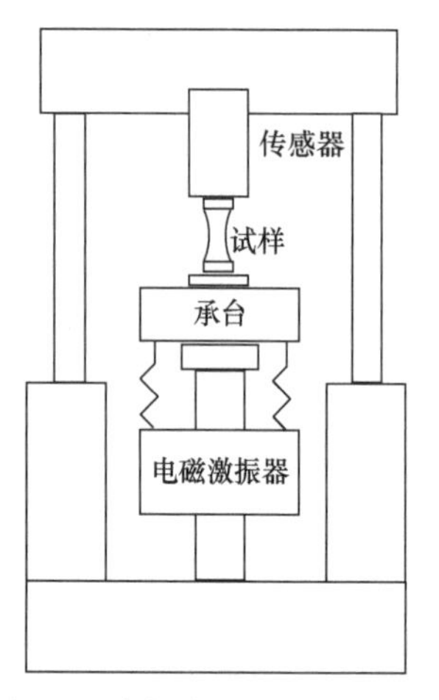

图 5-4　高频疲劳试验机结构图

估计材料 *S-N* 曲线的组合模型方法：假定材料的 *S-N* 曲线由有限寿命范围内的一条斜线和无限疲劳寿命范围内的水平直线组成。对于有限寿命范围内的斜线，可以选取 4 个应力水平获得材料的有限寿命区 *S-N* 疲劳曲线。这 4 个应力水平采用成组法，即在相同的应力水平下进行多个试验获得疲劳数据；在疲劳极限区采用升降法(图 5-5)，以确定疲劳寿命为 1×10^7 次循环下的条件疲劳极限。然后，通过 4 级应力水平的疲劳数据绘制该材料的中值 *S-N* 疲劳曲线。

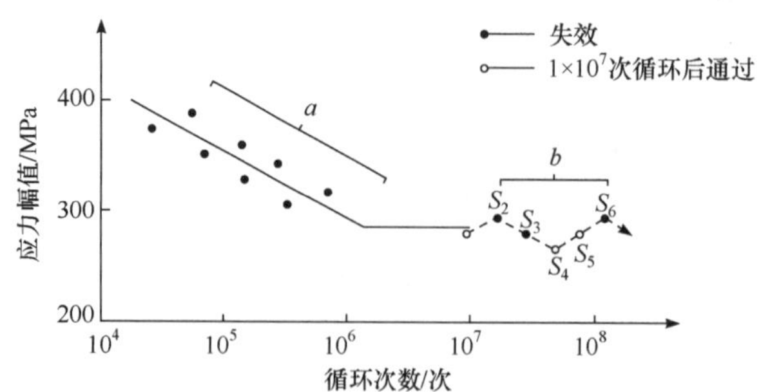

图 5-5　估计材料 *S-N* 曲线的组合模型方法(GB/T 24176-2009)

所谓成组法，就是通过几组在不同载荷水平下的疲劳试验来获取材料疲劳数据或疲劳曲线的方法。对于单独一个试样的试验过程如下：安装夹持好试样，在选定的载荷水平下采用应力控制循环加载，直到试样表面产生裂纹或频率(试样刚度)降低到一定程度时停止，记录下对应的载荷水平和试验停止时的循环次数(即疲劳寿命)，即可在如图 5-5 所示的疲劳图形上绘制出一个数据点。

需要注意的是，在测定材料的疲劳极限时采用的是升降法。对于钢材类的金属材料，如果试样承受 10^7 次循环不破坏的话，即可认为在该载荷下材料具有无限寿命。由于疲劳试验的分散性，准确得到正好对应于 10^7 次循环的材料疲劳极限是很困难的，因此可以使用升降法，即通过在 10^7 次疲劳寿命附近施加反复升降的载荷进行试验(图 5-5)，然后根据试验结果来估算材料的疲劳极限。在进行疲劳极限的试验前，先根据有限寿命的疲劳数据或材料的拉伸强度估算材料的疲劳极限，然后，再根据估算出的疲劳极限应力水平确定出不同载荷之间的应力差。开始试验时，在略高于估算的疲劳极限的应力值下进行疲劳试验。如果第一个试样在循环次数达到 10^7 次前破坏，则下一个试样所施加的应力降低一个级差；如果第一个试样循环达到 10^7 次未破坏，则停止这个试样的试验，下一个试样所施加的应力提高一个级差。在接下来的试验中，均按照相同的原则进行应力水平的设置和试验。试验过程中，试样的应力水平是根据前一个试样的结果来进行升高或降低，故称为升降法。

图 5-6 给出了升降法的一个具体例子，图中的标记“×”表示疲劳寿命在 10^7 次以内，试验结束时，试样发生了破坏或产生了裂纹；而标记“○”则表示疲劳寿命超过 10^7 次，试验结束时，试样没有破坏或产生裂纹。在处理升降法的试验结果时，出现第一对相反结果以前的数据应该舍弃。我们来看图 5-6 所示的这个例子，第一次出现相反的结果是在数据点 2 和数据点 3，那么数据点 1 就应该被舍弃，第一个有效数据点是点 2；同时，第一次出现相反结果的点 2 和点 3 的应力平均值就可以作为该数据对的疲劳极限值。类似地，后续的相邻相反数据点的应力平均值都可以作为常规法的疲劳极限值。然后，将这些用配对法得到的疲劳极限数据进行统计分析，就可以得出疲劳极限的平均值。这里给出了疲劳极限平均值计算公式：

$$\sigma_{-1}=\frac{1}{k}\sum_{i=1}^{k}\sigma_i \tag{5-1}$$

式中，k 是配成的对子数；σ_i 是用配对法得出的第 i 对疲劳极限值。当最后一个数据点的下一个应力水平正好回到第一个有效数据点的应力时，有效数据点刚好能配成对子。

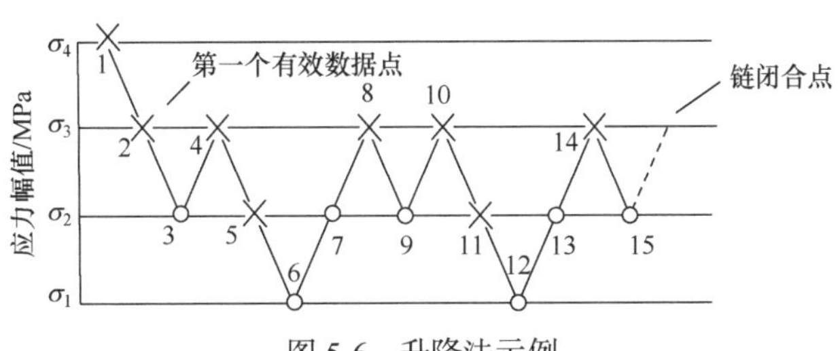

图 5-6　升降法示例

5.1.2 高周疲劳 *S-N* 曲线的绘制

材料的高周疲劳 *S-N* 曲线最通用的图示法是以失效时的循环次数作为横坐标、施加的应力值作为纵坐标进行绘图。本书中选取循环应力的最大值作为纵坐标，可采用线性或对数，而用循环次数(疲劳寿命)的对数作为横坐标。材料的 *S-N* 曲线有多种表达形式。根据国家标准 GB/T 24176-2009《金属材料 疲劳试验 数据统计方案与分析方法》，在有限寿命区段的 *S-N* 曲线可表示为如下线性关系模型：

$$x = b - ay \tag{5-2}$$

其中，$x = \lg N_{\mathrm{f}}$ 为疲劳寿命的对数；y 为循环中的最大应力值或应力幅值。

对于有限寿命区段的平均 *S-N* 曲线，式(5-2)中的系数由下式确定：

$$a = -\frac{\sum_{i=1}^{n}(x_i - \overline{x})(y_i - \overline{y})}{\sum_{i=1}^{n}(y_i - \overline{y})^2} \tag{5-3}$$

$$b = \overline{x} + a\overline{y} \tag{5-4}$$

式中，$\overline{x} = \frac{1}{n}\sum_{i=1}^{n} x_i$，$\overline{y} = \frac{1}{n}\sum_{i=1}^{n} y_i$。将成组法获得的在不同应力水平下的应力值和对应的疲劳寿命数据代入式(5-3)和式(5-4)中，即可确定线性 *S-N* 曲线的系数，从而绘制出有限寿命区段的带有斜率的 *S-N* 曲线。当应力值低于疲劳极限时，则认为疲劳寿命为无限次，此时的 *S-N* 曲线为一段水平的直线。一个完整的材料高周疲劳 *S-N* 曲线如图 5-7 所示。

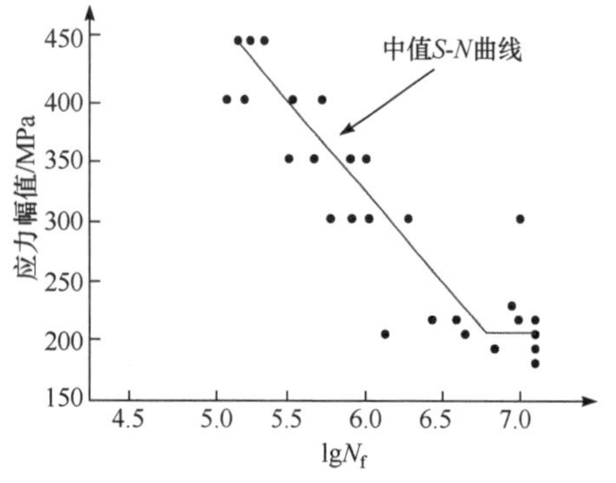

图 5-7　材料高周疲劳 *S-N* 曲线

5.2 低周疲劳试验

5.2.1 试验方法

材料的低周疲劳试验方法可参考国家标准 GB/T 15248-2008《金属材料轴向等幅低循环疲劳试验方法》。依据试验标准，材料低周疲劳试验采用的标准试样与高周疲劳试验类似，一般采用如图 5-8 所示的等截面或漏斗形的哑铃状试样。试验规范中规定了试样工作段的长度与宽度的比值(长径比或长宽比)，目的是使试样粗短，在试验过程中不易发生压缩失稳。与等截面试样相比，漏斗状试样的长径比更低，更加不易发生压缩失稳。因此，等截面试样一般用于疲劳寿命较长的情形，而漏斗形试样一般用于疲劳寿命较短的情形。如果低周疲劳试验中施加的应变幅值超过 1%，则应该使用漏斗形试样。

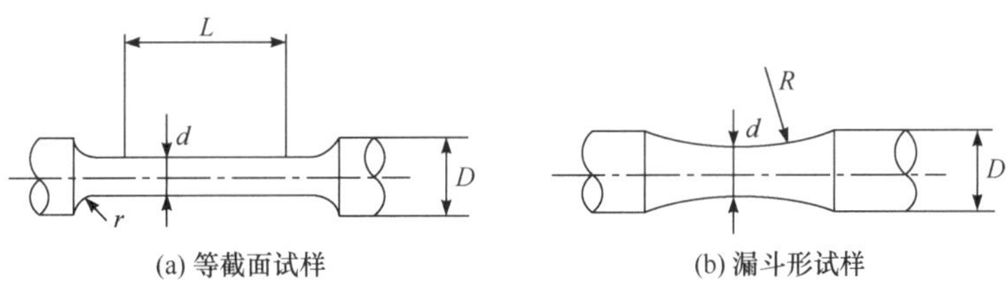

图 5-8　材料的低周疲劳试样(GB/T 15248-2008)

在材料的低周疲劳性能测试中，一般采用液压伺服控制疲劳试验机(图 5-9)。其利用液压泵为动力，液压作动器为执行机构，基于闭环控制原理进行工作。为了实现应变控制，还需要配备应变引伸计来测量试样的应变值，并反馈给试验机用于控制循环过程中的应变。

图 5-9　液压伺服控制疲劳试验机

材料的低周疲劳试验通常采用应变控制，即在试验过程中，控制试样的最大和最小应变保持恒定，反复循环直到试样产生裂纹或断裂。具体的试验过程如下：对于应变控制下循环加载，在几百到几万次循环范围内，采用成组法，在 4～5 个应变幅值下重复进行疲劳试验，记录下对应的载荷水平和循环次数(疲劳寿命)；然后，对疲劳数据进行处理，得到具体的疲劳分析模型，如 Manson-Coffin 公式的疲劳强度系数、疲劳延性系数等各项参数。

5.2.2　低周疲劳 ε-N 曲线的绘制

受材料循环软/硬化效应的影响，材料在循环变形过程中产生的应力-应变滞回环可能是随循环次数的增加而变化的，因此，一般取稳定的滞回环来进行应力-应变分析。

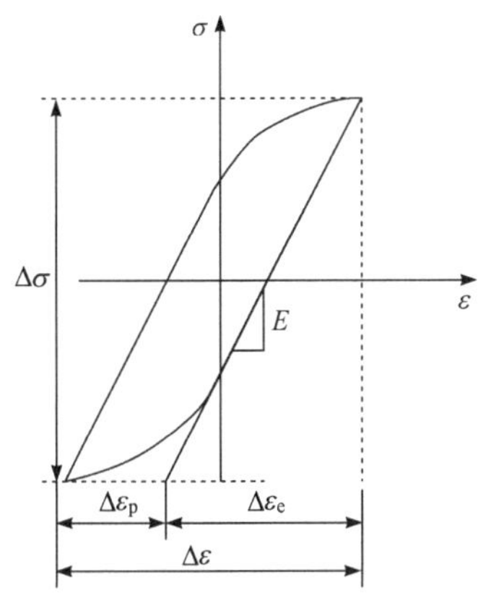

图 5-10　稳定的应力-应变滞回曲线

取出达到稳定时的滞回环(图 5-10)，计算在一个应变循环中的总应变幅值 ε_{a}、弹性应变幅值 $\varepsilon_{\mathrm{ea}}$ 和塑性应变幅值 $\varepsilon_{\mathrm{pa}}$。在计算弹性应变时，推荐采用循环弹性模量：

$$E^{*}=\frac{E_{\mathrm{NT}}+E_{\mathrm{NC}}}{2} \tag{5-5}$$

式中，E_{NT} 为拉伸弹性模量；E_{NC} 为压缩弹性模量。由于设备限制，无法测量出循环弹性模量时，也可采用单调拉伸时的弹性模量来计算。

在双对数坐标中绘出 $\varepsilon_{\mathrm{ea}}$、$\varepsilon_{\mathrm{pa}}$、$\varepsilon_{\mathrm{a}}$ 与反向数 $2N_{\mathrm{f}}$ 的关系曲线(图 5-11)，在双对数坐标中进行线性拟合，$\varepsilon_{\mathrm{ea}}$-$2N_{\mathrm{f}}$ 拟合曲线的斜率为疲劳指

数 b，$\varepsilon_{\mathrm{ea}}$-$2N_{\mathrm{f}}$ 拟合曲线在纵坐标上的截距为 $\dfrac{\sigma_{\mathrm{f}}'}{E}$；$\varepsilon_{\mathrm{pa}}$-$2N_{\mathrm{f}}$ 拟合曲线的斜率为疲劳指数 $\dfrac{\sigma_{\mathrm{f}}'}{E}$，$\varepsilon_{\mathrm{pa}}$-$2N_{\mathrm{f}}$ 拟合曲线在纵坐标上的截距为 $\varepsilon_{\mathrm{f}}'$。确定了各个疲劳系数的值后，即可得到总应变幅值与疲劳寿命之间的关系式：

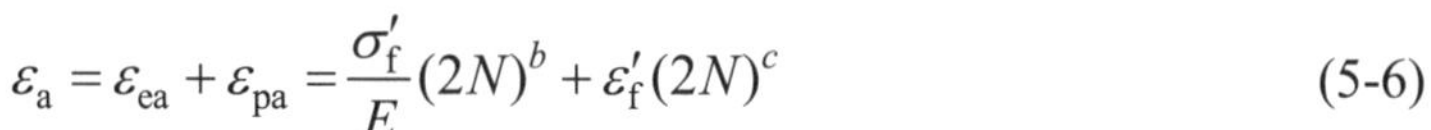

$$\varepsilon_{\mathrm{a}}=\varepsilon_{\mathrm{ea}}+\varepsilon_{\mathrm{pa}}=\frac{\sigma_{\mathrm{f}}'}{E}(2N)^{b}+\varepsilon_{\mathrm{f}}'(2N)^{c} \tag{5-6}$$

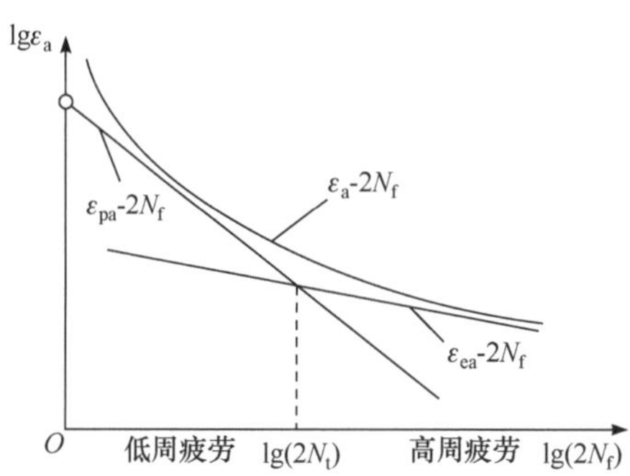

图 5-11　材料的 ε-N 疲劳曲线(杨新华和陈传尧, 2018)

图 5-11 给出了在双对数坐标中绘制的试验得到的材料典型的 ε-N 疲劳曲线。由图可见，ε_{a}-$2N_{\mathrm{f}}$ 关系在图示的双对数坐标中呈现为曲线，$\varepsilon_{\mathrm{pa}}$-$2N_{\mathrm{f}}$ 和 $\varepsilon_{\mathrm{ea}}$-$2N_{\mathrm{f}}$ 关系呈现为两条斜率不同的直线，这两条直线有一交点，其对应的疲劳寿命记为 N_{t}，称之为转换寿命。当疲劳寿命小于转换寿命 N_{t} 时，疲劳寿命主要由塑性应变幅值控制，对应于低周疲劳；当疲劳寿命大于转换寿命 N_{t} 时，疲劳寿命主要由弹性应变幅值控制，对应于高周疲劳。

5.3　疲劳数据的分散性和概率疲劳 *P-S-N* 曲线

5.3.1　疲劳数据的分散性

在材料的疲劳性能试验中，往往需要采用多个试样在不同加载水平下重复进行多次试验来测定材料的疲劳寿命曲线。对于疲劳试验来说，如果在一个加载工况下只进行一次试验，其试验结果往往被认为是不可靠的。这是因为材料的疲劳试验数据具有明显的分散性。即使是采用同一批材料制备而成的试样和相同的试验条件，不同试样得到的试验结果仍会出现差异，这种现象称为疲劳试验结果的分散性。相对于单调拉伸试验而言，疲劳试验结果的分散性是很大的，甚至超过人们对试验偏差的一般认识。例如，对某铝合金的疲劳试验结果分析发现，在疲劳寿命几万次的短寿命区，相同载荷下不同试样得到的疲劳寿命最大可相差 1 倍；而在疲劳寿命 10^7 次左右的长寿命区，相同载荷下不同试样得到的疲劳寿命最大可相差 100 倍。图 5-12 给出了某钢材的旋转弯曲疲劳寿命分布图，图中所示的疲劳数据也是寿命越长、分散性越大。对于具有明显分散性的疲劳数据，可利用概率统计的方法对疲劳数据进行处理。例如，在图 5-12 中进一步观察在每一级载荷下的疲劳寿命对应的概率分布，发现：在给定应力水平下的寿命概率在平均值两侧对称分布，近似可以用对数正态分布函数来描述。

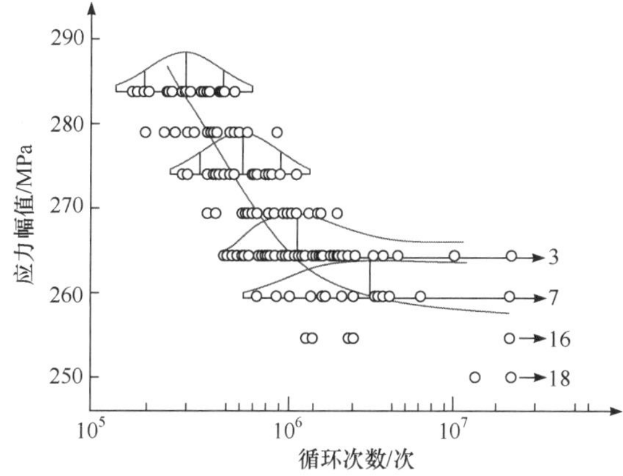

图 5-12　碳素钢旋转弯曲疲劳寿命分布图(GB/T 24176-2009)

造成材料疲劳数据分散性大的几个主要原因如下。①材质的不均匀性。金属是多晶体，其组织结构是不均匀的，如轧制板材的织构、大直径圆棒中的粗晶组织等。②材料内部缺陷的随机性。③机械加工和热处理过程的不一致性。材料在热处理炉中的位置、试样机械加工中的制造公差等都会导致疲劳试验结果的差异。④试验条件的不重复性。试验的环境温度、试验机加载力值波动等因素对每一个试样而言都是有细微差别的，不可能完全一致。

5.3.2　正态分布

对数正态分布函数是在疲劳数据处理中运用最广泛的一种概率分布函数。根据对既有的疲劳数据的分析可知，大部分金属材料的对数疲劳寿命满足正态分布，图 5-13 给出了某材料疲劳试验的疲劳寿命的概率统计结果。可见，其破坏概率大致符合正态分布。

令 $X=\lg N_{\mathrm{f}}$，X 即服从正态分布，可以利用正态分布理论进行疲劳寿命的对数统计分析。

正态分布密度函数为

$$f(x)=\frac{1}{\sigma\sqrt{2\pi}}\exp\left[-\frac{(x-\mu)^2}{2\sigma^2}\right] \tag{5-7}$$

式中，μ 是总体平均值；σ 是总体标准差。通常用样本数据的算术平均值 $\overline{x}=\frac{\sum_{i=1}^{n}x_i}{n}$ 和样本标准差 $s=\sqrt{\frac{1}{n-1}\sum_{i=1}^{n}\left(x_i-\overline{x}\right)^2}$ 作为总体平均值和总体标准差的估计值来进行概率

计算。

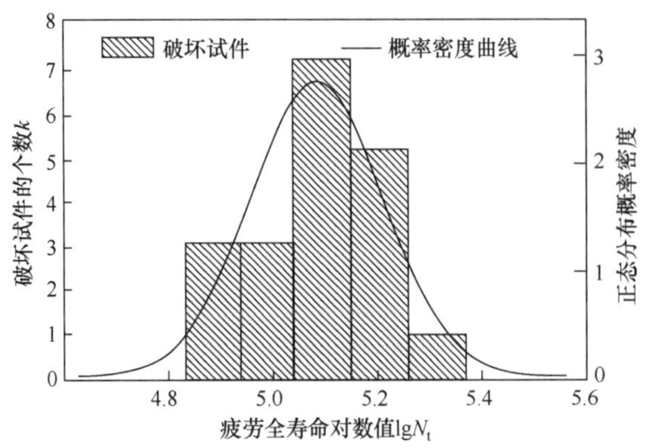

图 5-13　疲劳寿命的概率分布

图 5-14 给出了正态分布概率密度函数的图形，称为正态分布密度曲线。从图 5-14 中可以看出，正态分布密度曲线的形状像一个钟，中间高，两边低，左右对称。正态分布密度曲线是关于 x 等于μ的直线对称的；在均值附近取值的可能性最大，随着取值远离均值，出现的概率迅速下降。从图 5-15 可见，对于概率密度函数中的两个关键参量μ和σ的意义如下：总体平均数μ反映总体随机变量的平均水平，正态分布密度曲线关于μ左右对称；总体标准差反映总体随机变量的集中和分散的程度，σ越小，正态分布密度曲线就越“瘦高”，随机变量的分散性就越小。

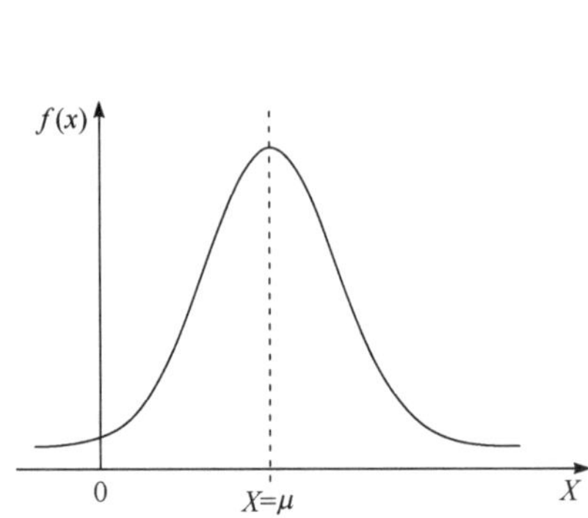

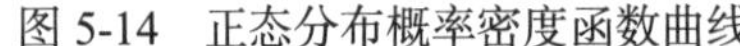

图 5-14　正态分布概率密度函数曲线

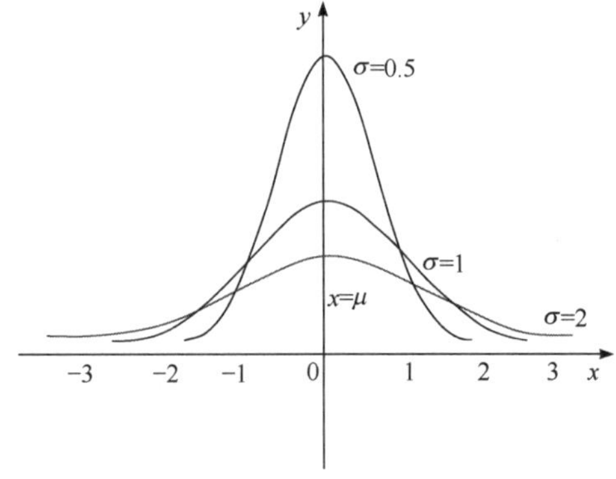

图 5-15　不同参数的正态概率密度函数曲线

对正态分布概率密度函数从负无穷到 x 进行积分，就可以得到正态分布函数 $F(x)$：

$$F(x)=Pr(X\leqslant x)=\int_{-\infty}^{x}f(x)\mathrm{d}x=\int_{-\infty}^{x}\frac{1}{\sigma\sqrt{2\pi}}\exp\left[-\frac{(x-\mu)^2}{2\sigma^2}\right]\mathrm{d}x \tag{5-8}$$

它表示随机变量 X 取值小于 x 的概率，也称之为失效率，在图 5-16 中就是 $X=x$ 左边部分围成的阴影部分的面积。显然，随机变量 X 取值大于 x 的概率等于$1-F(x)$，也称之为存活率。

对于随机变量 X 落在某一个区间内的概率，由下式给出：

$$P(\mu-a<\xi\leqslant\mu+a)=\int_{\mu+a}^{\mu-a}\varphi_{\mu,a}(x)\mathrm{d}x \tag{5-9}$$

它表示的是图 5-17 中 $\mu-a$ 和 $\mu+a$ 这个区间阴影部分的面积。

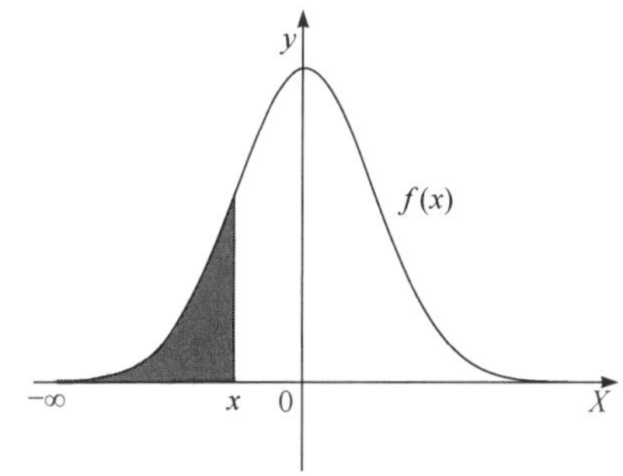

图 5-16　失效率的含义

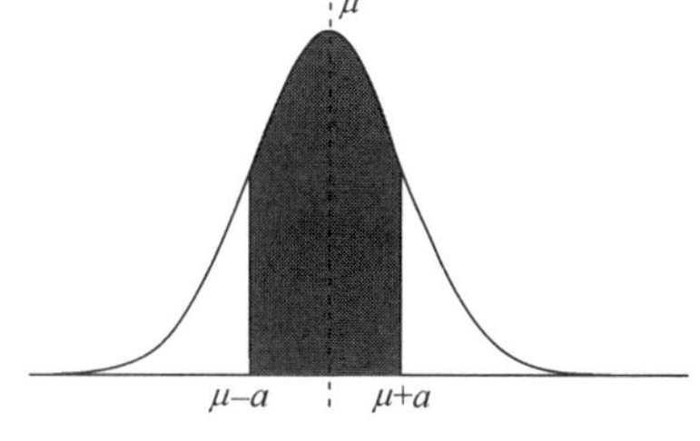

图 5-17　随机变量 X 落在某一个区间内的概率

特别地，如果数据的分布区间用标准差 σ 来表示，通过对式(5-9)进行积分，可以得到如下结果：

$$P(\mu-\sigma<\xi\leqslant\mu+\sigma)=0.6826 \tag{5-10}$$

$$P(\mu-2\sigma<\xi\leqslant\mu+2\sigma)=0.9544 \tag{5-11}$$

$$P(\mu-3\sigma<\xi\leqslant\mu+3\sigma)=0.9974 \tag{5-12}$$

根据计算出的和标准差相关的区间分布概率，可引入在统计学中著名的 3σ 原则。正态分布随机变量 ξ 绝大部分取值在区间 $(\mu-3\sigma,\mu+3\sigma)$ 之内，在此区间之外的概率只有 0.0026，可以认为是一个小概率事件，在一次试验中几乎不可能发生。在实际应用中，若随机变量服从正态分布，通常只取 $(\mu-3\sigma,\mu+3\sigma)$ 之内的值，称为 3σ 原则。根据 3σ 原则，我们可以判断某个试验数据是否正常。如果这个试验数据偏离了总体平均值 3 倍标准差以上，我们就可以认为这是一个不会发生的小概率事件，意味着这个数据有很大可能是无效的数据，可能是试验中发生了错误或异常。

5.3.3　标准正态分布

一般的正态分布，其概率密度函数和分布函数取决于总体平均值 μ 和总体标准差 σ，这两者的组合有很多种变化，不利于制作成表格做快速的查询。为此，可以对自变量进行一个线性变换 $u=\dfrac{x-\mu}{\sigma}$，从而将均值不为零的正态分布转换成均值为 0、标准差为 1 的标准正态分布(图 5-18)。标准正态分布的概率密度函数和分布函数由下面两个式子给出。

标准正态分布的概率密度函数为

$$\phi(x)=f(u)\frac{\mathrm{d}x}{\mathrm{d}u}=\frac{1}{\sqrt{2\pi}}\exp\left(-\frac{1}{2}u^2\right) \tag{5-13}$$

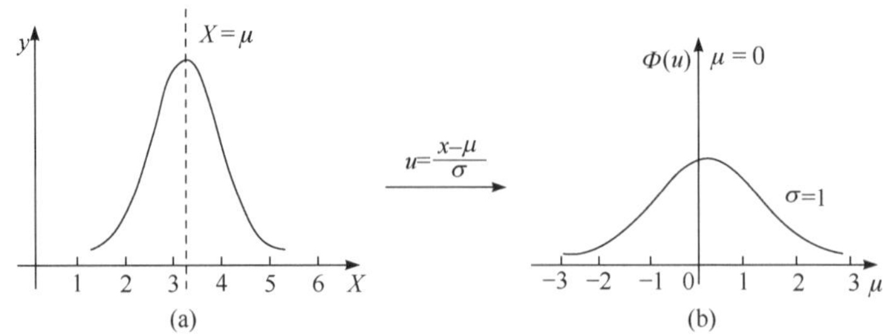

图 5-18　一般正态分布到标准正态分布的转换

标准正态分布的分布函数为

$$\Phi(x)=\int_{-\infty}^{u}\frac{1}{\sqrt{2\pi}}\exp\left(-\frac{1}{2}u^2\right)\mathrm{d}u=\Phi\left(\frac{x-\mu}{\sigma}\right) \tag{5-14}$$

标准正态分布的分布函数有如下几个特征，对于其相关的概率计算是非常有帮助的：①标准正态分布随机变量取均值的概率是 50%，任意的正态分布都具有这个特点；②随机变量取值小于$-u$ 的概率等于$1-\Phi(u)$；③随机变量落在(a,b)区间内的概率等于$\Phi(a)-\Phi(b)$。若随机变量 x 和 u 之间满足如下线性变换关系：

$$u=\frac{x-\mu}{\sigma} \tag{5-15}$$

可以证明：$F(x)=\Phi(u)$，即 x 和 u 的分布函数相等。也就是说，若要求正态分布函数$F(x)$，只需求得标准正态分布$\Phi(u)$即可。实际应用中，常将标准正态分布函数的常用结果制作成表格，如表 5-1 所示，任意的正态分布概率可以结合该表格快速查询得到。

表 5-1　常用正态分布数值表

u	$\Phi(u)\times100$	u	$\Phi(u)\times100$	u	$\Phi(u)\times100$	u	$\Phi(u)\times100$
−3.719	0.01	−1.282	10.00	0.253	60.00	2.000	97.72
−3.090	0.10	−1.000	15.87	0.524	70.00	2.326	99.00
−3.000	0.13	−0.842	20.00	0.842	80.00	3.000	99.87
−2.326	1.00	−0.524	20.00	1.000	84.13	3.090	99.90
−2.000	2.28	−0.253	40.00	1.212	90.00	3.719	99.99
−1.645	5.00	0	50.00	1.645	95.00		

5.3.4　Weibull 分布

正态分布函数应用于疲劳寿命分析有一些缺点：其一是疲劳寿命概率分布曲线不是完全对称的，出现负偏差(比平均寿命短)的概率大于出现正偏差的概率；其二是疲劳寿命的取值范围不是从负无穷到正无穷，疲劳寿命取值的下极限是一个非负的正数。为了克服这两个缺点，在对疲劳数据的分析中常常用到 Weibull 分布。图 5-19 给出了 Weibull 分布的一些例子，从图中可以看出：Weibull 分布的概率密度曲线不是对称的，而且在形状参数取值不同时呈现不同的形状。Weibull 分布的取值是可以设置一个下限值的，适应的情况比正态分布要广泛。这里给出了 Weibull 分布的概率密度函数：

$$f(N)=\frac{b}{N_{\mathrm{a}}-N_0}\left(\frac{N-N_0}{N_{\mathrm{a}}-N_0}\right)^{b-1}\exp\left\{-\left(\frac{N-N_0}{N_{\mathrm{a}}-N_0}\right)^{b}\right\} \tag{5-16}$$

式中，N_0是最小值参数；b 是形状参数；N_{a}是特征参数。Weibull 分布是一个三参数函数，取决于三个参数：最小值参数 N_0，形状参数 b，特征参数 N_{a}。如下给出了 Weibull 分布的分布函数：

$$F(N)=\int_{N_0}^{N}f(N)\mathrm{d}N=\int_{N_0}^{N}\frac{b}{N_{\mathrm{a}}-N_0}\left(\frac{N-N_0}{N_{\mathrm{a}}-N_0}\right)^{b-1}\exp\left\{-\left(\frac{N-N_0}{N_{\mathrm{a}}-N_0}\right)^{b}\right\}\mathrm{d}N \tag{5-17}$$

Weibull 函数的表达式比较复杂，所以在实际应用中不如正态分布广泛。

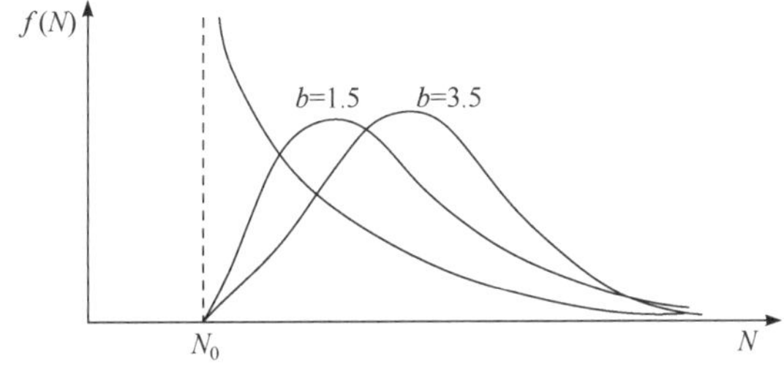

图 5-19　Weibull 分布概率密度函数曲线

5.3.5　判断疲劳寿命分布类型的方法

在应用具体的某个分布函数进行概率统计分析时，需要对疲劳寿命的数据是否符合该分布函数进行判断。常用的判断疲劳寿命分布类型的方法有两种。

(1) 第一种是频率直方图法。将同一应力水平下的疲劳寿命划分为若干个寿命区间，然后统计分布在寿命区间内的试样数，最后得到如图 5-20 所示的频率直方图。连接直方图中各个方条的顶点，可以得到大致的密度函数曲线的形状，从而可以根据其形状来判断该用何种分布来描述疲劳寿命的分布。例如，图 5-20(a)中得到的密度函数曲线的

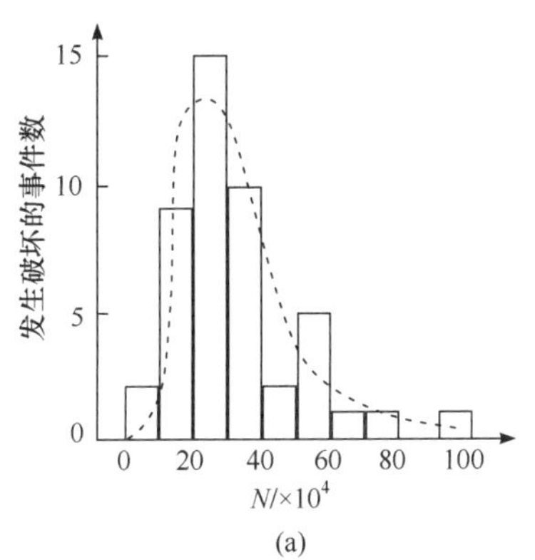

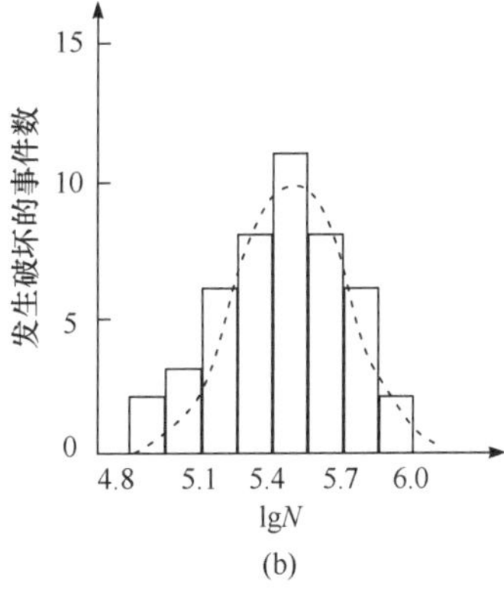

图 5-20　频率直方图

形状就可以用 Weibull 分布来描述，而对于图 5-20(b)所示的情况则可以用正态分布来描述。频率直方图法的优点是操作简单、直观。但在数据较少时，估计出的密度函数曲线的形状往往不够准确。

(2) 第二种方法是概率纸作图法。以正态分布为例，图 5-21 给出了一个正态分布概率纸的例子。从图 5-21 中可见，横坐标轴是疲劳寿命观测值，是等分刻度；纵坐标轴是正态分布累积失效概率值，是非等分刻度。对于 n 个试样的疲劳寿命，按照从小到大排序，则第 i 个试样疲劳寿命数据对应的累积失效概率可用 $P_i=\dfrac{i}{n+1}$ 来进行估算。将数据点的取值和累积失效概率作为坐标值描在正态分布概率纸上，若数据点在正态分布概率纸上基本呈线性分布，则可认为观测值满足正态分布。

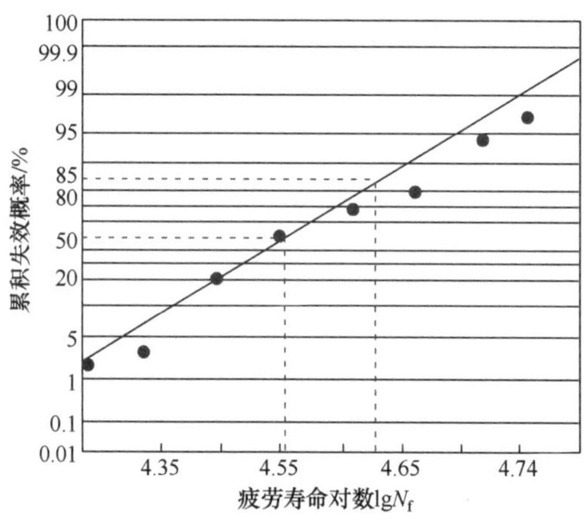

图 5-21　正态分布概率纸

5.3.6　*P-S-N* 曲线

P-S-N 曲线是概率疲劳寿命曲线的缩写，*P* 指的是概率。与疲劳寿命相关的概率有失效率和存活率：失效率指的是给定载荷水平下，疲劳寿命小于寿命 N 的概率；存活率则表示给定载荷水平下，疲劳寿命大于等于寿命 N 的概率；存活率和失效率是互补的关系。

若疲劳寿命 N_f 的对数满足正态分布，令 $X=\lg N_f$，则 $X \sim N(\mu,\sigma^2)$。μ、σ 分别是总体平均值和总体标准差。在实际应用中，在样本容量足够的情况下，采用的是样本平均值 $\bar{x}$ 和样本标准差 S。这里给出了样本平均值和样本标准差的计算公式：

$$\bar{x}=\frac{1}{n}\sum_{i=1}^{n}x_i \tag{5-18}$$

$$s^2=\frac{1}{n-1}\sum_{i=1}^{n}(x_i-\bar{x})^2=\frac{1}{n-1}\sum_{i=1}^{n}\left[x_i^2-(\bar{x})^2\right] \tag{5-19}$$

在给定失效率 P_f 下的对数寿命 x_p 可由下式来计算：

$$x_p=\bar{x}+u_p s \tag{5-20}$$

这里的u_p是与失效概率P_f对应的正态分布偏移系数，它可通过标准正态分布函数表来查询。从式(5-20)可以看出，给定失效概率P_f下的对数寿命x_p可以视为在平均值$\bar{x}$的基础上偏移一个标准差的u_p倍。

失效率是从单次试验的概率来定义的，而多次试验的可靠度使用置信度来衡量。置信度的定义为：用样本统计值的某个区间(置信区间)对总体参数进行估计的可靠度。置信度和失效率往往是联合起来应用的。我们在确定 P-S-N 曲线时需要同时给定其对应的置信度和失效率。对于服从正态分布的对数疲劳寿命，对应于失效率 P、置信度γ的对数寿命可以由线性公式来估计：

$$x_p(\gamma)=\bar{x}+k_{(p,1-\alpha,\nu)}s \tag{5-21}$$

这个公式和之前单纯根据失效概率进行疲劳寿命估计的公式相似，区别在于偏移系数不同。这里，$k_{(p,1-\alpha,\nu)}$是由失效概率和置信度及自由度数共同确定的，称为单侧容限系数，其计算公式如下：

$$k=\frac{u_p-u_\gamma\left\{\frac{1}{n}\left[1-\frac{u_\gamma^2}{2(n-1)}\right]+\frac{u_p^2}{2(n-1)}\right\}}{1-\frac{u_\gamma^2}{2(n-1)}} \tag{5-22}$$

式中，u_p可由失效概率 P 确定；u_γ由置信度γ确定。在国家标准 GB/T 24176-2009 附录 B 中也给出了常用$k_{(p,1-\alpha,\nu)}$的取值。

例 5-1　已知某材料的成组法的疲劳试验数据如表 5-2 所示，试绘制其中值 S-N 曲线和置信度 95%、存活率 90%的 P-S-N 曲线。

表 5-2　成组法的疲劳试验数据

序号	应力幅值/MPa	疲劳寿命 N_f/次	对数寿命 $\lg N_f$
1	450	34100	4.532754
2	450	52300	4.718502
3	420	96600	4.984977
4	420	150000	5.176091
5	390	273000	5.436163
6	390	412000	5.614897
7	360	801000	5.903633
8	360	1320000	6.120574

解　(1) 绘制中值 S-N 曲线。

首先将疲劳数据在如图 5-22 所示的坐标系中描出数据点。由图 5-22 可见，在应力幅值-对数疲劳寿命坐标系中数据点大致呈线性分布，故可采用前述线性模量来拟合数据，获得 S-N 曲线。令 $x = \lg N_f$ 为疲劳寿命的对数，y 为循环中的应力幅值，有

$$x = b - ay$$

将疲劳数据代入式(5-3)和式(5-4)，得到线性模型的参数 $a = 0.0153$，$b = 11.527$。最后根据线性函数可以画出中值 S-N 曲线，如图 5-22 所示。

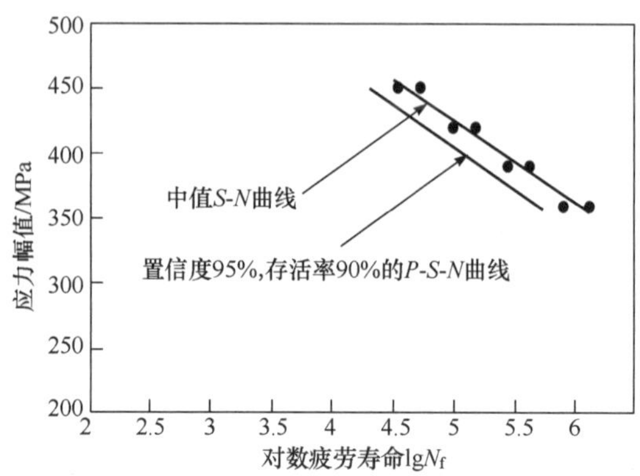

图 5-22　概率疲劳 P-S-N 曲线

(2) 绘制 P-S-N 曲线。

计算疲劳数据的统计参量：求出其对数疲劳寿命的标准差。

$$\sigma_x = \sqrt{\frac{\sum_{i=1}^{n}\left(x_i - (b - ay_i)^2\right)}{n-2}} = 0.114$$

这里，自由度数为 $n-2=6$，置信度为 95%，存活率为 90%，对应的 $k_{(p,1-\alpha,\nu)}$ 通过查询国家标准 GB/T 24176-2009 中附录 B 得到正态分布单侧容限系数 $k = 2.755$，对应于 95%置信度和 10%失效概率的 P-S-N 曲线公式为

$$x_{(10)} = 11.527 - 0.0153y - 0.314$$

最后，根据该公式在图中绘出 P-S-N 曲线。图 5-22 中的细直线就是对应于 95%置信度和 10%失效概率的 P-S-N 曲线，它是在中值 S-N 曲线的基础上向左平移一段距离得到的。平移的距离就是正态分布单侧容限系数 k 的值。由图 5-22 可见，所有得到的试验点都位于 P-S-N 曲线的右侧，即 P-S-N 曲线的预测值都大于实验值，在工程应用中有着足够的安全性和可靠性。

习　　题

习题 5-1　已知某材料成组法的疲劳试验数据如表 5-3 所示，试制作正态概率坐标纸，并将表中疲劳数据绘制在正态概率坐标纸上，判断该组数据是否符合正态分布。

表 5-3　某材料成组法的疲劳试验数据

序号	应力幅值/MPa	疲劳寿命 N_f/次
1	450	132739
2	450	145211
3	450	151799
4	450	157398
5	450	177600
6	450	185802
7	450	186599

习题 5-2　已知某材料在应力幅值为 500MPa 的对称应力循环下的疲劳寿命分别为：2.18×10^4 次，2.32×10^4 次，2.44×10^4 次，2.52×10^4 次，2.72×10^4 次，2.88×10^4 次，2.92×10^4 次，利用正态分布概率模型，给出该材料在此循环载荷下存活率为 90%的疲劳寿命。

习题 5-3　已知某材料成组法的疲劳试验数据如表 5-4 所示，试绘制其中值 *S-N* 曲线和置信度 95%、存活率 90%的 *P-S-N* 曲线，并给出中值 *S-N* 曲线和 *P-S-N* 曲线的表达式。

表 5-4　某材料成组法的疲劳试验数据

序号	应力幅值/MPa	疲劳寿命 N_f/次
1	540	46528
2	540	58732
3	520	119512
4	520	462421
5	500	1256851
6	500	1628281
7	480	2584712
8	480	2920528

参 考 文 献

杨新华，陈传尧. 2018. 疲劳与断裂. 2 版. 武汉：华中科技大学出版社.
GB/T 15248-2008, 金属材料轴向等幅低循环疲劳试验方法.
GB/T 24176-2009, 金属材料 疲劳试验 数据统计方案与分析方法.
GB/T 3075-2021, 金属材料 疲劳试验 轴向力控制方法.

第 6 章　线弹性断裂力学

6.1　断裂力学简介

6.1.1　断裂力学基本概念

断裂力学是研究含裂纹(缺陷)构件断裂强度的一门学科，或者说是研究含裂纹构件裂纹的平衡、扩展和失稳规律，以保证构件安全工作的一门科学。

工程中的实际构件存在的缺陷是多种多样的。除了裂纹，还可能是冶炼中产生的夹渣、气孔，加工中引起的刀痕、刻槽和焊接中产生的气泡、未焊透缺陷等。在断裂力学中，常把这些缺陷简化为裂纹，并统称为“裂纹”。

线弹性断裂力学研究的对象是含裂纹的线弹性固体，假定含裂纹体体内各点的应力和应变关系满足线弹性 Hooke 定律。对于实际工程材料，严格满足上述线弹性要求的断裂问题几乎不存在，因为裂纹尖端总伴随着应力集中，从而使材料在裂纹尖端产生塑性变形。但是，理论和实验都证明了，只要裂纹尖端塑性区的尺寸远小于裂纹的尺寸，经过适当的修正，用线弹性断裂力学理论分析这样的裂纹问题是一个很好的近似。例如，用高强度钢、陶瓷、非晶合金等材料制作的构件，在实际服役过程中裂纹尖端塑性区范围很小，此时线弹性断裂理论完全适用。线弹性断裂力学采用弹性力学分析方法，理论严谨，也比较成熟，是断裂力学的最基本部分。

6.1.2　裂纹的定义及分类

1. 裂纹的定义

裂纹是断裂力学从实际材料和构件中存在的各种缺陷(如气孔、夹杂、疏松、缩孔、白点、应力腐蚀引起的蚀坑、交变载荷下产生的疲劳源)中抽象出来的力学模型。断裂力学中定义的裂纹的最大特点是理想的尖裂纹，即裂纹尖端的曲率半径等于零。断裂力学假设存在于连续介质中的裂纹均为尖裂纹。

2. 裂纹的分类

1) 按裂纹的几何特征分类

按裂纹的几何特征可以分为穿透裂纹、表面裂纹和深埋裂纹三大类，如图 6-1 所示。

(a) 穿透裂纹。贯穿构件厚度的裂纹称为穿透裂纹。在实际分析中通常把裂纹延伸到构件厚度一半以上的情形都视为穿透裂纹，并当作理想尖裂纹处理，即裂纹尖端的曲率半径等于零。这种简化在工程上是偏于安全的。穿透裂纹可以是直线的、曲线的或其他形状。

(b) 表面裂纹。裂纹位于构件表面，或裂纹深度相对构件厚度比较小时，均作为表面裂纹处理。对于表面裂纹，分析时常简化为半椭圆形裂纹。

(c) 深埋裂纹。裂纹位于构件内部，常简化为椭圆片状裂纹或圆片裂纹。

2) 按裂纹的受力特征分类

按裂纹的受力特征可以分为张开型裂纹、滑开型裂纹和撕开型裂纹三大类，如图 6-2 所示。

(a) 张开型裂纹(Ⅰ型)。在与裂纹面正交的拉应力作用下，裂纹面产生张开位移而形成的一种裂纹(位移与裂纹面正交，即沿拉应力方向)，其裂纹面的上表面点和下表面点沿 y 方向的位移分量 v 不连续(图 6-2(a))。

(b) 滑开型裂纹(Ⅱ型)。在平行于裂纹面而与裂纹尖端线方向垂直的剪应力作用下，使裂纹面产生沿裂纹面(即沿作用的剪应力方向)的相对滑动而形成的一种裂纹。其裂纹面的上表面点和下表面点沿 x 方向的位移分量 u 不连续(图 6-2(b))。

(c) 撕开型裂纹(Ⅲ型)。在平行于裂纹面但与裂纹尖端线方向平行的剪应力作用下，使裂纹面产生沿裂纹面外(即沿作用的剪应力方向)的相对滑动而形成的一种裂纹。其裂纹面的上表面点和下表面点沿 z 方向的位移分量 w 不连续(图 6-2(c))。

实际裂纹体中的裂纹可能是两种或两种以上基本型的组合，称为复合型裂纹。这三类裂纹基本型式中，张开型(Ⅰ型)是受力状态最危险的裂纹，因而成为实验和理论研究的主要裂纹类型。

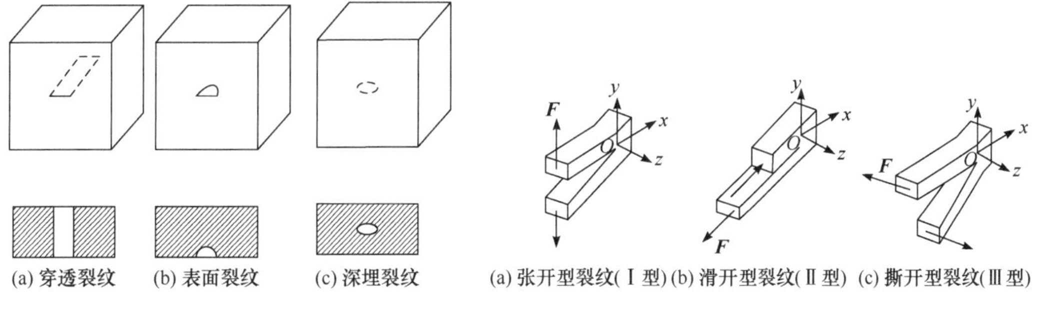

图 6-1　裂纹的几何特征分类图

图 6-2　裂纹的力学特征分类图

6.2　裂纹尖端附近的应力场和应变场

6.2.1　Ⅰ型裂纹

对含裂纹体的二维问题，用复变函数法求解较为方便。此时，要求所求的二维问题的应力函数满足边界条件和双调和方程。首先，我们来讨论Ⅰ型裂纹问题。由复变函数理论和弹性力学理论可知，解析函数的实部和虚部都是调和函数，它们的线性组合满足双调和方程。因此，Westergaard(1939)选取某一解析函数 $Z_{\mathrm{I}}(z)$的一次和二次积分的线性组合作为应力函数，以求解Ⅰ型裂纹尖端附近区域的应力场和位移场。

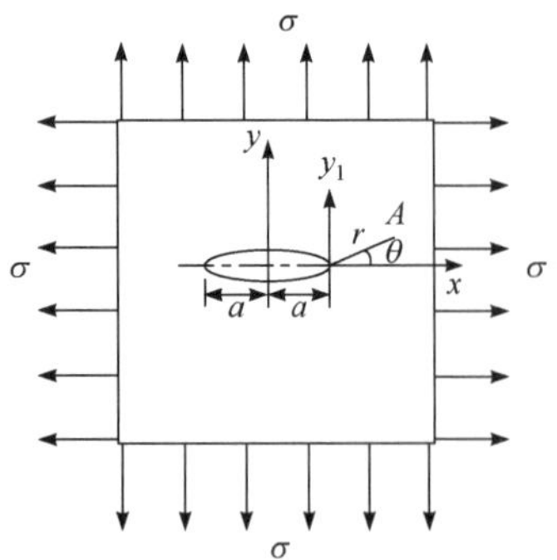

图 6-3　双向受拉无限大裂纹板

考虑一个无限大板，板内含有长为 $2a$ 的中心贯穿(Ⅰ型)裂纹。该板在无限远处受到双向等值拉伸应力的作用，如图 6-3 所示，则该问题的 Westergaard 应力函数的形式可选为

$$\Phi_{\mathrm{I}} = \mathrm{Re}\,\tilde{\tilde{Z}}_{\mathrm{I}}(z) + y\mathrm{Im}\tilde{Z}_{\mathrm{I}}(z) \tag{6-1}$$

其中，$\mathrm{Re}\,\tilde{\tilde{Z}}_{\mathrm{I}}(z)$ 为某解析函数 $Z_{\mathrm{I}}(z)$ 积分两次后的实部，$\mathrm{Im}\tilde{Z}_{\mathrm{I}}(z)$ 为 $Z_{\mathrm{I}}(z)$ 积分一次后的虚部。

根据弹性力学理论，应力分量 σ_x 和应力函数之间的关系可以表示为

$$\begin{aligned}\sigma_x &= \frac{\partial^2 \Phi_{\mathrm{I}}}{\partial y^2} = \frac{\partial^2}{\partial y^2}\left[\mathrm{Re}\,\tilde{\tilde{Z}}_{\mathrm{I}}(z) + y\mathrm{Im}\tilde{Z}_{\mathrm{I}}(z)\right] \\ &= \frac{\partial}{\partial y}\left[-\mathrm{Im}\,\tilde{Z}_{\mathrm{I}}(z) + y\,\mathrm{Re}\,Z_{\mathrm{I}}(z) + \mathrm{Im}\tilde{Z}_{\mathrm{I}}(z)\right] \\ &= \frac{\partial}{\partial y}\left[y\,\mathrm{Re}\,Z_{\mathrm{I}}(z)\right] = \mathrm{Re}\,Z_{\mathrm{I}}(z) - y\mathrm{Im}Z_{\mathrm{I}}'(z)\end{aligned} \tag{6-2}$$

同样，应力分量 σ_y 、τ_{xy} 和应力函数之间的关系可以表示为

$$\begin{cases}\sigma_y = \dfrac{\partial^2 \Phi_{\mathrm{I}}}{\partial x^2} = \dfrac{\partial^2}{\partial x^2}\left[\mathrm{Re}\,\tilde{\tilde{Z}}_{\mathrm{I}}(z) + y\mathrm{Im}\tilde{Z}_{\mathrm{I}}(z)\right] = \mathrm{Re}\,Z_{\mathrm{I}}(z) + y\mathrm{Im}Z_{\mathrm{I}}'(z) \\ \tau_{xy} = -\dfrac{\partial^2 \Phi_{\mathrm{I}}}{\partial x \partial y} = -\dfrac{\partial^2}{\partial x \partial y}\left[\mathrm{Re}\,\tilde{\tilde{Z}}_{\mathrm{I}}(z) + y\,\mathrm{Im}\,\tilde{Z}_{\mathrm{I}}(z)\right] = -y\,\mathrm{Re}\,Z_{\mathrm{I}}'(z)\end{cases} \tag{6-3}$$

在应力分量确定后，根据 Hooke 定律，很容易求得裂纹尖端附近的应变分量，即

$$\begin{cases}\varepsilon_x = \dfrac{1}{E'}\left(\sigma_x - \nu'\sigma_y\right) \\ \quad = \dfrac{1}{E'}\left\{\left[\mathrm{Re}\,Z_{\mathrm{I}}(z) - y\,\mathrm{Im}\,Z_{\mathrm{I}}'(z)\right] - \nu'\left[\mathrm{Re}\,Z_{\mathrm{I}}(z) + y\,\mathrm{Im}\,Z_{\mathrm{I}}'(z)\right]\right\} \\ \quad = \dfrac{1}{E'}\left[(1-\nu')\mathrm{Re}\,Z_{\mathrm{I}}(z) - y(1+\nu')\mathrm{Im}\,Z_{\mathrm{I}}'(z)\right] \\ \varepsilon_y = \dfrac{1}{E'}(\sigma_y - \nu'\sigma_x) \\ \quad = \dfrac{1}{E'}\left\{\left[\mathrm{Re}\,Z_{\mathrm{I}}(z) + y\,\mathrm{Im}\,Z_{\mathrm{I}}'(z)\right] - \nu'\left[\mathrm{Re}\,Z_{\mathrm{I}}(z) - y\,\mathrm{Im}\,Z_{\mathrm{I}}'(z)\right]\right\} \\ \quad = \dfrac{1}{E'}\left[(1-\nu')\mathrm{Re}\,Z_{\mathrm{I}}(z) + y(1+\nu')\mathrm{Im}\,Z_{\mathrm{I}}'(z)\right] \\ \gamma_{xy} = \dfrac{2(1+\nu')}{E'}\tau_{xy} = -\dfrac{1}{E'}\left[2(1+\nu')y\,\mathrm{Re}\,Z_{\mathrm{I}}'(z)\right]\end{cases} \tag{6-4}$$

由弹性力学理论可知，应变分量与位移分量的关系可以表示为

$$\varepsilon_x=\frac{\partial u}{\partial x},\ \varepsilon_y=\frac{\partial v}{\partial y},\ \gamma_{xy}=\frac{\partial u}{\partial y}+\frac{\partial v}{\partial x} \tag{6-5}$$

将已求得的应变分量 ε_x 、 ε_y 、 γ_{xy} 代入并积分可得位移分量为

$$\begin{cases} u=\dfrac{1}{E'}\left[(1-v')\operatorname{Re}\tilde{Z}_{\mathrm{I}}(z)-y(1+v')\operatorname{Im}Z_{\mathrm{I}}(z)\right] \\ v=\dfrac{1}{E'}\left[2\operatorname{Im}\tilde{Z}_{\mathrm{I}}(z)-y(1+v')\operatorname{Re}Z_{\mathrm{I}}(z)\right] \end{cases} \tag{6-6}$$

上述各式中，对于平面应力情形，有 $E'=E$ ，$\nu'=\nu$；对于平面应变情形，有 $E'=E/(1-\nu^2)$ ，$\nu'=\nu/(1-\nu)$ 。

现在的问题归结为寻找一个具体的解析函数 $Z_{\mathrm{I}}(z)$ 。对于 Ⅰ 型裂纹，将 x 坐标轴取在裂纹面上，坐标原点取在裂纹中心，如图 6-4 所示，则图示问题的边界条件可以表示为

(1) $y=0$ ，$x\to\infty$ 时，$\sigma_x=\sigma_y=0$ ；

(2) $y=0$ ，$|x|<a$ 的裂纹自由面上，有 $\sigma_y=0$ ，$\tau_{xy}=0$ ；而当 $|x|>a$ 时，随着 $x\to a$ ，有 $\sigma_y\to\infty$ 。

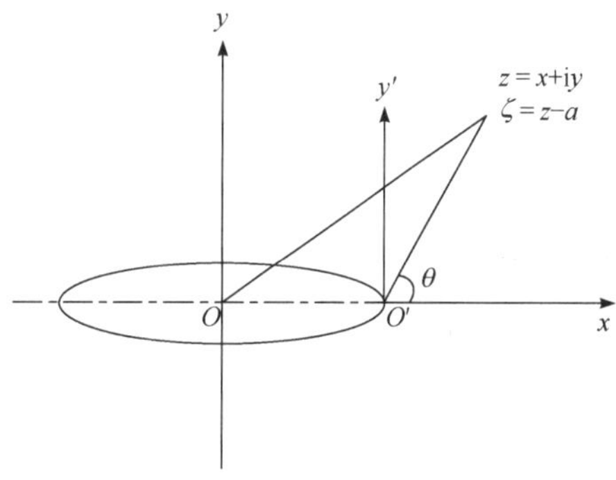

图 6-4　新坐标示意图

下面利用这两个边界条件来确定解析函数 $Z_{\mathrm{I}}(z)$ 。由式(6-2)和式(6-3)可知，当 $y=0$ 时，$\sigma_x=\sigma_y=\operatorname{Re}Z_{\mathrm{I}}(z)$ ，$\tau_{xy}=0$ 且 $z=x+\mathrm{i}y=x$ 。为了满足无穷远处的边界条件以及当 $|x|>a$ 时，$|x|\to a$，$\sigma_y\to\infty$ 的条件，并考虑到问题的对称性，可选

$$Z_{\mathrm{I}}(x)=\frac{\sigma}{1-(a/x)^2} \tag{6-7}$$

同时，为了满足裂纹面自由的边界条件，要求在 $|x|<a$ 时，$\sigma_y=0$ 。而 $y=0$ ，$\sigma_y=\operatorname{Re}Z_{\mathrm{I}}(x)$ 为一个实函数，因此，当 $|x|<a$ 时，$Z_{\mathrm{I}}(x)$ 必须为一个纯虚数，这样才能满足裂纹面自由的条件。选用平方根函数即可达到此目的，即

$$Z_{\mathrm{I}}(x)=\frac{\sigma}{\sqrt{1-(a/x)^2}}=\frac{\sigma x}{\sqrt{x^2-a^2}} \tag{6-8}$$

注意到，上述解析函数是在 $y=0$ 这一特殊情况下导出的。可以证明，对于 $y\neq0$ 的一般情况，只需要用 $z=x+\mathrm{i}y$ 代替上式中的 x 即可，从而有

$$Z_{\mathrm{I}}(x)=\frac{\sigma z}{\sqrt{z^2-a^2}} \tag{6-9}$$

为了后续计算方便，将坐标原点从裂纹中心 O 移至裂纹的右端点 O'处，如图 6-4

所示。采用图 6-4 中的新坐标ζ，即$\zeta=(x-a)+\mathrm{i}y=(x+\mathrm{i}y)-a=z-a$，或写成$z=\zeta+a$。则式(6-9)可用新坐标写成

$$Z_{\mathrm{I}}(\zeta)=\frac{\sigma(\zeta+a)}{\sqrt{(\zeta+a)^2-a^2}}=\frac{\sigma(\zeta+a)}{\sqrt{\zeta(\zeta+2a)}} \tag{6-10}$$

令

$$f_{\mathrm{I}}(\zeta)=\frac{\sigma(\zeta+a)}{\zeta+2a} \tag{6-11}$$

则有

$$Z_{\mathrm{I}}(\zeta)=\frac{1}{\sqrt{\zeta}}f_{\mathrm{I}}(\zeta) \tag{6-12}$$

断裂力学关注的是裂纹尖端附近的应力场，由式(6-11)，在裂纹右尖端附近，即在$|\zeta|\to 0$处，$f_{\mathrm{I}}(\zeta)$为一个实常数。

令

$$\lim_{|\zeta|\to 0}f_{\mathrm{I}}(\zeta)=\frac{K_{\mathrm{I}}}{\sqrt{2\pi}} \tag{6-13}$$

则

$$\begin{cases}\lim\limits_{|\zeta|\to 0}\sqrt{\zeta}\cdot Z_{\mathrm{I}}(\zeta)=\lim\limits_{|\zeta|\to 0}f_{\mathrm{I}}(\zeta)=\dfrac{K_{\mathrm{I}}}{\sqrt{2\pi}}\\ K_{\mathrm{I}}=\lim\limits_{|\zeta|\to 0}\sqrt{2\pi\zeta}\cdot Z_{\mathrm{I}}(\zeta)\end{cases} \tag{6-14}$$

这个常数K_{I}就是 I 型裂纹的裂纹尖端应力强度因子。式(6-14)则是用解析函数求解 I 型裂纹尖端应力强度因子的定义式。

于是，在裂纹尖端处，即在$|\zeta|\to 0$的很小范围内，解析函数$Z_{\mathrm{I}}(\zeta)$可写成

$$Z_{\mathrm{I}}(\zeta)=\lim_{|\zeta|\to 0}f_{\mathrm{I}}(\zeta)\cdot\frac{1}{\sqrt{\zeta}}=\frac{K_{\mathrm{I}}}{\sqrt{2\pi\zeta}} \tag{6-15}$$

采用极坐标表示，则有$\zeta=r\mathrm{e}^{\mathrm{i}\theta}$以及$\mathrm{e}^{\mathrm{i}\theta}=\cos\theta+\mathrm{i}\sin\theta$，从而式(6-15)变为

$$Z_{\mathrm{I}}(\zeta)=\frac{K_{\mathrm{I}}}{\sqrt{2\pi r\cdot\mathrm{e}^{\mathrm{i}\theta}}}=\frac{K_{\mathrm{I}}}{\sqrt{2\pi r}}\mathrm{e}^{-\mathrm{i}\frac{\theta}{2}}=\frac{K_{\mathrm{I}}}{\sqrt{2\pi r}}\left(\cos\frac{\theta}{2}-\mathrm{i}\sin\frac{\theta}{2}\right) \tag{6-16}$$

即有

$$\begin{cases}\mathrm{Re}Z_{\mathrm{I}}(\zeta)=-\dfrac{K_{\mathrm{I}}}{2\pi r}\cos\dfrac{\theta}{2}\\ \mathrm{Im}Z_{\mathrm{I}}(\zeta)=\dfrac{-K_{\mathrm{I}}}{\sqrt{2\pi r}}\sin\dfrac{\theta}{2}\end{cases} \tag{6-17}$$

由

$$Z_{\mathrm{I}}'(\zeta)=\frac{K_{\mathrm{I}}}{\sqrt{2\pi}}\left(-\frac{1}{2}\right)\zeta^{-\frac{3}{2}}=-\frac{K_{\mathrm{I}}}{2\sqrt{2\pi}}r^{-\frac{3}{2}}\left(\cos\frac{3\theta}{2}-\mathrm{i}\sin\frac{3\theta}{2}\right) \tag{6-18}$$

有

$$\begin{cases}\mathrm{Re}Z_{\mathrm{I}}'(\xi)=-\dfrac{K_{\mathrm{I}}}{2\sqrt{2\pi}}r^{-\frac{3}{2}}\cos\dfrac{3\theta}{2}\\ \mathrm{Im}Z_{\mathrm{I}}'(\zeta)=\dfrac{K_{\mathrm{I}}}{2\sqrt{2\pi}}r^{-\frac{3}{2}}\sin\dfrac{3\theta}{2}\end{cases} \tag{6-19}$$

再有

$$\begin{aligned}\tilde{Z}_{\mathrm{I}}(\zeta)&=\int Z_{\mathrm{I}}(\zeta)\mathrm{d}\zeta=-\frac{K_{\mathrm{I}}}{\sqrt{2\pi}}\int\zeta^{-\frac{1}{2}}\mathrm{d}\zeta\\&=\frac{2K_{\mathrm{I}}}{\sqrt{2\pi}}(\zeta)^{\frac{1}{2}}=\frac{2K_{\mathrm{I}}}{\sqrt{2\pi}}r^{\frac{1}{2}}\left(\cos\frac{\theta}{2}+\mathrm{i}\sin\frac{\theta}{2}\right)\end{aligned} \tag{6-20}$$

即有

$$\begin{cases}\mathrm{Re}\tilde{Z}_{\mathrm{I}}(\zeta)=\dfrac{2K_{\mathrm{I}}}{\sqrt{2\pi}}r^{\frac{1}{2}}\cos\dfrac{\theta}{2}\\ \mathrm{Im}\tilde{Z}_{\mathrm{I}}(\zeta)=\dfrac{2K_{\mathrm{I}}}{\sqrt{2\pi}}r^{-\frac{1}{2}}\sin\dfrac{\theta}{2}\end{cases} \tag{6-21}$$

且

$$y=r\cdot\sin\theta=2r\cdot\sin\frac{\theta}{2}\cdot\cos\frac{\theta}{2} \tag{6-22}$$

将式(6-19)～式(6-21)代入式(6-2)，并将式(6-22)代入式(6-6)，即可得到各应力分量及位移分量的表达式：

$$\begin{cases}\sigma_x=\mathrm{Re}Z_{\mathrm{I}}(\zeta)-y\,\mathrm{Im}Z_{\mathrm{I}}'(\zeta)=\dfrac{K_{\mathrm{I}}}{\sqrt{2\pi r}}\cos\dfrac{\theta}{2}\left(1-\sin\dfrac{\theta}{2}\sin\dfrac{3\theta}{2}\right)\\ \sigma_y=\mathrm{Re}Z_{\mathrm{I}}(\zeta)+y\,\mathrm{Im}Z_{\mathrm{I}}'(\zeta)=\dfrac{K_{\mathrm{I}}}{\sqrt{2\pi r}}\cos\dfrac{\theta}{2}\left(1+\sin\dfrac{\theta}{2}\sin\dfrac{3\theta}{2}\right)\\ \tau_{xy}=-y\,\mathrm{Re}Z_{\mathrm{I}}'(\zeta)=\dfrac{K_{\mathrm{I}}}{\sqrt{2\pi r}}\sin\dfrac{\theta}{2}\cos\dfrac{\theta}{2}\cos\dfrac{3\theta}{2}\end{cases} \tag{6-23}$$

$$\begin{cases}u=\dfrac{K_{\mathrm{I}}}{2\mu}\sqrt{\dfrac{r}{2\pi}}\cos\dfrac{\theta}{2}\left(k-1+2\sin^2\dfrac{\theta}{2}\right)\\ v=\dfrac{K_{\mathrm{I}}}{2\mu}\sqrt{\dfrac{r}{2\pi}}\sin\dfrac{\theta}{2}\left(k+1-2\cos^2\dfrac{\theta}{2}\right)\end{cases} \tag{6-24}$$

其中

$$k=\begin{cases}(3-\nu)/(1+\nu), & \text{平面应力}\\ 3-4\nu, & \text{平面应变}\end{cases} \tag{6-25}$$

需要指出的是，因为在推导过程中应用了$|\zeta|\to 0$这一条件，故式(6-23)和式(6-24)只适用于裂纹尖端附近区域，即要求$r\to a$。对于稍远处，应该用式(6-10)所示的$Z_{\mathrm{I}}(\zeta)$来确定各应力分量及位移分量。

式(6-23)可用张量标记缩写成

$$\sigma_{ij}=\frac{K_{\mathrm{I}}}{\sqrt{2\pi r}}f_{ij}(\theta) \tag{6-26}$$

由式(6-26)可见：①对于裂纹尖端附近区域内某一定点(r,θ)，其应力大小取决于K_{I}的大小，K_{I}越大，该点的应力也越大，因此K_{I}是表征裂纹尖端区域应力场强弱程度的参量，而且是唯一的参量；②因为$\sigma_{ij}\propto 1/\sqrt{r}$，故当$r\to 0$时，$\sigma_{ij}\to\infty$，这称为应力具有$1/\sqrt{r}$的奇异性。综上所述，应力分量可视为由两部分来描述：一部分是关于场分布的描述，它随点的坐标而变化，通过r的奇异性及角分布$f_{ij}(\theta)$来体现；另一部分是关于场强度的描述，通过应力强度因子K_{I}来表示，它与裂纹体的几何及外加载荷有关。

6.2.2　Ⅱ型裂纹

Ⅱ型裂纹问题与Ⅰ型裂纹问题的主要区别在于无限远处的受力条件不同，Ⅱ型裂纹问题所受的是均匀剪切应力作用，如图6-5所示。

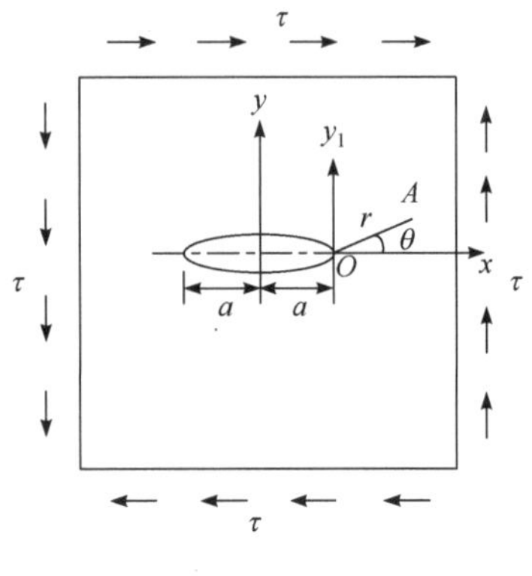

对于Ⅱ型裂纹问题，Westergaard将应力函数取为

$$\Phi_{\mathrm{II}}=-y\,\mathrm{Re}\,\tilde{Z}_{\mathrm{II}}(z) \tag{6-27}$$

由应力函数Φ_{II}，可求出Ⅱ型裂纹问题应力分量σ_x的表达式，即

$$\begin{aligned}\sigma_x&=\frac{\partial^2\Phi_{\mathrm{II}}}{\partial y^2}=\frac{\partial^2}{\partial y^2}\left[-y\,\mathrm{Re}\,\tilde{Z}_{\mathrm{II}}(z)\right]\\&=\frac{\partial}{\partial y}\left[-\mathrm{Re}\,\tilde{Z}_{\mathrm{II}}(z)+y\,\mathrm{Im}\,Z_{\mathrm{II}}(z)\right]\\&=\mathrm{Im}\,Z_{\mathrm{II}}(z)+\mathrm{Im}\,Z_{\mathrm{II}}(z)+y\,\mathrm{Re}\,Z'_{\mathrm{II}}(z)\\&=2\,\mathrm{Im}\,Z_{\mathrm{II}}(z)+y\,\mathrm{Re}\,Z'_{\mathrm{II}}(z)\end{aligned} \tag{6-28}$$

图6-5　纯剪切无限大裂纹板

类似地，可以求得应力分量σ_y和τ_{xy}的表达式为

$$\begin{cases}\sigma_y=\dfrac{\partial^2\Phi_{\mathrm{II}}}{\partial x^2}=-y\,\mathrm{Re}\,Z'_{\mathrm{II}}(z)\\ \tau_{xy}=-\dfrac{\partial^2\Phi_{\mathrm{II}}}{\partial x\partial y}=\mathrm{Re}\,Z_{\mathrm{II}}(z)-y\,\mathrm{Im}\,Z'_{\mathrm{II}}(z)\end{cases} \tag{6-29}$$

与解Ⅰ型裂纹问题相类似，对图6-5所示的无限大板，可以找出一个满足边界条

件的解析函数 $Z_{\mathrm{II}}(z)$，即

$$Z_{\mathrm{II}}(z)=\frac{\tau z}{\sqrt{z^2-a^2}} \tag{6-30}$$

为了分析裂纹尖端附近区域的应力场，同样将坐标原点从裂纹中心移至裂纹右尖端处，则有 $z=\zeta+a$ 或 $\zeta=z-a$，于是式(6-30)变为

$$Z_{\mathrm{II}}(\zeta)=\frac{\tau(\zeta+a)}{\sqrt{\zeta(\zeta+2a)}} \tag{6-31}$$

令

$$f_{\mathrm{II}}(\zeta)=\frac{\tau(\zeta+a)}{\sqrt{\zeta+2a}} \tag{6-32}$$

则有

$$Z_{\mathrm{II}}(\zeta)=f_{\mathrm{II}}(\zeta)\frac{1}{\sqrt{\zeta}} \tag{6-33}$$

当 $|\zeta|\to 0$ 时，$f_{\mathrm{II}}(\zeta)$ 为一个实常数，其极限值用 $K_{\mathrm{II}}/\sqrt{2\pi}$ 表示，则

$$\lim_{|\zeta|\to 0} f_{\mathrm{II}}(\zeta)=K_{\mathrm{II}}/\sqrt{2\pi} \tag{6-34}$$

进而可得

$$K_{\mathrm{II}}=\lim_{|\zeta|\to 0}\sqrt{2\pi\zeta}\cdot Z_{\mathrm{II}}(\zeta) \tag{6-35}$$

这个常数 K_{II} 就是Ⅱ型裂纹尖端的应力强度因子。式(6-35)即为由解析函数 $Z_{\mathrm{II}}(\zeta)$ 表示 K_{II} 的定义式。

在 $|\zeta|$ 很小的范围内，有

$$\begin{cases} Z_{\mathrm{II}}(\zeta)=\lim\limits_{|\zeta|\to 0} f_{\mathrm{II}}(\zeta)\cdot\dfrac{1}{\sqrt{\zeta}}=\dfrac{K_{\mathrm{II}}}{2\pi}(\zeta)^{-\frac{1}{2}} \\ Z'_{\mathrm{II}}(\zeta)=\dfrac{K_{\mathrm{II}}}{\sqrt{2\pi}}\left[(\zeta)^{-\frac{1}{2}}\right]'=-\dfrac{K_{\mathrm{II}}}{2\sqrt{2\pi}}(\zeta)^{-\frac{3}{2}} \end{cases} \tag{6-36}$$

用极坐标表示，可写成

$$\begin{cases} Z_{\mathrm{II}}(\zeta)=\dfrac{K_{\mathrm{II}}}{\sqrt{2\pi r}}\left(\cos\dfrac{\theta}{2}-\mathrm{i}\sin\dfrac{\theta}{2}\right) \\ Z'_{\mathrm{II}}(\zeta)=-\dfrac{K_{\mathrm{II}}}{2\sqrt{2\pi}}r^{-\frac{3}{2}}\left(\cos\dfrac{3\theta}{2}-\mathrm{i}\sin\dfrac{3\theta}{2}\right) \end{cases} \tag{6-37}$$

将 $Z_{\mathrm{II}}(\zeta)$ 及 $Z'_{\mathrm{II}}(\zeta)$ 中的实部和虚部及 $y=2r\sin\dfrac{\theta}{2}\cos\dfrac{\theta}{2}$ 代入式(6-28)和式(6-29)，即可得到Ⅱ型裂纹尖端附近各应力分量的表达式为

$$
\begin{cases}
\sigma_x = -\dfrac{K_{\mathrm{II}}}{\sqrt{2\pi r}}\sin\dfrac{\theta}{2}\left(2+\cos\dfrac{\theta}{2}\cos\dfrac{3\theta}{2}\right) \\
\sigma_y = \dfrac{K_{\mathrm{II}}}{\sqrt{2\pi r}}\sin\dfrac{\theta}{2}\cos\dfrac{\theta}{2}\cos\dfrac{3\theta}{2} \\
\tau_{xy} = \dfrac{K_{\mathrm{II}}}{\sqrt{2\pi r}}\cos\dfrac{\theta}{2}\left(1-\sin\dfrac{\theta}{2}\sin\dfrac{3\theta}{2}\right)
\end{cases}
\tag{6-38}
$$

按照Ⅰ型裂纹问题的处理方法，由式(6-27)所表示的应力函数Φ_{II}，可导出Ⅱ型裂纹尖端附近区域位移场的表达式：

$$
\begin{cases}
u = \dfrac{(1+\nu)K_{\mathrm{II}}}{E}\sqrt{\dfrac{r}{2\pi}}\sin\dfrac{\theta}{2}\left(k+1+2\cos^2\dfrac{\theta}{2}\right) \\
v = \dfrac{(1+\nu)K_{\mathrm{II}}}{E}\sqrt{\dfrac{r}{2\pi}}\cos\dfrac{\theta}{2}\left(-k+1+2\sin^2\dfrac{\theta}{2}\right)
\end{cases}
\tag{6-39}
$$

6.2.3　Ⅲ型裂纹

Ⅲ型裂纹问题与Ⅰ、Ⅱ型裂纹问题不同，它是反平面问题。裂纹面沿 z 轴方向错开，只有 z 方向的位移不为零，即 $u=0$、$v=0$、$w=w(x, y)$。

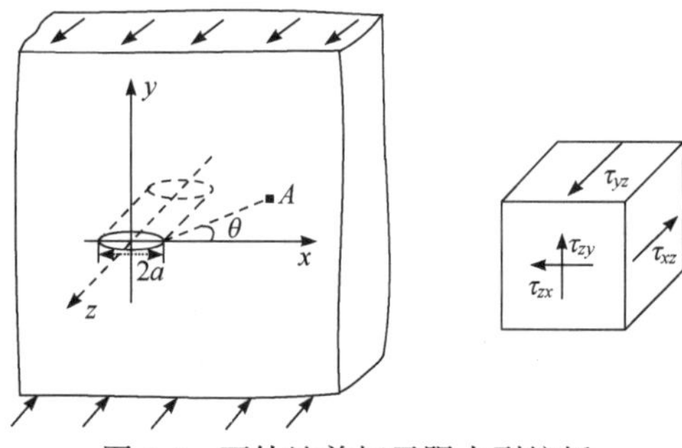

图 6-6　面外纯剪切无限大裂纹板

在这类问题中，由于 $u=0$、$v=0$，根据弹性力学几何方程和物理方程可以得到σ_x、σ_y、τ_{xy}和σ_z都等于零，则图 6-6 所示单元体上内力的平衡方程为

$$
\frac{\partial \tau_{xz}}{\partial x}+\frac{\partial \tau_{yz}}{\partial y}=0 \tag{6-40}
$$

应力和位移的关系可以表示为

$$
\begin{cases}
\tau_{xz} = \mu\gamma_{xz} = \mu\dfrac{\partial w}{\partial x} \\
\tau_{yz} = \mu\gamma_{yz} = \mu\dfrac{\partial w}{\partial y}
\end{cases}
\tag{6-41}
$$

式中，μ 为剪切模量。

将式(6-41)代入式(6-40)可以得到

$$
\mu\left(\frac{\partial^2}{\partial x^2}+\frac{\partial^2}{\partial y^2}\right)w=0 \Leftrightarrow \nabla^2 w=0 \tag{6-42}
$$

式(6-42)表明，位移 w 是调和函数，它满足调和方程。于是，Westergaard 取位移函数为

$$
w=\frac{1}{\mu}\mathrm{Im}Z_{\mathrm{II}}(z) \tag{6-43}
$$

显然，此函数能满足调和方程。现在只要再选择一个具体的解析函数 $Z_{\mathrm{III}}(z)$，且满足所研究问题的全部边界条件，它就是问题的解。将式(6-43)代入式(6-42)可得

$$\begin{cases} \tau_{xz} = \mu \dfrac{\partial w}{\partial x} = \dfrac{\partial}{\partial x} \mathrm{Im}\, \tilde{Z}_{\mathrm{III}}(z) = \mathrm{Im}\, Z_{\mathrm{III}}(z) \\ \tau_{yz} = \mu \dfrac{\partial w}{\partial y} = \dfrac{\partial}{\partial y} \mathrm{Im}\, \tilde{Z}_{\mathrm{III}}(z) = \mathrm{Re}\, Z_{\mathrm{III}}(z) \end{cases} \tag{6-44}$$

如前述方法，对图 6-6 所示的无限大平板，可选取 $Z_{\mathrm{III}}(z)$ 函数为

$$Z_{\mathrm{III}}(z) = \frac{\tau_l z}{\sqrt{z^2 - a^2}} \tag{6-45}$$

此函数能满足图 6-5 所示的无限大平板中具有长为 $2a$ 的贯穿板厚Ⅲ型裂纹的全部边界条件。将坐标原点移至裂纹右尖端处，类似地有

$$Z_{\mathrm{III}}(\zeta) = \frac{\tau_l(\zeta + a)}{\sqrt{\zeta(\zeta + 2a)}} \tag{6-46}$$

$$K_{\mathrm{III}} = \lim_{|\zeta| \to 0} \sqrt{2\pi\zeta}\, Z_{\mathrm{III}}(\zeta) \tag{6-47}$$

以及在 $|\zeta|$ 很小的范围内有

$$\begin{cases} Z_{\mathrm{III}}(\zeta) = \dfrac{K_{\mathrm{III}}}{\sqrt{2\pi}} (\zeta)^{-\frac{1}{2}} = \dfrac{K_{\mathrm{III}}}{\sqrt{2\pi r}} \left(\cos\dfrac{\theta}{2} - \mathrm{i} \sin\dfrac{\theta}{2} \right) \\ \tilde{Z}_{\mathrm{III}}(\zeta) = \dfrac{2K_{\mathrm{III}}}{\sqrt{2\pi}} (\zeta)^{\frac{1}{2}} = 2K_{\mathrm{III}} \sqrt{\dfrac{r}{2\pi}} \left(\cos\dfrac{\theta}{2} + \mathrm{i} \sin\dfrac{\theta}{2} \right) \end{cases} \tag{6-48}$$

将 $Z_{\mathrm{III}}(\zeta)$ 和 $\tilde{Z}_{\mathrm{III}}(\zeta)$ 中的实部及虚部代入式(6-46)和式(6-47)中，得到Ⅲ型裂纹尖端附近的位力分量和位移分量

$$\begin{cases} \tau_{xz} = -\dfrac{K_{\mathrm{III}}}{\sqrt{2\pi r}} \sin\dfrac{\theta}{2} \\ \tau_{yz} = \dfrac{K_{\mathrm{III}}}{\sqrt{2\pi r}} \cos\dfrac{\theta}{2} \end{cases} \tag{6-49}$$

$$w = 2\frac{K_{\mathrm{III}}}{\mu} \sqrt{\frac{r}{2\pi}} \sin\frac{\theta}{2} = \frac{4(1+v)K_{\mathrm{III}}}{E} \sqrt{\frac{r}{2\pi}} \sin\frac{\theta}{2} \tag{6-50}$$

式中，K_{III} 为Ⅲ型裂纹尖端的应力强度因子。

6.3 能量理论

6.3.1 Griffith 理论

断裂力学作为一门新的学科是在 20 世纪 50 年代才建立和发展起来的。但是，早在 20 世纪 20 年代初期，英国学者 Griffith(1921)就对玻璃、陶瓷等脆性材料进行了断裂分

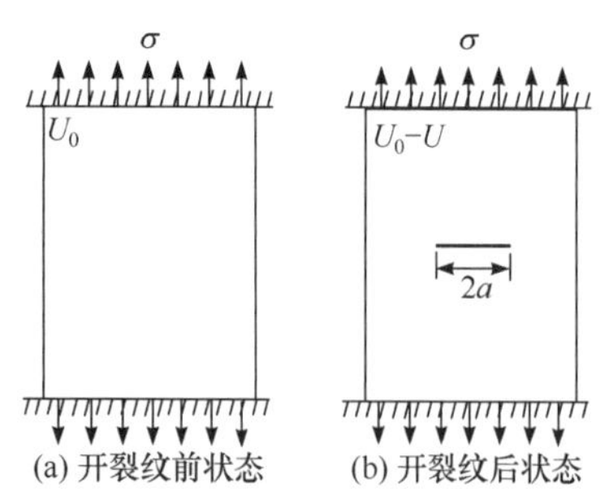

图 6-7　Griffith 薄平板

析，建立了脆性断裂判据，成功地解释了这类材料的实际断裂强度比预期的理论断裂强度低得多的原因。

Griffith 研究了如图 6-7 所示厚度为 t 的薄平板。上、下端施加均布载荷，在处于平衡状态之后，把上、下端固定起来构成一个能量封闭系统，此时，板内的总应变能为 U_0。然后，设想在板中沿垂直于外加应力 σ 方向开一条长度为 $2a$ 的贯穿裂纹，并且裂纹的长度 $2a$ 远小于板的面内尺寸，因此，该板可视为无限大板。由于切开了一个贯穿板厚度的裂纹，裂纹处就形成了上、下两个自由表面，原来作用在此上、下表面位置的拉应力消失了，同时上、下两自由表面发生相对张开位移，消失的拉应力 σ 对该张开位移做负功，使板内应变能由原来的值 U_0 减小到 U_0-U，即应变能降低了 U。注意到，板的上、下两端是固定的，外力不做功，外力势能不改变。Griffith 根据 Inglis(1913)对无限大薄平板内开了一个扁平贯穿椭圆孔后分析得到的应力场、位移场计算公式，得出当椭圆孔短轴尺寸趋于零(理想尖裂纹)时应变能的改变：

$$U=\frac{\pi a^2\sigma^2}{E}t=\frac{\pi\sigma^2A^2}{4Et} \tag{6-51}$$

式中，$A=2at$ 为裂纹的单侧自由表面的面积。

另外，由于裂纹处新形成了两个自由表面，从而造成了表面能的增加，设 γ 为表面能密度，则两个自由表面总的表面能为

$$T=2A\gamma \tag{6-52}$$

因此，增加了一个贯穿裂纹的薄平板相对于初始状态(无裂纹薄平板)的总势能为

$$P=-U+T=-\frac{\pi\sigma^2A^2}{4Et}+2A\gamma \tag{6-53}$$

由势能极值原理可知，总势能为极大值的条件为

$$\frac{\partial P}{\partial A}=0,\quad \frac{\partial^2 P}{\partial A^2}<0 \tag{6-54}$$

若符合式(6-54)所示条件，则裂纹处于不稳定平衡状态。由式(6-53)给出

$$\begin{cases}\dfrac{\partial^2 P}{\partial A^2}=-\dfrac{\pi\sigma^2}{2Et}<0\\[2ex]\dfrac{\partial P}{\partial A}=-\dfrac{2\pi\sigma^2A}{4Et}+2\gamma=0\end{cases} \tag{6-55}$$

或

$$\frac{\pi\sigma^2A}{2Et}=2\gamma \tag{6-56}$$

式(6-56)表明：当裂纹扩展单位面积释放的应变能恰好等于其形成自由表面所需要的表面能时，裂纹就处于不稳定平衡状态；若裂纹扩展单位面积释放的应变能大于其形成自由表面所需之能量，裂纹就会失稳扩展而断裂；当然，若此应变能小于其形成自由表面所需之能量，裂纹就不会扩展(处于静止状态)。

若给定裂纹长度，由式(6-56)，可求得临界应力为

$$\sigma_c = \sqrt{\frac{2E\gamma}{\pi a}} \tag{6-57}$$

若给定应力，也可以计算出裂纹临界尺寸为

$$a_c = \frac{2E\gamma}{\pi\sigma^2} \tag{6-58}$$

式(6-57)便是著名的 Griffith 公式。σ_c 是含裂纹脆性材料的实际断裂强度，它与裂纹半长的平方根成反比。式(6-57)和式(6-58)是脆性材料失效的重要判据。

注意，Griffith 理论研究的问题仅限于材料是完全脆性的情形。实际上，绝大多数金属材料断裂前和断裂过程中裂纹尖端存在塑性区域，裂纹尖端会因塑性变形而发生钝化，此时 Griffith 理论失效。

6.3.2 Orowan 理论

在 Griffith 理论提出来后，Orowan(1955)通过对金属材料裂纹扩展的研究，指出：裂纹扩展前在其尖端附近会产生一个塑性区，因此，提供裂纹扩展的能量不仅用于形成新表面所需要的表面能，还要用于引起这种塑性变形所需要的能量(塑性功)。也就是说，塑性功有阻止裂纹扩展的作用。

裂纹扩展单位面积时，内力对塑性变形所做的塑性功称为塑性功率，用 Γ 表示，则总的塑性功可以表示为 $\Lambda = 2A\Gamma$ 。考虑到塑性功，式(6-56)～式(6-58)可以重新写成

$$\frac{\pi\sigma^2 A}{2Et} = 2(\gamma + \Gamma) \tag{6-59}$$

$$\sigma_c = \sqrt{\frac{2E(\gamma + \Gamma)}{\pi a}} \tag{6-60}$$

$$a_c = \frac{2E(\gamma + \Gamma)}{\pi\sigma^2} \tag{6-61}$$

由此可见，Orowan 理论是 Griffith 理论在考虑裂纹尖端塑性变形的一个修正。上述讨论都是以薄板为例，属于平面应力情形。如果板厚度很大，此时属于平面应变情形，只需要把上述公式中的弹性模量 E 代换成 $E/\left(1-\nu^2\right)$ 即可。

6.3.3 能量释放率及其断裂判据

现在从功能转换关系来研究裂纹扩展过程中的能量关系。设有一个含裂纹体，其裂纹面面积为 A 。如果其裂纹面面积扩展了 $\mathrm{d}A$ ，则在这个过程中载荷所做的功为 $\mathrm{d}W$ ，而体系的弹性应变能变化了 $\mathrm{d}U$ ，塑性功改变了 $\mathrm{d}\Lambda$，裂纹表面能增加了 $\mathrm{d}T$ 。假定这一过

程是绝热和静态的，即不考虑热和功之间的转换，则根据能量守恒和转换定律，体系内能的增加等于外力功，即

$$dW = dU + d\Lambda + dT \tag{6-62}$$

式中，$d\Lambda$ 与 dT 表示裂纹扩展 dA 时所需要的塑性功和表面能(对于金属材料，T 相对于 Λ 可略去不计)，它们可视为裂纹扩展所要消耗的能量，也就是阻止裂纹扩展的能量。因此，要使裂纹扩展，系统必须提供能量。裂纹扩展 dA 时弹性系统释放的能量(势能)记为 $-d\Pi = dW - dU$，则由式(6-62)有

$$-d\Pi = dW - dU = d\Lambda + dT \tag{6-63}$$

定义裂纹扩展单位面积时弹性系统释放的能量为裂纹扩展能量释放率(图 6-8)，用 G 表示，则有

$$G = -\frac{\partial \Pi}{\partial A} = \frac{\partial W}{\partial A} - \frac{\partial U}{\partial A} \tag{6-64}$$

它表示裂纹扩展单位面积时提供给裂纹扩展所需的系统释放的能量(系统势能的减少)。如果含裂纹体厚度 $B = 1$，裂纹长度为 a，则 $dA = Bda$，上式变为

$$G = -\frac{1}{B}\frac{\partial \Pi}{\partial a} \tag{6-65}$$

定义裂纹扩展单位面积时所需要消耗的能量为裂纹扩展阻力率，用 R 或 G_C 表示，则

$$R = G_C = \frac{\partial \Lambda}{\partial A} + \frac{\partial T}{\partial A} \tag{6-66}$$

对一定的材料而言，裂纹扩展所消耗的塑性功和裂纹表面能都是材料常数，与外载情况及裂纹几何形状无关，因此，G_C(或 R)反映了材料抵抗断裂破坏的能力，称为材料的断裂韧度，可由材料实验测定。

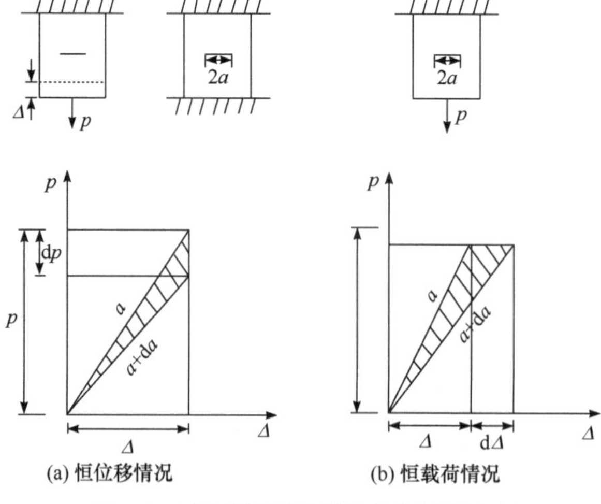

图 6-8　两种情况裂纹扩展的能量释放率

当 G 达到 G_C 时，裂纹将失去平衡，开始失稳扩展。所以，能量释放率断裂判据为

$$G = G_C \tag{6-67}$$

式中，G 和 G_C 的量纲为(力)(长度)$^{-1}$，其国际单位为牛顿·米$^{-1}$($\mathrm{N\cdot m^{-1}}$)。

下面讨论两种特殊情况下 G 的表达式。

1. 恒位移情况

弹性体受载荷 P 作用，产生位移 $\varDelta$ 后，固定其上、下两端，构成恒位移的能量封闭系统。此时，裂纹扩展过程中外载作用点处无位移变化，即 $\mathrm{d}\varDelta=0$，故外力功的改变 $\mathrm{d}W=0$，于是，式(6-67)变为

$$G_I = -\frac{\partial \varPi}{\partial A} = -\left(\frac{\partial U}{\partial A}\right)_{\varDelta} \tag{6-68}$$

或

$$G_I = -\frac{1}{B}\left(\frac{\partial U}{\partial a}\right)_{\varDelta} \tag{6-69}$$

式(6-66)说明，在恒位移条件下，系统释放的应变能用于推动裂纹扩展，因此，裂纹扩展的能量率就是弹性体的应变能释放率。式(6-69)中括号外的下标 $\varDelta$ 表示固定位移。

在线弹性情况下，

$$U = \frac{1}{2}P\varDelta \tag{6-70}$$

又知

$$\varDelta = cP \tag{6-71}$$

式中，c 为弹性体的柔度，它是裂纹长度 a 的函数，即 $c=c(a)$。对式(6-68)微分，并注意到 $\mathrm{d}\varDelta\equiv 0$，得

$$\mathrm{d}\varDelta = P\mathrm{d}c + c\mathrm{d}P = 0 \tag{6-72}$$

再对式(6-70)微分，并注意到(6-72)和(6-71)两式，有

$$\mathrm{d}U = \frac{1}{2}P\mathrm{d}\varDelta + \frac{1}{2}\varDelta\mathrm{d}P = \frac{1}{2}Pc\mathrm{d}P = -\frac{1}{2}P^2\mathrm{d}c \tag{6-73}$$

将式(6-73)代入式(6-69)，得

$$G_I = -\frac{\partial \varPi}{\partial A} = -\left(\frac{\partial U}{\partial A}\right)_{\varDelta} = \frac{1}{2}P^2\frac{\partial c}{\partial A} = \frac{1}{2B} - P^2\frac{\partial c}{\partial a} \tag{6-74}$$

2. 恒载荷情况

弹性体受不变的载荷 P 作用，裂纹扩展 $\mathrm{d}a$ 时，载荷不变($\mathrm{d}P=0$)，而位移变化为 $\mathrm{d}\varDelta$，则应变能的变化为

$$\mathrm{d}U=\frac{1}{2}P\mathrm{d}\varDelta=\frac{1}{2}P(P\mathrm{d}c+c\mathrm{d}P)=\frac{1}{2}P^2\mathrm{d}c \tag{6-75}$$

外力功的改变为

$$\mathrm{d}W=P\mathrm{d}\varDelta=P^2\mathrm{d}c=2\mathrm{d}U \tag{6-76}$$

将(6-76)和(6-75)两式代入式(6-74)中，得

$$\begin{aligned}G_I&=-\frac{\partial \varPi}{\partial A}=\frac{\partial W}{\partial A}-\frac{\partial U}{\partial A}=\left(\frac{\partial U}{\partial A}\right)_P\\&=\frac{1}{2}P^2\frac{\partial c}{\partial A}=\frac{1}{2B}P^2\frac{\partial c}{\partial a}\end{aligned} \tag{6-77}$$

由式(6-77)可见，在恒载荷条件下，用于裂纹扩展的能量是外力功扣除弹性应变能增加后所剩余的能量。

比较式(6-77)和式(6-74)，可写出 G_I 表达式：

$$G_I=-\frac{\partial \varPi}{\partial A}=-\left(\frac{\partial U}{\partial A}\right)_\varDelta=\left(\frac{\partial U}{\partial A}\right)_P=\frac{1}{2}P^2\frac{\partial c}{\partial A} \tag{6-78}$$

式(6-76)表明，在恒位移或恒载荷情况下，G_I 可以有统一的表达式，它反映了裂纹扩展能量释放率与试件柔度之间的关系，称为 Irwin-Kies 关系。

6.4　应力强度因子理论

6.4.1　应力强度因子的定义

由 6.2 小节可知，对于Ⅰ、Ⅱ、Ⅲ型裂纹，裂纹尖端各应力分量的表达式可以写成如下通式形式：

$$\sigma_{ij}=K_m\left(r^{-\frac{1}{2}}\right)f_{ij}(\theta)+O\left(r^0\right) \tag{6-79}$$

因为在裂纹尖端区域 r 较小，所以式(6-77)的首项远大于后面诸项，略去 r 零次幂以后各项后，有

$$\sigma_{ij}=K_m\left(r^{-\frac{1}{2}}\right)f_{ij}(\theta) \tag{6-80}$$

式(6-79)与式(6-80)中的 $f_{ij}(\theta)$ 是极角 θ 的函数，称为角分布函数。K_m 表征了裂尖附近区域应力场强弱的程度。下标 m 分别取Ⅰ、Ⅱ和Ⅲ，即 K_{I}、K_{II} 和 K_{III} 分别代表Ⅰ型、Ⅱ型和Ⅲ型裂纹尖端应力场的强弱程度，简称应力强度因子或 K 因子。

从式(6-80)可见，$r\to 0$ 时，$\sigma_{ij}\to\infty$，即应力场在裂纹尖端处具有奇异性，称为奇异性应力场。因此，K 因子是表征奇异性应力场强弱程度的参数。

K_m 值的大小是与外加载荷的性质、裂纹及含裂纹弹性体几何形状等因素有关的一个量，写成通式为

$$K_{\mathrm{I}}=\alpha\sigma\sqrt{\pi a},\quad K_{\mathrm{II}}=\beta\tau\sqrt{\pi a},\quad K_{\mathrm{III}}=\gamma\tau_l\sqrt{\pi a} \tag{6-81}$$

式中，α、β 和 γ 分别称为Ⅰ型、Ⅱ型和Ⅲ型裂纹的几何形状因子；σ 为拉应力：τ 和 τ_l 分别为面内剪应力和面外剪应力。对于中央具有贯穿裂纹的无限大板，在承受均匀拉伸、面内剪切和面外剪切(图 6-9)情况下，$\alpha=\beta=\gamma=1$，即可得

$$\begin{cases}K_{\mathrm{I}}=\sigma\sqrt{\pi a}\\ K_{\mathrm{II}}=\tau\sqrt{\pi a}\\ K_{\mathrm{III}}=\tau_l\sqrt{\pi a}\end{cases} \tag{6-82}$$

应当指出，对于式(6-80)，当 $r\to\infty$ 时，$\sigma_{ij}\to 0$，即无限大裂纹弹性体的边界不作用外载，这不符合实际。这是因为式(6-80)是在略去了 r 的零次幂以后的各项，只取了第一项(奇异项)的近似结果，它仅能反映裂纹尖端附近区域的情况。如果要研究 r 值较大处的情况，应采用式(6-79)，即包括$\left(r^0\right)$、$\left(r^{1/2}\right)$、(r) 等非奇异项。由此可见，式(6-80)对于 r 较大的值不适用，只对裂纹尖端附近的一个小区域才是正确的。Irwin 应力强度因子断裂理论正是抓住了这样一个对裂纹扩展起主导作用的因素，使问题得到了极大的简化，因而很快在工程上得到了广泛的应用。至于这个区域到底有多大，应根据不同问题的情况和要求的精度来确定。

6.4.2　常用应力强度因子的计算

1. 均匀拉伸中心裂纹板

如图 6-9 所示的受均匀拉伸的中心裂纹板，其应力强度因子：

$$K_{\mathrm{I}}=\sigma\sqrt{\pi a}g(\xi),\quad \xi=2a/W\quad (a\text{ 为裂纹半长度，}W\text{ 为板宽}) \tag{6-83}$$

其中

$$g(\xi)=\left(1-0.25\xi^2+0.06\xi^4\right)\sqrt{\sec(\pi\xi/2)}\quad (\text{误差为 }0.1\%) \tag{6-84}$$

$$g(\xi)=\left(1-0.5\xi+0.37\xi^2-0.044\xi^3\right)/\sqrt{1-\xi}\quad (\text{误差为 }0.3\%\text{ 以下}) \tag{6-85}$$

对于无限大板，有

$$\xi=a/W\to 0,\quad g(\xi)=1 \tag{6-86}$$

2. 受集中力拉伸的中心裂纹板

如图 6-10 所示的受集中力拉伸的中心裂纹板，其应力强度因子为

$$K_{\mathrm{I}}=\frac{F}{\sqrt{W}}g(\xi,\eta),\quad \xi=2a/W,\quad \eta=2H/W \tag{6-87}$$

其中

$$g(\xi,\eta)=f_1(\xi,\eta)f_2(\xi,\eta)f_3(\xi,\eta)\quad (\text{误差为 }1\%\text{ 以下}) \tag{6-88}$$

$$f_1(\xi,\eta)=1+[0.297+0.115(1-\operatorname{sech}\beta)\sin(\alpha/2)](1-\cos\alpha) \tag{6-89}$$

$$f_2(\xi,\eta)=1+\nu'\beta\tanh\beta/\left(\cosh^2\beta/\cos^2\alpha-1\right) \tag{6-90}$$

$$f_3(\xi,\eta)=\sqrt{\tan\alpha}/\left(1-\cos^2\alpha/\cosh^2\beta\right)^{1/2} \tag{6-91}$$

式中

$$\alpha=\pi\xi/2,\quad \beta=\pi\eta/2,\quad \nu'=\begin{cases}(1+\nu)/2\\ 1/\left[2(1-\nu)\right]\end{cases} \tag{6-92}$$

F 是每单位厚度的力。

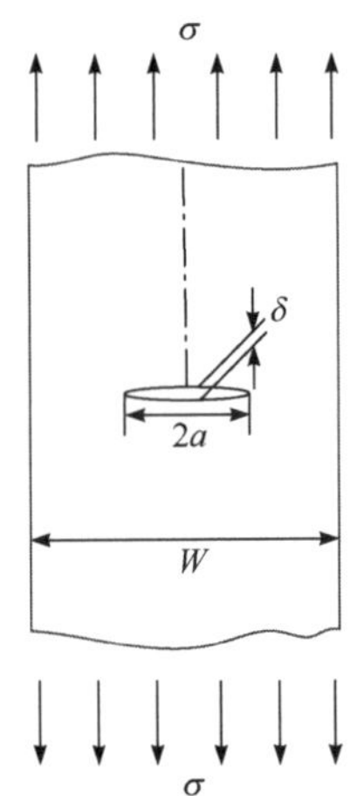

图 6-9　均匀拉伸中心裂纹板试件形状及载荷

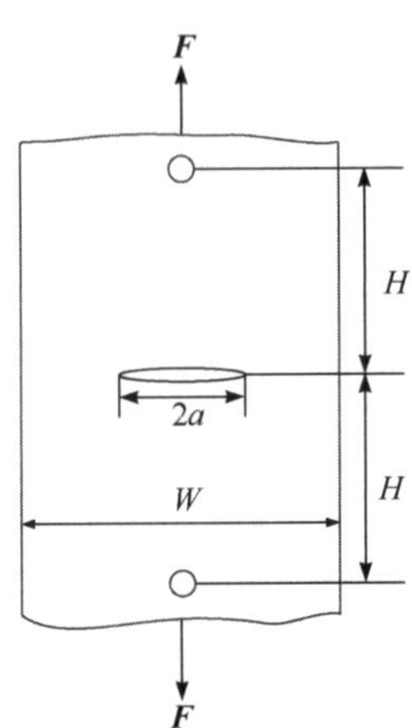

图 6-10　受集中力拉伸的中心裂纹板试件形状及载荷

3. 均匀拉伸的边裂纹板

如图 6-11 所示的受均匀拉伸的边裂纹板，其应力强度因子为

$$K_{\mathrm{I}}=\sigma\sqrt{\pi a}g(\xi),\quad \xi=a/W \tag{6-93}$$

其中

$$g(\xi)=1.12-0.231\xi+10.55\xi^2-21.72\xi^3+30.39\xi^4\ (\xi\leqslant 0.6\text{时, 误差为}0.5\%) \tag{6-94}$$

$$g(\xi)=0.265(1-\xi)^4+(0.857+0.265\xi)/(1-\xi)^{3/2} \\ (\xi<0.2\text{时, 误差为}1\%\text{ 以下; }\xi\geqslant 0.2\text{时, 误差为}0.5\%) \tag{6-95}$$

对于无限大板，有

$$\xi=a/W\to 0,\quad g(0)=1.1215=\beta \tag{6-96}$$

4. 纯弯曲下的边裂纹板

如图 6-12 所示的受纯弯曲作用的边裂纹板，其应力强度因子为

$$K_{\mathrm{I}}=\sigma_0\sqrt{\pi a}g(\xi),\quad \xi=a/W \tag{6-97}$$

其中

$$g(\xi)=1.122-1.40\xi+7.33\xi^2-13.08\xi^3+14.0\xi^4\ (\xi\leqslant 0.6\text{时, 误差在}0.2\%\text{以下})\tag{6-98}$$

$$g(\xi)=\left(\frac{1}{a}\tan\beta\right)^{1/2}\frac{0.923+0.199(1-\sin\alpha)^4}{\cos\alpha},\quad \alpha=\pi\xi/2\ (0<\xi<1\text{时, 误差在}0.5\%\text{以下})\tag{6-99}$$

且 $g(0)=1.1215=\beta, \lim\limits_{\xi\to 1}g(\xi)=\beta/3(1-\xi)^{3/2}$。

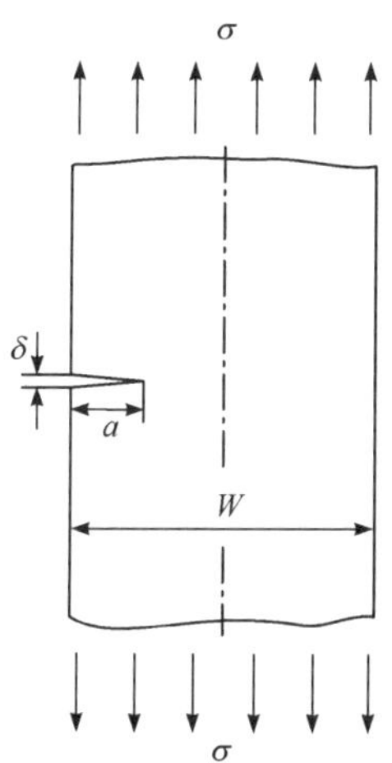

图 6-11　均匀拉伸的边裂纹板试件形状及载荷

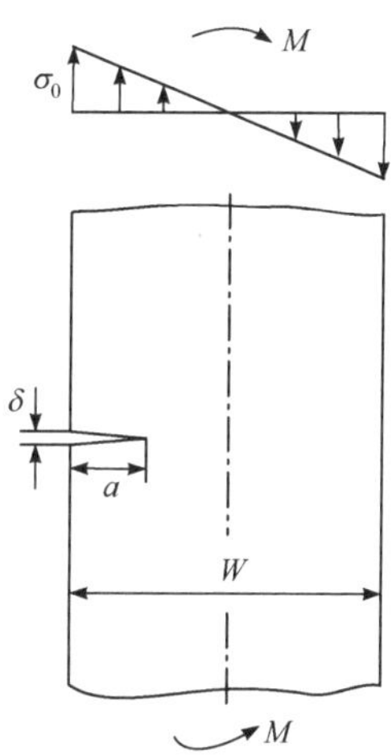

图 6-12　纯弯曲下的边裂纹板试件形状及载荷

5. 均匀拉伸的双边裂纹板

如图 6-13 所示的受均匀拉伸的双边裂纹板，其应力强度因子为

$$K_{\mathrm{I}}=\sigma\sqrt{\pi a}g(\xi),\quad \xi=2a/W,\quad \alpha=\pi\xi/2\tag{6-100}$$

其中

$$g(\xi)=(1.122-0.561\xi-0.205\xi^2+0.471\xi^3-0.19\xi^4)/(1-\xi)^{1/2}\ (\text{误差在}0.5\%\text{以下})\tag{6-101}$$

$$g(\xi)=\left(1+0.122\cos^4\alpha\right)\left(\frac{1}{\alpha}\tan\alpha\right)^{1/2}\ (\text{误差在}0.5\%\text{以下})\tag{6-102}$$

且 $g(0)=1.1215,\quad \lim\limits_{\xi\to 1}g(\xi)=2/\left[\pi(1-\xi)^{1/2}\right]$。

6. 三点弯曲试样

如图 6-14 所示的三点弯曲试样，其应力强度因子为

$$K_{\mathrm{I}}=\frac{3FL}{2BW^2}\sqrt{\pi a}g(\xi),\quad \xi=a/W\tag{6-103}$$

其中

$$g(\xi) = A_0 + A_1\xi + A_2\xi^2 + A_3\xi^3 + A_4\xi^4 (\xi \leqslant 0.6\text{时, 误差在}0.2\%\text{ 以下}) \tag{6-104}$$

且 $g(0)=1.1215=\beta$, $\lim\limits_{\xi\to 1} g(\xi)=\beta/\left[3(1-\xi)^{3/2}\right]$。式(6-104)中 A_i 取值见表 6-1。

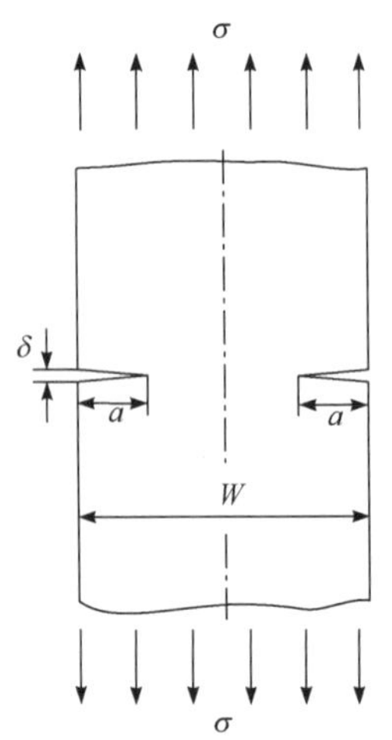

图 6-13　均匀拉伸的双边裂纹板试件形状及载荷

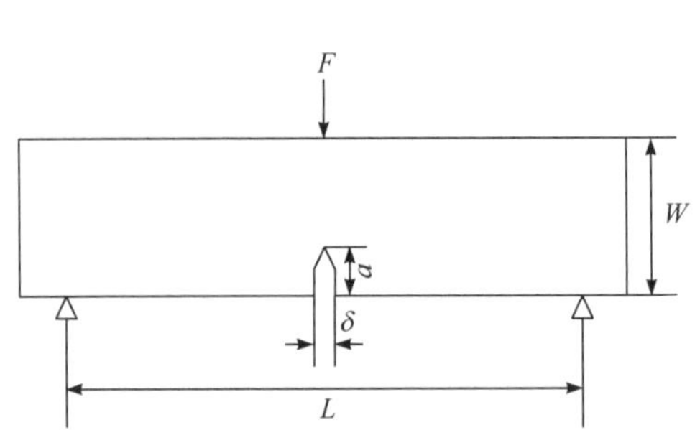

图 6-14　三点弯曲试件形状及载荷

表 6-1　式(6-104)中 A_i 取值

L/W	A_0	A_1	A_2	A_3	A_4
4	1.090	−1.735	8.20	−14.18	14.57
8	1.107	−2.210	7.71	−13.55	14.00

7. 紧凑拉伸试样

如图 6-15 所示的紧凑拉伸试样，其应力强度因子为

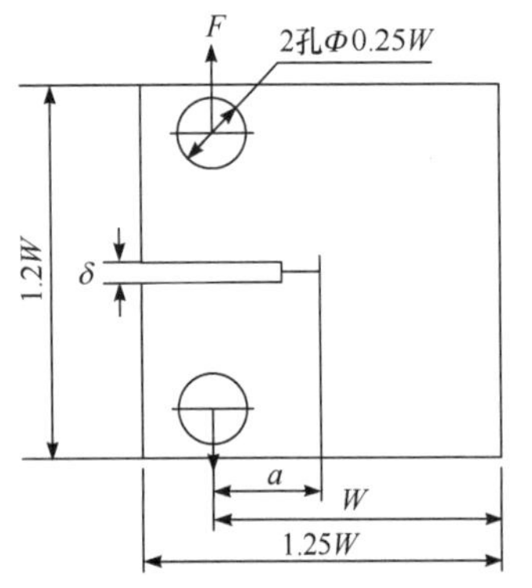

图 6-15　紧凑拉伸试件形状及载荷

$$K_{\rm I} = \frac{F}{BW^{1/2}}\left[29.6\left(\frac{a}{W}\right)^{1/2} - 185.5\left(\frac{a}{W}\right)^{3/2} + 655.7\left(\frac{a}{W}\right)^{5/2} - 1017\left(\frac{a}{W}\right)^{7/2} + 639\left(\frac{a}{W}\right)^{9/2}\right] \tag{6-105}$$

需要指出的是，这里仅仅列出了几个常用的应力强度因子计算方法，对于其他情形下应力强度因子的计算方法可参看相应文献(杨新华和陈传尧，2018；臧启山和姚戈，2014)。

6.4.3 应力强度因子断裂判据

应力强度因子 K 是描述裂纹尖端附近应力场强弱程度的参量。裂纹是否会失稳扩展取决于 K 值的大小，故可用应力强度因子 K 建立裂纹发生失稳扩展的判据。按应力强度因子 K 建立的断裂判据是：当含裂纹的弹性体在外力作用下，裂纹尖端的实际应力强度因子 K 达到裂纹发生失稳扩展的临界值 K_C 时，裂纹就会发生失稳扩展而导致裂纹体断裂。例如，对于Ⅰ型裂纹，在平面应变条件下，其断裂判据为

$$K_{\mathrm{I}} \leqslant K_{\mathrm{IC}} \tag{6-106}$$

其中，K_{IC} 是平面应变下 K_{I} 的临界值，它是一个材料常数，称为材料的平面应变断裂韧性，可通过实验测定。注意到应力强度因子 K_{I} 是裂纹尺寸、裂纹形状和外加应力的函数。因此，控制材料或结构断裂主要由裂纹几何、外加应力和断裂韧性三个因素共同决定。在这三个因素中，前两者是裂纹扩展的推动力，为断裂的发生提供条件，而最后一个(即材料的断裂韧性)是裂纹扩展的抗力，阻止断裂发生。

根据式(6-106)，可以像强度设计那样，对材料和结构进行抗断裂设计。抗断裂设计包括如下三个方面：

(1) 已知工作应力 σ，裂纹尺寸 a，计算 K_{I}，选择材料使其 K_{IC} 值满足断裂判据，保证不发生断裂。

(2) 已知裂纹尺寸 a，材料 K_{IC} 值，确定允许使用的最大工作应力 σ 或载荷。

(3) 已知工作应力 σ，材料 K_{IC} 值，确定允许存在的最大裂纹尺寸 a。

例 6-1　众所周知，金属材料的力学性质与其热处理工艺密切相关。现已知某种合金钢在不同回火温度下的性能如下：

300℃回火时，$\sigma_s = 1850\mathrm{MPa}$，$K_{\mathrm{IC}} = 48\mathrm{MPa}\sqrt{\mathrm{m}}$；

700℃回火时，$\sigma_s = 1400\mathrm{MPa}$，$K_{\mathrm{IC}} = 95\mathrm{MPa}\sqrt{\mathrm{m}}$。

现有用两种热处理钢材制备的薄板，薄板两端承受均匀拉伸应力作用，且工作应力为 $\sigma = 0.3\sigma_s$。薄板的几何尺寸为长度 100cm，宽度 20cm。在薄板变形之前检测到双边裂纹，试求两种热处理条件下薄板的容限裂纹尺寸 a。

解　对于承受均匀拉伸应力作用的双边裂纹，根据式(6-97)和式(6-98)可知，应力强度因子为

$$K_{\mathrm{I}} = \sigma\sqrt{\pi a}\, g(\xi), \quad \xi = 2a/W, \quad \alpha = \pi\xi/2$$

$$g(\xi) = \left(1.122 - 0.561\xi - 0.205\xi^2 + 0.471\xi^3 - 0.19\xi^4\right)/(1-\xi)^{1/2}$$

当 $K_{\mathrm{I}} = K_{\mathrm{IC}}$ 时，对应的裂纹尺寸即为 a_c，故得

$$a_c = \frac{1}{\pi}\left[\frac{K_{\mathrm{IC}}}{\sigma g(a_c)}\right]^2$$

注意到该方程是一个关于 a_c 的非线性方程，需要用数值方法迭代求解，可以求得：

当 300℃回火时，$a_c = 1.8916\mathrm{mm}$；

当700℃回火时，$a_{c}=12.9387\text{mm}$。

讨论：

从强度指标看，300℃回火温度的合金钢材略优于700℃回火温度，但是，从断裂韧性指标看，700℃回火温度比300℃回火温度好得多。事实上，构件中如此小的裂纹是难以避免的，因此全面考虑，应该选用700℃回火温度。

另外，由于该问题中裂纹尺寸相对于板宽很小，薄板可以近似看成无限大板。此时，应力强度因子可以简化为 $K_{\mathrm{I}}=1.1215\sigma\sqrt{\pi a}$。这样，裂纹尺寸可以直接求得：

当300℃回火时，

$$a_{c}=\frac{1}{\pi}\left(\frac{K_{\mathrm{IC}}}{1.1215\sigma}\right)^{2}=\frac{1}{\pi}\left(\frac{48}{1.1215\times 0.3\times 1850}\right)^{2}=0.0019\text{m}=1.9\text{mm}$$

当700℃回火时，

$$a_{c}=\frac{1}{\pi}\left(\frac{95}{1.1215\times 0.3\times 1400}\right)^{2}=0.0129\text{m}=12.9\text{mm}$$

可见，完全可以把该薄板当成无限大板来处理。

例 6-2　直径 d 为 800mm 的薄壁圆筒，承受内压作用，壁厚 t 为 6mm。在圆筒壁上发现有一条与轴向方向平行的贯穿裂纹(裂纹长度 $2a=1\text{mm}$)。已知材料的断裂韧性为 $K_{\mathrm{IC}}=100\text{MPa}\sqrt{\text{m}}$。试求发生断裂时的临界内压 p。

解　根据材料力学可知，薄壁圆筒在承受内压作用下其应力状态为单向拉伸应力，且应力为

$$\sigma=\frac{pd}{2t}$$

圆筒壁上与轴向方向平行的贯穿裂纹由于其长度很小，可视为承受拉伸应力的无限大中心裂纹板，有

$$K_{\mathrm{I}}=\sigma\sqrt{\pi a}\leqslant K_{\mathrm{IC}}$$

即

$$p\leqslant\frac{2tK_{\mathrm{IC}}}{d\sqrt{\pi a}}=26.76\text{MPa}$$

因此发生断裂时的临界内压 p 为 26.76MPa。

习　题

习题 6-1　已知一块大玻璃板有一中心裂纹 $2a$，玻璃板远端承受均匀应力 $\sigma=50\text{MPa}$ 的作用，玻璃的弹性模量 $E=70\text{GPa}$，单位面积表面能为 0.3J/m^2，用 Griffith 理论计算临界裂纹长度。

习题 6-2　一块钢制薄板内部存在一条与加载方向垂直的中心穿透裂纹，钢材弹性模量为 210GPa，泊松比为 0.3，表面能密度 $\gamma=2\text{J/m}^2$，塑性功率 $\Gamma=2\times 10^4\text{J/m}^2$，裂纹长度为 5mm，用 Orowan 理论计算裂纹存在时薄板的断裂强度。

习题 6-3　已知某一块含单边裂纹 $a = 200\text{mm}$ 的大尺寸钢板，其在受到应力为 280MPa 作用时发生断裂。若相同材料制成的钢板中有长度 $a = 80\text{mm}$ 的双边裂纹，计算其断裂应力。

习题 6-4　有一块高强度铝合金薄板，中心具有长度为 80mm 的贯穿裂纹，板的宽度为 200mm，在垂直于裂纹方向受到均匀的拉应力作用。断裂临界应力为 100MPa，试计算：(1)材料的断裂韧性值；(2)当该板视为无限大板时，断裂临界应力是多少？(3)当板宽为 120mm 时，断裂临界应力又是多少？

习题 6-5　一个直径 $d = 10\text{m}$ 的球形压力容器，厚度为 $t = 20\text{mm}$，有一条长 $2a$ 的穿透裂纹。已知材料的断裂韧性 $K_{\text{IC}} = 80\text{MPa}\sqrt{\text{m}}$。若容器承受内压 p=5MPa 的作用，计算发生断裂时的临界裂纹尺寸 a_c。

习题 6-6　一块具有边裂纹的有限宽板(单位厚度 t=1)受到如下组合载荷的作用(图 6-16)。已知板宽为 w=30mm，裂纹长度为 $a = 5\text{mm}$，材料断裂韧性 $K_{\text{IC}} = 70\text{MPa}\sqrt{\text{m}}$。弯矩与均布应力之间的关系为 $M = 0.05\sigma W^2 t$。(1)计算板断裂时的临界应力 σ_c；(2)若弯矩反向，计算该板断裂时的临界应力 σ_c'。

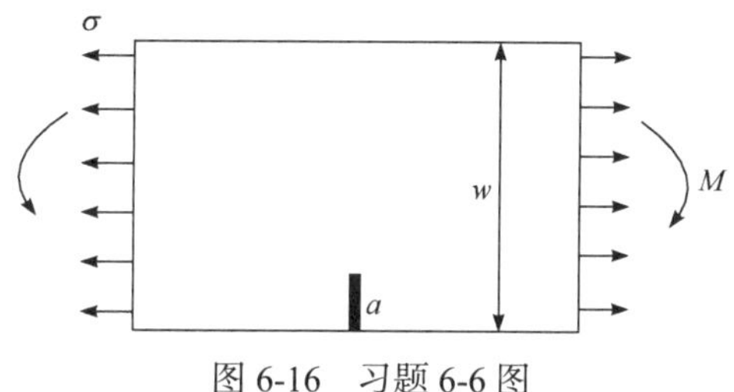

图 6-16　习题 6-6 图

参 考 文 献

杨新华, 陈传尧. 2018. 疲劳与断裂. 2 版. 武汉: 华中科技大学出版社.

臧启山, 姚戈. 2014. 工程断裂力学简明教程. 合肥: 中国科学技术大学出版社.

Griffith A A. 1921. The phenomena of rupture and flow in solids. Phil. Tans. Roy. Soc. London, A 221: 163-197.

Inglis C E. 1913. Stress in a plate dure to presence of cracks and sharp corners. Trans. Ints. Naval. Architects, 55: 219-241.

Orowan E. 1955. Energy criteria of fracture. Welding Journal, 34: 1575-1605.

Westergaard H M. 1939. Bearing pressures and cracks. Journal of Applied Mechanics, 61: A49-A53.

第7章　弹塑性断裂力学

线弹性断裂力学主要适用于高强度钢、陶瓷材料等的脆性断裂，即在裂纹失稳扩展前裂纹尖端区域无明显的塑性变形，基本上是弹性响应的情形。这种情形可用 K 判据或考虑小范围屈服修正的断裂判据来讨论其脆断问题。但是，大量工程中广泛使用的中、低强度钢，由于其韧性较好，由它们制成的含裂纹构件在裂纹尖端区域往往存在着明显的塑性变形，尤其是在结构的应力集中区以及焊接引起的残余应力区甚至会发生全面屈服。屈服区的存在将改变裂纹尖端区域应力场的性质，因此，当屈服区尺寸较大(与裂纹长度属同一数量级或更大)时，按线弹性断裂力学分析则会产生很大误差，需要采用弹塑性断裂力学进行研究。本章将介绍适用于小范围屈服的应力强度因子修正方法和适用于屈服区域较大时的裂纹尖端张开位移理论(COD)和 J 积分理论。

7.1　裂纹尖端的塑性区

7.1.1　裂纹尖端塑性区的大小

由弹性力学可知，对于平面问题，三个主应力 σ_1、σ_2 和 σ_3 可以表示为

$$\begin{cases} \sigma_1 = \dfrac{1}{2}(\sigma_x+\sigma_y)+\dfrac{1}{2}\left[(\sigma_x-\sigma_y)^2+4\tau_{xy}{}^2\right]^{1/2} \\ \sigma_2 = \dfrac{1}{2}(\sigma_x+\sigma_y)-\dfrac{1}{2}\left[(\sigma_x-\sigma_y)^2+4\tau_{xy}{}^2\right]^{1/2} \\ \sigma_3 = \begin{cases} 0, & \text{平面应力} \\ \nu(\sigma_1+\sigma_2), & \text{平面应变} \end{cases} \end{cases} \tag{7-1}$$

将第6章中裂纹尖端应力场表达式：

$$\begin{cases} \sigma_x = \dfrac{K_{\mathrm{I}}}{\sqrt{2\pi r}}\cos\dfrac{\theta}{2}\left(1-\sin\dfrac{\theta}{2}\sin\dfrac{3\theta}{2}\right) \\ \sigma_y = \dfrac{K_{\mathrm{I}}}{\sqrt{2\pi r}}\cos\dfrac{\theta}{2}\left(1+\sin\dfrac{\theta}{2}\sin\dfrac{3\theta}{2}\right) \\ \tau_{xy} = \dfrac{K_{\mathrm{I}}}{\sqrt{2\pi r}}\sin\dfrac{\theta}{2}\cos\dfrac{\theta}{2}\cos\dfrac{3\theta}{2} \end{cases} \tag{7-2}$$

代入式(7-1)中，经过化简可得

$$\begin{cases} \sigma_1 = \dfrac{K_{\mathrm{I}}}{\sqrt{2\pi r}}\cos\dfrac{\theta}{2}\left(1+\sin\dfrac{\theta}{2}\right) \\ \sigma_2 = \dfrac{K_{\mathrm{I}}}{\sqrt{2\pi r}}\cos\dfrac{\theta}{2}\left(1-\sin\dfrac{\theta}{2}\right) \end{cases} \tag{7-3}$$

$$\sigma_3=\begin{cases}0, & \text{平面应力}\\ 2\nu\dfrac{K_{\mathrm{I}}}{\sqrt{2\pi r}}\cos\dfrac{\theta}{2}, & \text{平面应变}\end{cases} \tag{7-4}$$

要确定塑性区域的形状和大小，可利用 Mises 屈服准则，即

$$(\sigma_1-\sigma_2)^2+(\sigma_2-\sigma_3)^2+(\sigma_3-\sigma_1)^2=2\sigma_{\mathrm{s}}^{\ 2} \tag{7-5}$$

式中，σ_{s}为材料在单向拉伸时的屈服极限。

(1) 平面应力状态

将式(7-3)和式(7-4)中代表平面应力状态的两式代入式(7-5)，经简化后得

$$\frac{K_{\mathrm{I}}^2}{2\pi r}\left[\cos^2\frac{\theta}{2}\left(1+3\sin^2\frac{\theta}{2}\right)\right]=\sigma_{\mathrm{s}}^2$$

或其等价形式

$$r=\frac{1}{2\pi}\left(\frac{K_{\mathrm{I}}}{\sigma_{\mathrm{s}}}\right)^2\left[\cos^2\frac{\theta}{2}\left(1+3\sin^2\frac{\theta}{2}\right)\right] \tag{7-6}$$

式(7-6)即表示在平面应力状态下，裂纹尖端塑性区的边界曲线方程。在裂纹延长线上(即在$\theta=0°$的 x 轴上)，塑性区边界到裂纹尖端的距离为

$$r_0=r\,|_{\theta=0°}=\frac{1}{2\pi}\left(K_{\mathrm{I}}/\sigma_{\mathrm{s}}\right)^2 \tag{7-7}$$

裂纹尖端塑性区的边界形状，由图 7-1 中的实线给出。

(2) 平面应变状态

将式(7-3)、式(7-4)中代表平面应变状态的两式代入式(7-5)，经简化后得

$$\frac{K_{\mathrm{I}}}{2\pi r}\left[\frac{3}{4}\sin^2\theta+\left(1-2\nu\right)^2\cos^2\frac{\theta}{2}\right]=\sigma_{\mathrm{s}}^2$$

或其等价形式

$$\begin{aligned}r&=\frac{1}{2\pi}\left(\frac{K_{\mathrm{I}}}{\sigma_{\mathrm{s}}}\right)^2\left[\frac{3}{4}\sin^2\theta+(1-2\nu)^2\cos^2\frac{\theta}{2}\right]\\&=\frac{1}{2\pi}\left(\frac{K_{\mathrm{I}}}{\sigma_{\mathrm{s}}}\right)^2\cos^2\frac{\theta}{2}\left[(1-2\nu)^2+3\sin^2\frac{\theta}{2}\right]\end{aligned} \tag{7-8}$$

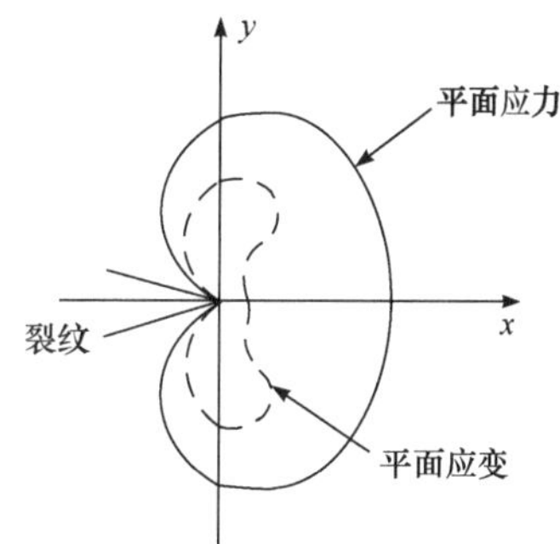

图 7-1　裂纹尖端塑性区的边界形状示意图

式(7-8)即表示在平面应变状态下，裂纹尖端塑性区的边界曲线方程，其边界形状由图 7-1 中虚线给出。在裂纹延长线上(即在$\theta=0°$的 x 轴上)，塑性区边界到裂尖的距离为

$$r_\theta=r\,|_{\theta=0°}=(1-2\nu)^2\frac{1}{2\pi}\left(\frac{K_{\mathrm{I}}}{\sigma_{\mathrm{s}}}\right)^2 \tag{7-9}$$

若取$\nu=0.3$，代入式(7-9)，则有

$$r_\theta = 0.16\frac{1}{2\pi}\left(\frac{K_{\mathrm{I}}}{\sigma_{\mathrm{s}}}\right)^2$$

比较上式与式(7-9)，可以看出：在 $\theta = 0°$ 的裂纹线上，平面应变状态下的塑性区远小于平面应力状态下的塑性区，平面应变状态下的塑性区仅为平面应力状态下塑性区域尺寸的 16%。这是因为在平面应变状态下，沿板厚方向(z 方向)的弹性约束使裂纹尖端处于三向拉应力状态，不易发生塑性变形，其有效屈服应力 σ_{ys} (即屈服时的最大应力)高于单向拉伸屈服应力 σ_{s}。为了反映塑性约束的程度，常引入塑性约束系数这一概念。它是有效屈服应力 σ_{ys} 与单向拉伸屈服应力 σ_{s} 之比，用 L 表示，即 $L = \sigma_{\mathrm{ys}} / \sigma_{\mathrm{s}}$。

平面应力及平面应变状态下塑性约束系数 L 的大小，可以通过 Mises 屈服准则或 Tresca 屈服准则导出，但也可以很容易地由下面的比较来加以简单说明。

将式(7-7)和式(7-9)改写成如下形式：

$$r_0 = \frac{1}{2\pi}\left(\frac{K_{\mathrm{I}}}{\sigma_{\mathrm{s}}}\right)^2 = \frac{1}{2\pi}\left(\frac{K_{\mathrm{I}}}{\sigma_{\mathrm{ys}}}\right)^2 \quad (平面应力)$$

$$r_0 = \frac{1}{2\pi}\left(\frac{K_{\mathrm{I}}}{\left(\dfrac{\sigma_{\mathrm{s}}}{1-2\nu}\right)^2}\right)^2 = \frac{1}{2\pi}\left(\frac{K_{\mathrm{I}}}{\sigma_{\mathrm{ys}}}\right)^2 \quad (平面应变)$$

比较可见：在平面应力状态下，有效屈服应力 $\sigma_{\mathrm{ys}} = \sigma_{\mathrm{s}}$，即 L=1；而在平面应变状态下，有效屈服应力 $\sigma_{\mathrm{ys}} = \sigma_{\mathrm{s}} / (1-2\nu)$。

一般情况下，Ⅰ型裂纹尖端往往是两种应力状态同时存在。例如，厚板中裂纹尖端塑性区的空间形状如图 7-2 所示，可见：在厚板的前后两个表面附近为平面应力状态，而在厚度方向的中间部分则处于平面应变状态，因此，该厚板的塑性约束系数应介于 1~$1/(1-2\nu)$ 之间。此外，考虑到裂纹尖端的钝化效应会使约束放松，其平面应变状态下的塑性约束系数也应该小于 $1/(1-2\nu)$。由环形切口拉伸试样(切口根部为三向拉应力状态)的试验测得

$$L = \frac{\sigma_{\mathrm{ys}}}{\sigma_{\mathrm{s}}} = 1.67 \approx \sqrt{2\sqrt{2}}$$

因此，对塑性约束系数一般约定如下：

对于平面应力状态，L=1，$\sigma_{\mathrm{ys}} = \sigma_{\mathrm{s}}$，

$$r_0 = \frac{1}{2\pi}\left(\frac{K_{\mathrm{I}}}{\sigma_{\mathrm{ys}}}\right)^2 = \frac{1}{2\pi}\left(\frac{K_{\mathrm{I}}}{\sigma_{\mathrm{s}}}\right)^2 \qquad (7\text{-}10)$$

对于平面应变状态，$L = \sqrt{2\sqrt{2}}$，$\sigma_{\mathrm{ys}} = \sqrt{2\sqrt{2}}\sigma_{\mathrm{s}}$，

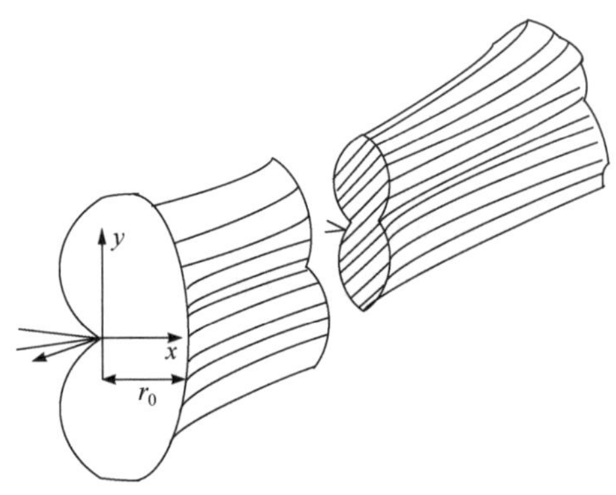

图 7-2　裂纹尖端塑性区的空间形状

$$r_0=\frac{1}{2\pi}\left(\frac{K_{\mathrm{I}}}{\sigma_{\mathrm{ys}}}\right)^2=\frac{1}{4\sqrt{2}\pi}\left(\frac{K_{\mathrm{I}}}{\sigma_{\mathrm{s}}}\right)^2 \tag{7-10'}$$

在塑性区域内，由于材料发生了塑性变形，塑性区中的应力将会重新分布，进而引起应力松弛。由于应力松弛的出现，塑性区域的尺寸将进一步扩大。由式(7-2)知，在 $\theta=0°$ 的线上，裂纹尖端附近的应力分量随 r 而变化，有

$$\sigma_{\mathrm{y}}\big|_{\theta=0°}=\frac{K_{\mathrm{I}}}{\sqrt{2\pi r}} \tag{7-11}$$

应力分量 σ_{y} 沿 x 轴的变化如图 7-3 中虚线 ABC 所示。此时，应力分量 σ_{y} 在其净截面上产生的内力(即曲线 ABC 以下的面积)应与外力平衡。考虑到塑性区的材料因产生塑性变形而引起应力松弛，虚线上的 AB 段将下降到 DB(即有效屈服应力)的水平，同时塑性区域范围将从 r_{ys} 增加到 R。这是因为裂纹尖端区域发生屈服时，若按理想塑性材料考虑，应力最大值为 $\sigma_{\mathrm{y}}=\sigma_{\mathrm{ys}}$，这会使应力分量 σ_{y} 重新分布以使净截面上重新分布后的总内力仍与外力平衡。由于 AB 段应力水平下降，BC 段的应力水平会相应升高，其中一部分将升高到有效屈服应力 σ_{ys}。因此，裂纹尖端附近的塑性区将进一步扩大。也就是说，在裂纹尖端附近沿 x 轴，由虚线 ABC 所示的应力分量 σ_{y} 分布规律将由于塑性变形而为实线 $DBEF$ 表示的分布所代替。应力分量 σ_{y} 达到屈服应力值的区域将由 $DB\left(r_{\mathrm{ys}}\right)$ 扩大到 $DE(R)$，这就是人们所说的应力松弛现象。由于应力松弛，裂纹尖端附近的塑性区扩大了多少呢？这可以从应力松弛前、后净截面上的总内力相等这一条件来确定。此时，虚线 ABC 下的面积应该等于实线 $DBEF$ 下的面积。由于 EF 及 BC 两段曲线均代表弹性应力场的变化规律，因此，可以认为它们下面的面积近似相等，于是剩下的 AB 曲线下的面积应等于 DE 直线下的面积，即

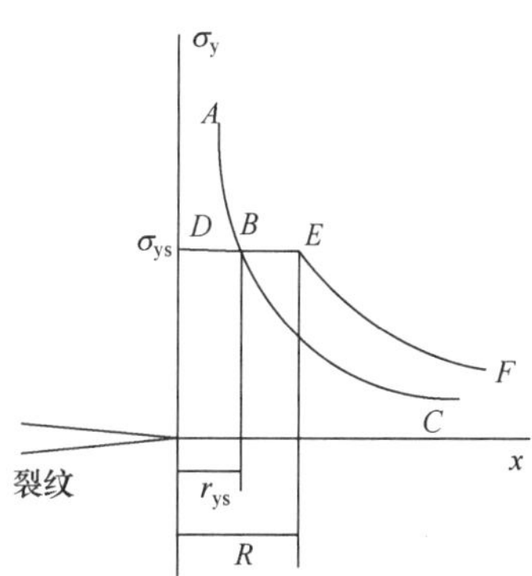

图 7-3　净截面上 σ_{y} 分布图

$$R\sigma_{\mathrm{ys}}=\int_0^{r_{\mathrm{ys}}}(\sigma_{\mathrm{y}})_{\theta=0°}\mathrm{d}x$$

式中，r_{ys} 是在应力 $(\sigma_{\mathrm{y}})_{\theta=0°}$ 等于有效屈服应力 σ_{ys} 时的 r 值。由式(7-11)积分可得

$$R\sigma_{\mathrm{ys}}=\int_0^{r_{\mathrm{ys}}}(\sigma_{\mathrm{y}})_{\theta=0°}\mathrm{d}x=\int_0^{r_{\mathrm{ys}}}\frac{K_{\mathrm{I}}}{\sqrt{2\pi r}}\mathrm{d}r=\frac{2K_{\mathrm{I}}}{\sqrt{2\pi}}(r_{\mathrm{ys}})^{1/2} \tag{7-12}$$

$$r_{\mathrm{ys}}=\frac{1}{2\pi}\left(\frac{K_{\mathrm{I}}}{\sigma_{\mathrm{ys}}}\right)^2 \tag{7-13}$$

对于平面应力状态，由于 $\sigma_{\mathrm{ys}}=\sigma_{\mathrm{s}}$，于是

$$r_{ys}=\frac{1}{2\pi}\left(\frac{K_I}{\sigma_s}\right)^2 \tag{7-14}$$

$$R=\frac{2K_I}{\sigma_{ys}\sqrt{2\pi}}(r_{ys})^{1/2}=\frac{2K_I}{\sigma_{ys}\sqrt{2\pi}}\left[\frac{1}{2\pi}\left(\frac{K_I}{\sigma_y}\right)^2\right]^{1/2}=\frac{1}{\pi}\left(\frac{K_I}{\sigma_s}\right)^2 \tag{7-15}$$

对于平面应变状态，由于 $\sigma_{ys}=\sqrt{2\sqrt{2}}\sigma_s$，则

$$r_{ys}=\frac{1}{4\sqrt{2}\pi}\left(\frac{K_I}{\sigma_s}\right)^2 \tag{7-16}$$

再将以上两式代入式(7-12)可得

$$R=\frac{1}{2\sqrt{2}\pi}\left(\frac{K_I}{\sigma_s}\right)^2 \tag{7-17}$$

比较式(7-15)与式(7-10)以及式(7-17)与式(7-10′)可见。无论是平面应力问题还是平面应变问题，考虑了应力松弛效应后，塑性区尺寸在 x 轴上均扩大了一倍。

以上对裂纹尖端附近塑性区形状和尺寸的讨论，是基于材料为理想弹塑性材料这一假设，即材料发生屈服后无应变强化发生。然而，对于工程中常用的金属材料，大都有应变强化现象，此时，裂纹尖端塑性区尺寸要比前面所分析得到的结果小。

7.1.2　裂纹尖端小范围屈服时的应力强度因子修正

第 6 章介绍的有关计算应力强度因子 K_I 的方法，都是建立在线弹性理论的基础上，即假定裂纹尖端区域处于理想的线弹性应力场中。实际上通过 7.1.1 节的分析可以看到，裂纹尖端附近必定存在着塑性区。因此，裂纹尖端应力场实际上不完全是弹性应力场。这就提出了一个问题，即对于裂纹尖端有塑性变形的情形，线弹性断裂理论是否仍然适用？普遍认为，当裂纹尖端出现的是小范围屈服时，则裂纹尖端附近的塑性区被周围广大的弹性区所包围，因此，只需要考虑塑性区的影响，仍可用线弹性断裂理论来处理。对此，Irwin(1957)提出了一个简单适用的有效裂纹尺寸法，用它对应力强度因子 K_I 进行修正，得到有效应力强度因子，作为考虑塑性区影响的修正。

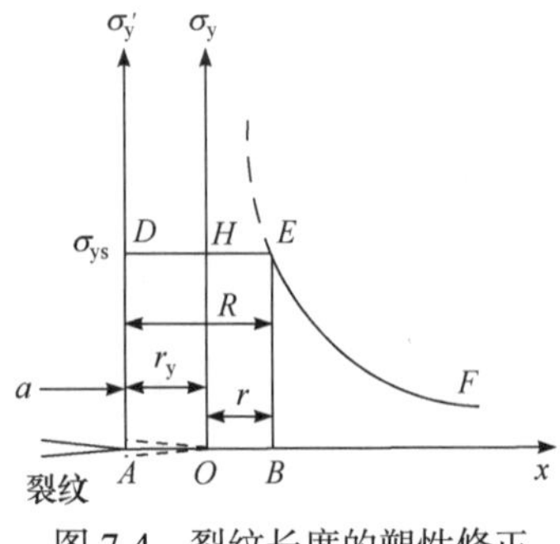

图 7-4　裂纹长度的塑性修正

1. Irwin 的有效裂纹尺寸

假设发生应力松弛后，裂纹尖端附近的塑性区在 x 轴上的尺寸为 R,实际的应力分布规律由图 7-4 中的实线 DEF 示出。

若使线弹性理论解 $\sigma_y|_{\theta=0°}=\dfrac{K_I}{\sqrt{2\pi r}}$ 仍然适用，则可以假想地将裂纹尖端向右移到 O 点，用一个虚构的弹性应力场代替实际的弹塑性应力场。也就是使由图 7-4 中虚

线所代表的弹性应力 σ_{y} 的变化规律曲线正好与塑性区边界 E 点处由实线所代表的弹塑性应力 σ_{y} 的变化规律曲线的弹性部分重合。以 O 点为假想裂纹尖点，则在 $r=R-r_{\mathrm{y}}$ 处，$\sigma_{\mathrm{y}}(r)|_{\theta=0^\circ}=\sigma_{\mathrm{ys}}$。由式(7-11)得

$$\sigma_{\mathrm{y}}(r)|_{\theta=0^\circ}=\frac{K_{\mathrm{I}}}{\sqrt{2\pi r}}=\frac{K_{\mathrm{I}}}{\sqrt{2\pi(R-r_{\mathrm{y}})}}=\sigma_{\mathrm{ys}}$$

由此解得

$$r_{\mathrm{y}}=R-\frac{1}{2\pi}\left(\frac{K_{\mathrm{I}}}{\sigma_{\mathrm{ys}}}\right)^2$$

对平面应力问题：由于

$$R=\frac{1}{\pi}\left(\frac{K_{\mathrm{I}}}{\sigma_{\mathrm{s}}}\right)^2,\qquad \sigma_{\mathrm{ys}}=\sigma_{\mathrm{s}}$$

因此

$$r_{\mathrm{y}}=\frac{1}{\pi}\left(\frac{K_{\mathrm{I}}}{\sigma_{\mathrm{s}}}\right)^2-\frac{1}{2\pi}\left(\frac{K_{\mathrm{I}}}{\sigma_{\mathrm{s}}}\right)^2=\frac{1}{2\pi}\left(\frac{K_{\mathrm{I}}}{\sigma_{\mathrm{s}}}\right)^2 \tag{7-18}$$

对平面应变问题：由于

$$R=\frac{1}{2\sqrt{2\pi}}\left(\frac{K_{\mathrm{I}}}{\sigma_{\mathrm{s}}}\right)^2,\qquad \sigma_{\mathrm{ys}}=\sqrt{2\sqrt{2}}\sigma_{\mathrm{s}}$$

因此

$$r_{\mathrm{y}}=\frac{1}{2\sqrt{2\pi}}\left(\frac{K_{\mathrm{I}}}{\sigma_{\mathrm{s}}}\right)^2-\frac{1}{2\pi}\left(\frac{K_{\mathrm{I}}}{\sqrt{2\sqrt{2}}\sigma_{\mathrm{s}}}\right)^2=\frac{1}{4\sqrt{2\pi}}\left(\frac{K_{\mathrm{I}}}{\sigma_{\mathrm{s}}}\right)^2 \tag{7-19}$$

由式(7-18)、式(7-19)可以看到，无论是平面应力或平面应变问题，裂纹长度的修正值 r_{y} 都恰好等于塑性区尺寸 R 的一半，即修正后裂纹(有效裂纹)的裂尖正好位于 x 轴上塑性区的中心。

2. K 因子的修正

求出 r_{y} 后，即可算出有效裂纹长度 $a^*=a+r_{\mathrm{y}}$，其中 a 为原始的实际裂纹长度。在用线弹性断裂理论计算小范围屈服条件下的 K_{I} 时，只需要用有效裂纹长度 a^* 代替原来的实际裂纹长度 a 即可。

由于应力强度因子 K_{I} 是 a^* 的函数 $\left(K_{\mathrm{I}}=f\sigma\sqrt{\pi a^*}\right)$，而 $a^*=a+r_{\mathrm{y}}$，r_{y} 又是 K_{I} 的函数，所以对裂纹尖端应力强度因子 K_{I} 进行修正是比较复杂的。

对于普遍的 I 型裂纹问题，当考虑塑性修正时，K_{I} 的表达式可以写作

$$K_{\mathrm{I}} = f\sigma\sqrt{\pi a^*} = f\sigma\sqrt{\pi(a + r_{\mathrm{y}})}$$

分别将平面应力及平面应变条件下 r_{y} 的表达式(7-18)、(7-19)代入上式并简化后可以得到：

平面应力条件：

$$K_{\mathrm{I}} = f\sigma\sqrt{\pi a}\frac{1}{\sqrt{1 - \frac{f^2}{2}\left(\frac{\sigma}{\sigma_{\mathrm{s}}}\right)^2}} \tag{7-20}$$

平面应变条件：

$$K_{\mathrm{I}} = f\sigma\sqrt{\pi a}\frac{1}{\sqrt{1 - \frac{f^2}{4\sqrt{2}}\left(\frac{\sigma}{\sigma_{\mathrm{s}}}\right)^2}} \tag{7-21}$$

式(7-20)和式(7-21)中的最后一项就是考虑了裂纹尖端塑性区影响后对 K_{I} 的修正系数 M_{p}。由这两个公式可看出：当裂纹所在位置处的局部应力 σ 比材料的屈服极限小得多时，该修正项接近于 1，通常可不考虑塑性修正；但是在局部应力 σ 较大时，塑性区尺寸也较大，就必须考虑塑性区的影响，否则会得到偏于危险的结果。

最后须指出，上面的分析只适用于小范围屈服情形，即裂纹尖端塑性区尺寸与裂纹长度及构件尺寸相比小于一个数量级以上时，才可以在塑性修正后仍用线弹性断裂理论来处理。对于裂纹尖端区域发生大范围屈服甚至全面屈服的问题，则必须用弹塑性断裂理论来处理。

7.2　裂纹尖端张开位移

按照能量原理，裂纹的扩展是因为应力和应变的综合量达到了临界值而发生的。用应力的观点去讨论脆性材料的裂纹失稳扩展是合适的，但是，当裂纹尖端区域发生大范围屈服之后，则应该采用应变去研究裂纹的扩展。裂纹尖端张开位移(COD)正是对裂纹尖端塑性应变的一种合理度量。

7.2.1　Irwin 小范围屈服条件下的 COD

7.1 节讨论小范围屈服条件下的塑性区修正时，引入了有效裂纹长度 $a^* = a + r_{\mathrm{y}}$ 的概念。这意味着，为了考虑塑性区的影响，假想地把原裂纹尖端点 O 移至点 O'，且 $OO' = r_{\mathrm{y}}$，如图 7-5 所示。因此，当以假想的有效裂纹尖端点 O' 为裂尖点时，原裂尖点 O 处的张开位移就是 COD(或 δ)。

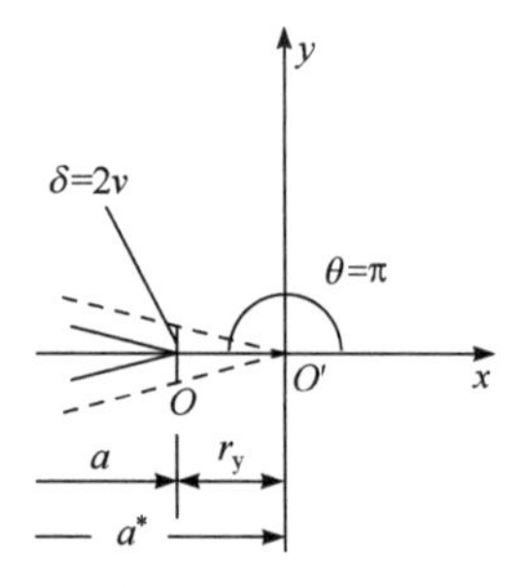

图 7-5　裂纹尖端张开位移

平面应力条件下，有如下位移公式：

$$
\begin{cases}
u = \dfrac{K_{\mathrm{I}}}{2\mu}\sqrt{\dfrac{r}{2\pi}}\cos\dfrac{\theta}{2}\left(k - 1 + 2\sin^2\dfrac{\theta}{2}\right) \\
v = \dfrac{K_{\mathrm{I}}}{2\mu}\sqrt{\dfrac{r}{2\pi}}\sin\dfrac{\theta}{2}\left(k + 1 - 2\cos^2\dfrac{\theta}{2}\right)
\end{cases} \tag{7-22}
$$

将 $\kappa = 3 - \nu / (1+\nu)$ 代入上式，并经过必要的推导可得

$$
v = \frac{K_{\mathrm{I}}}{E}\sqrt{\frac{2r}{\pi}}\sin\frac{\theta}{2}\left[2 - (1+\nu)\cos^2\frac{\theta}{2}\right] \tag{7-23}
$$

当以 O' 点为裂尖点时，O 点处 $\left(\theta = \pi,\ r = r_{\mathrm{y}} = \dfrac{1}{2\pi}\left(\dfrac{K_{\mathrm{I}}}{\sigma_{\mathrm{s}}}\right)^2\right)$ 沿 y 方向的张开位移则为

$$
\delta = 2v\Big|_{\substack{\theta=\pi \\ r=r_{\mathrm{y}}=\frac{1}{2\pi}\left(\frac{K_{\mathrm{I}}}{\sigma_{\mathrm{s}}}\right)^2}} = \frac{4}{\pi}\frac{K_{\mathrm{I}}^2}{E\sigma_{\mathrm{s}}} = \frac{4}{\pi}\frac{G_{\mathrm{I}}}{\sigma_{\mathrm{s}}} \tag{7-24}
$$

此即为 Irwin 提出的小范围屈服下的 COD 计算公式。注意到，$G_{\mathrm{I}} = K_{\mathrm{I}}^2 / E$ 是裂纹扩展的能量释放率。

7.2.2　D-B 带状屈服区模型的 COD

Dugdale(1960)经过拉伸试验，提出裂纹尖端塑性区呈现尖劈带状特征的假设，从而建立了 Dugdale-Barrenblett(D-B)模型。该模型可用来处理含中心贯穿裂纹的无限大薄板在均匀拉伸应力作用下的弹塑性断裂问题。

D-B 模型假设：裂纹尖端区域的塑性区沿裂纹线向两边延伸，呈尖劈带状(图 7-6(a))；塑性区内材料为理想塑性状态，而塑性区周围是弹性区；塑性区和弹性区的交界面上，作用有垂直于裂纹面的均匀结合力 σ_{s} (图 7-6(b))。

可以认为在远场均匀拉应力 σ 作用下，裂纹长度从 $2a$ 延伸到 $2c$，屈服区尺寸 $R=c-a$。当以带状屈服区尖端点 C 为裂尖点时，原裂纹($2a$)的端点的张开量就是裂纹尖端张开位移 δ 。下面，首先确定窄条屈服区的尺寸 R。

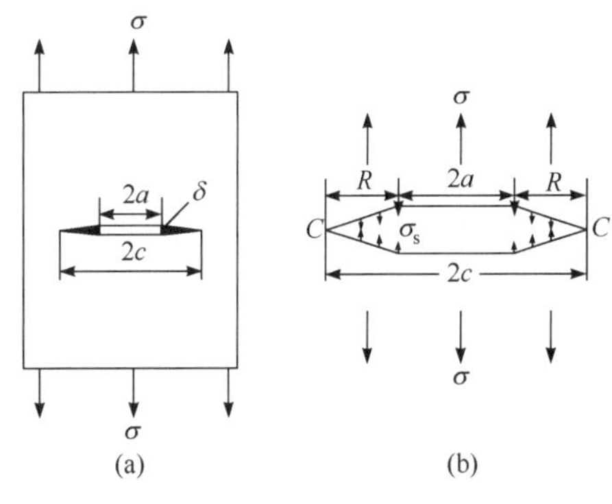

图 7-6　D-B 带状屈服区模型

假想地把塑性区挖去，则在弹性-塑性区界面上应加上均匀拉力 σ_{s} ，于是得到如图 7-6(b)所示的裂纹长度为 $2c$，外加应力是远场应力以及在塑性区有应力 σ_{s} 的线弹性问题。此时，裂纹尖端点 C 的应力强度因子 K_{I}^{C} 应由两部分组成：一是由远场均匀拉应力 σ 产生的 $K_{\mathrm{I}}^{(1)}$ ；二是由塑性区域部位的裂纹表面所受的均匀应力 σ_{s} 产生的 $K_{\mathrm{I}}^{(2)}$ ，分别有

$$
K_{\mathrm{I}}^{(1)} = \sigma\sqrt{\pi c}
$$

$$K_{\mathrm{I}}^{(2)}=-\frac{2\sigma_{\mathrm{s}}}{\pi}\sqrt{\pi c}\arccos\left(\frac{a}{c}\right)$$

从而

$$K_{\mathrm{I}}^{C}=K_{\mathrm{I}}^{(1)}+K_{\mathrm{I}}^{(2)}=\sigma\sqrt{\pi c}-\frac{2\sigma_{\mathrm{s}}}{\pi}\sqrt{\pi c}\arccos\left(\frac{a}{c}\right) \tag{7-25}$$

由于 C 点是塑性区的端点，应力奇异性，故其 $K_{\mathrm{I}}^{C}\equiv 0$。代入式(7-28)得

$$\sigma\sqrt{\pi c}=\frac{2\sigma_{\mathrm{s}}}{\pi}\sqrt{\pi c}\arccos\left(\frac{a}{c}\right)$$

或

$$a=c\cos\left(\frac{\pi\sigma}{2\sigma_{\mathrm{s}}}\right) \tag{7-26}$$

由于塑性区尺寸 $R=c-a$，将式(7-26)代入并简化即有

$$R=a\left(\sec\frac{\pi a}{2\sigma_{\mathrm{s}}}-1\right)$$

将 $\sec\dfrac{\pi a}{2\sigma_{\mathrm{s}}}-1$ 按级数展开，且当 $\sigma/\sigma_{\mathrm{s}}$ 较小时，可得 R 的近似表达式为

$$R=\frac{a}{2}\left(\frac{\pi a}{2\sigma_{\mathrm{s}}}\right)^{2} \tag{7-27}$$

考虑到无限大平板有中心贯穿裂纹时 $\sigma\sqrt{\pi a}=K_{\mathrm{I}}$，故有

$$R=\frac{\pi}{8}\left(\frac{K_{\mathrm{I}}}{\sigma_{\mathrm{s}}}\right)^{2}\approx 0.39\left(\frac{K_{\mathrm{I}}}{\sigma_{\mathrm{s}}}\right)^{2} \tag{7-28}$$

比较式(7-28)和 Irwin 小范围屈服下平面应力的塑性区尺寸

$$R=\frac{1}{\pi}\left(\frac{K_{\mathrm{I}}}{\sigma_{\mathrm{s}}}\right)^{2}\approx 0.318\left(\frac{K_{\mathrm{I}}}{\sigma_{\mathrm{s}}}\right)^{2}$$

可见，D-B 模型的塑性区尺寸稍大。但是，由于塑性区端点应力无奇性，已不能用 K 因子来描述其失稳扩展，因而将采用裂尖张开位移 δ 这个参量来描述。

D-B 模型裂尖张开位移 δ 也是由两部分组成的：一是远场均匀拉应力所产生的 $\delta^{(1)}$；二是塑性区 R 部分上均匀分布的应力 σ_{s} 所产生的 $\delta^{(2)}$。为了求出这两个位移，先介绍 Paris 位移公式。

由材料力学中卡氏定理可知，物体受一对力 P 作用(图 7-7)时，力作用点 M_1 与 M_2 间沿外力作用方向的相对位移等于物体应变能 U 对外力 P 的偏导数，即 $\delta_M=\dfrac{\partial U}{\partial P}$。欲求裂纹面上 D_1、D_2 点间的相对张开位移，可引入一对虚张力 F。此时，物体的应变能

$U=U(a,P,F)$，D_1、D_2 点间沿 F 方向的相对位移为

$$\delta=\lim_{F\to 0}\left(\frac{\partial U}{\partial F}\right) \tag{7-29}$$

由第 6 章可知，在恒定载荷下，裂纹扩展能量释放率的表达式为

$$G_{\mathrm{I}}=\left(\frac{\partial U}{\partial a}\right)_P \quad (\text{取板厚度}B=1)$$

上式积分得

$$U(P,F,a)=U_0(P,F)+\int_0^{\xi}G_{\mathrm{I}}\mathrm{d}a \tag{7-30}$$

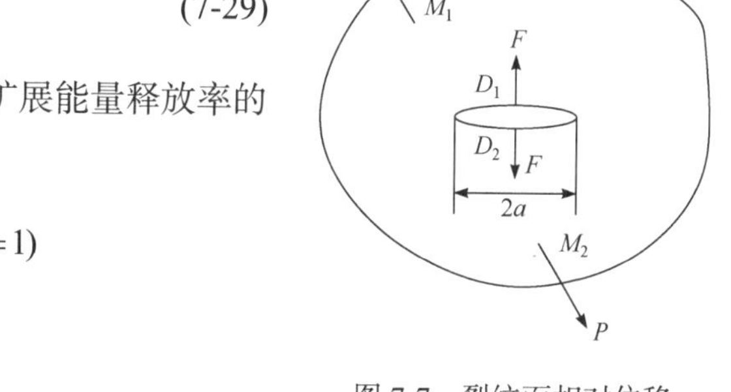

图 7-7　裂纹面相对位移

其中，$U_0(P,F)$是对应于无裂纹物体的应变能，2ξ 则表示裂纹在扩展过程中的瞬时长度。

由 G_{I} 和 K_{I} 的关系有

$$G_{\mathrm{I}}=\frac{K_{\mathrm{I}}^2}{E'}=\frac{1}{E'}(K_{\mathrm{I}P}+K_{\mathrm{I}F})^2 \tag{7-31}$$

式中，$K_{\mathrm{I}P}$ 与 $K_{\mathrm{I}F}$ 分别表示外力 P 及虚张力 F 所产生的裂纹尖端处的 K 因子。

将式(7-31)代入式(7-30)，再代入式(7-29)有

$$\begin{aligned}\delta&=\lim_{F\to 0}\left(\frac{\partial U}{\partial F}\right)=\lim_{F\to 0}\left[\frac{\partial U_0}{\partial F}+\frac{\partial}{\partial F}\int_0^{\xi}\frac{1}{E'}(K_{\mathrm{I}P}+K_{\mathrm{I}F})^2\mathrm{d}a\right]\\&=\lim_{F\to 0}\left(\frac{\partial U_0}{\partial F}\right)+\lim_{F\to 0}\left[\frac{2}{E'}\int_0^{\xi}(K_{\mathrm{I}P}+K_{\mathrm{I}F})\frac{\partial K_{\mathrm{I}F}}{\partial F}\mathrm{d}a\right]\end{aligned} \tag{7-32}$$

式中，第一项 $\lim\limits_{F\to 0}\left(\frac{\partial U_0}{\partial F}\right)=0$，因为无裂纹时 D_1、D_2 点重合而没有相对位移；第二项中 $K_{\mathrm{I}F}\propto F$。当 $F\to 0$时，$K_{\mathrm{I}F}\to 0$，从而式(7-32)可以简化为

$$\delta=\frac{2}{E'}\int_0^{\xi}K_{\mathrm{I}P}\left(\frac{\partial K_{\mathrm{I}F}}{\partial F}\right)_{F\to 0}\mathrm{d}a \tag{7-33}$$

式(7-33)即为 Paris 位移公式。

下面应用式(7-33)所示的位移公式来讨论 D-B 模型的 COD。

D-B 模型所受外力如图 7-8(a)所示。裂纹尖端的 K 因子记为 $K_{\mathrm{I}P}$，包括 $K_{\mathrm{I}\sigma}$ 和 $K_{\mathrm{I}\sigma_{\mathrm{s}}}$ 两项，即

$$K_{\mathrm{I}P}=K_{\mathrm{I}\sigma}+K_{\mathrm{I}\sigma_{\mathrm{s}}} \tag{7-34}$$

其中

$$K_{\mathrm{I}\sigma}=\sigma\sqrt{\pi c} \tag{7-35}$$

$$K_{\mathrm{I}\sigma_{\mathrm{s}}}=\int_a^c\mathrm{d}K_{\mathrm{I}\sigma_{\mathrm{s}}}=\int_a^c-\frac{2c\sigma_{\mathrm{s}}}{\pi c\left(c^2-x^2\right)}\mathrm{d}x=-\sigma_{\mathrm{s}}\sqrt{\pi c}\frac{2}{\pi}\arccos\frac{a}{c} \tag{7-36}$$

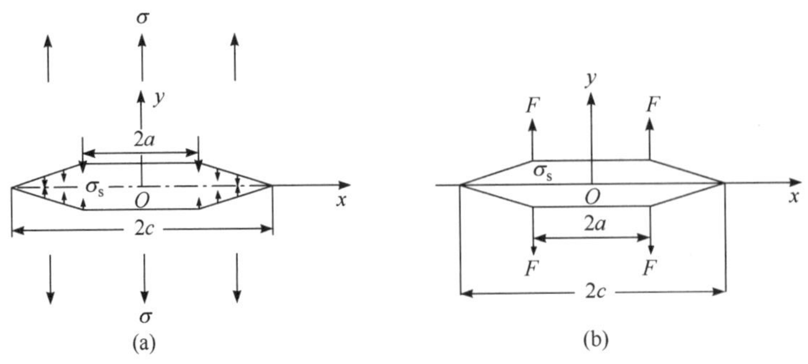

图 7-8　裂纹尖端张开位移示意图

初始裂纹 (2a) 端点处作用一对虚力，如图 7-8(b)所示，F 两对张开力所产生的 K_{I} 为

$$K_{\mathrm{I}\,F}=\frac{2Fc}{\sqrt{\pi c\left(c^2+a^2\right)}} \tag{7-37}$$

将(7-35)、(7-36)两式代入式(7-34)，连同式(7-37)代入式(7-33)，并注意到积分表示裂纹从原点扩展到某裂纹长度的过程，故用变量 2ξ 代替 2c，以表示裂纹在增长过程中的瞬时长度。于是有

$$\delta=\frac{2}{E'}\int_0^c\left[\sigma\sqrt{\pi\xi}-\frac{2\sigma_{\mathrm{s}}}{\pi}\sqrt{\pi\xi}\arccos\frac{a}{\xi}\right]\frac{\partial}{\partial F}\left[\frac{2F\xi}{\sqrt{\pi\xi\left(\xi^2-a^2\right)}}\right]_{F\to 0}\mathrm{d}\xi$$

对于所研究的平面应力状态，并注意到积分区间 $\int_0^c=\int_0^a+\int_a^c$ ，但当 $\xi<a$ 时，对力 F 作用于韧带上的同一点而相互抵消，使 $K_{\mathrm{I}\,F}=0$，故只需从 $a\to c$ 进行积分。对上式作积分运算后得

$$\delta=\frac{8\sigma_{\mathrm{s}}a}{E\pi}\ln\sec\left(\frac{\pi\sigma}{2\sigma_{\mathrm{s}}}\right) \tag{7-38}$$

由 D-B 模型裂纹尖端张开位移 δ 的表达式(7-38)可见，该模型不适用于全面屈服 ($\sigma=\sigma_{\mathrm{s}}$) 的情况。有限元法的计算结果表明，对于小范围或大范围屈服，当 $\sigma/\sigma_{\mathrm{s}}\leqslant 0.6$ 时，按式 (7-38)所作的预测是令人满意的。

从 D-B 模型计算 δ 的推导过程看，该模型是一个无限大板含中心贯穿裂纹的平面应力模型，并且实质上是一个线弹性化的模型(只是消除了裂纹尖端点的奇异性)。因此，当塑性区较小时，COD 参量与线弹性 K 参量之间应存在着一致性。由式(7-38)，将函数 $\ln\sec\left(\frac{\pi\sigma}{2\sigma_{\mathrm{s}}}\right)$ 展开为幂级数得

$$\delta=\frac{8\sigma_s a}{E\pi}\left[\frac{1}{2}\left(\frac{\pi a}{2\sigma_s}\right)^2+\frac{1}{12}\left(\frac{\pi a}{2\sigma_s}\right)^4+\cdots\right]$$

当$\sigma \ll \sigma_s$，即塑性区被广大弹性区包围而发生小范围屈服时，可只取首项，故有

$$\delta=\frac{8\sigma_s a}{E\pi}\left[\frac{1}{2}\left(\frac{\pi a}{2\sigma_s}\right)^2\right]=\frac{\sigma^2\pi a}{E\sigma_s} \tag{7-39}$$

因为

$$K_{\mathrm{I}}=\sigma\sqrt{\pi a},\quad G_{\mathrm{I}}=\frac{K_{\mathrm{I}}^2}{E}$$

所以

$$\delta=\frac{\sigma^2\pi a}{E\sigma_s}=\frac{K_{\mathrm{I}}^2}{E\sigma_s}=\frac{G_{\mathrm{I}}}{\sigma_s} \tag{7-40}$$

式(7-40)即表示在小范围屈服条件下裂纹尖端张开位移δ与K_{I}、G_{I}之间的关系。该结果与 Irwin 有效裂纹模型所得结果式(7-24)比较可见，它们具有相同的形式，只是系数稍有不同。

必须注意基于 D-B 模型的非线性断裂分析的适用条件：①它是针对平面应力状态下的无限大平板含中心贯穿裂纹进行讨论的，在应用于非板状物体的断裂分析时需经过适当的修正；②模型一般适用于$\sigma/\sigma_s \leqslant 0.6$的情况；③在塑性区内假设材料为理想塑性，实际上一般材料存在加工硬化，硬化材料的塑性区形状可能不是完全窄条形的。

7.2.3　基于裂纹尖端张开位移的断裂判据

可以认为，当裂纹尖端的张开位移(COD，又常简写为δ)达到材料的某一个临界值δ_c时，裂纹即发生失稳扩展。这就是弹塑性断裂的 COD 判据，表示为

$$\delta \leqslant \delta_c \tag{7-41}$$

对于 COD 判据，需要着重研究以下三个问题：①δ的表达式，即裂纹尖端张开位移与裂纹几何及外加载荷之间的关系式；②材料的裂纹尖端张开位移临界值δ_c的实验测定；③COD 判据的工程应用。

COD 判据主要用于塑性较好而用量很大的中、低强度钢，特别是针对压力容器和管道等工程构件。考虑到曲面压力容器壁中的鼓胀效应以及容器多为表面裂纹或深埋裂纹，故将平板贯穿裂纹的断裂力学公式用于压力容器和管道时还需要进行一些修正。

对于圆筒容器曲面上的贯穿裂纹，由于器壁受内压力，将使裂纹向外鼓胀，而在裂纹根部产生附加弯矩。附加弯矩产生的附加应力与原工作应力叠加，使有效作用应力增大，故按平板公式进行δ的计算时，应在工作应力中引入扩大系数 M。系数 M 与裂纹长度$2a$、容器半径 R 和壁厚 t 有关，其关系式为

$$M=\left(1+\alpha\frac{a^2}{Rt}\right)^{\frac{1}{2}} \tag{7-42}$$

其中，α 为形状参数，对于圆筒轴向裂纹，$\alpha=1.61$；对于圆筒环向裂纹，$\alpha=0.32$；对于球形容器裂纹，$\alpha=1.93$。

另外，讨论如何把压力容器上的表面或深埋裂纹换算成为等效贯穿裂纹。这里按应力强度因子 K 等效进行换算。

非贯穿裂纹可以统一写成

$$K_{\mathrm{I}}=f\sigma\sqrt{\pi a}=\sigma\sqrt{\pi\left(f^2a\right)}$$

无限大板中心贯穿裂纹为

$$K_{\mathrm{I}}=\sigma\sqrt{\pi a}$$

按 K_{I} 等效原则，令非贯穿裂纹的 K_{I} 等于无限大板中心贯穿裂纹的 K_{I}，则等效贯穿裂纹长度 $\bar{a}$ 为

$$\bar{a}=f^2a \tag{7-43}$$

如果还考虑材料的加工硬化，可用流变应力 σ_{f} 代替屈服强度 σ_{s}。对于 $\sigma_{\mathrm{s}}=200$～400MPa 的低强钢，一般取

$$\sigma_{\mathrm{f}}=\frac{1}{2}(\sigma_{\mathrm{s}}+\sigma_{\mathrm{b}}) \tag{7-44}$$

式中，σ_{b} 为材料的强度极限。

综合上述修正，D-B 模型的 δ 计算公式可以表示为

$$\delta=\frac{8\sigma_{\mathrm{f}}a}{E\pi}\ln\left\{\sec\left[\frac{\pi(M\sigma)}{2\sigma_{\mathrm{f}}}\right]\right\} \tag{7-45}$$

7.3　*J* 积分理论

J 积分是 Rice 提出的(Rice, 1968)。该方法巧妙地通过线积分，利用远处的应力场和位移场来描述裂纹尖端的力学特性；*J* 积分理论上严格、定义明确，是一个能够很好地表征裂纹尖端应力-应变场强度的物理参量。

7.3.1　*J* 积分的定义及守恒性

对于二维问题，Rice 提出的 *J* 积分是一个如下定义的回路线积分(图 7-9)：

$$J=\int_{\varGamma}\left(W\mathrm{d}x_2-T_i\frac{\partial u_i}{\partial x_1}\mathrm{d}s\right)\quad(i=1,2) \tag{7-46}$$

式中，$\varGamma$ 是围绕裂纹尖端的一条任意反时针回路，起端始于裂纹下表面，末端止于裂纹

的上表面；W 是回路 Γ 上任一点 (x,y) 处的应变能密度，$W=\int\sigma_{ij}\mathrm{d}\varepsilon_{ij}$；$T_i$ 是回路 Γ 上任一点 (x,y) 处的张力分量；u_i 是回路 Γ 上任一点 (x,y) 处的位移分量；$\mathrm{d}s$ 是回路 Γ 上的弧元。

如果 J 积分的数值是一个与积分回路无关的常数，即具有守恒性，则 J 积分值就像线弹性问题中的应力强度因子 K 一样，反映了裂纹尖端的某种力学特性或应力、应变场强度；同时，在分析中有可能避开裂纹尖端这个难以直接严密分析的区域。下面我们来证明 J 积分确实具有这种守恒性。

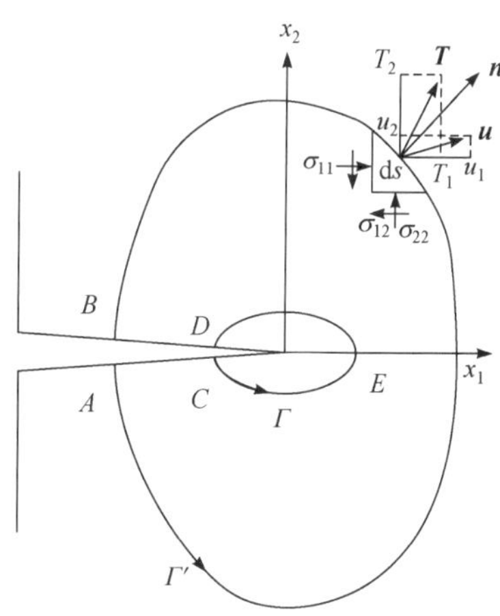

图 7-9　裂纹尖端计算 J 的回路

设分别有两个积分回路 Γ 和 Γ' (图 7-9)，J 积分的守恒性意味着应该有下列恒等关系：

$$\oint_{\Gamma}\left(W\mathrm{d}x_2-T_i\frac{\partial u_i}{\partial x_1}\mathrm{d}s\right)=\int_{\Gamma'}\left(W\mathrm{d}x_2-T_i\frac{\partial u_i}{\partial x_1}\mathrm{d}s\right) \tag{7-47}$$

如果取任意一个闭合回路 C，它由 Γ 、Γ' 及裂纹自由表面组成(即图 7-9 中的回路 $ABDECA$)，同时注意到，在裂纹面 BD 和 AC 上，$T_1=0$ 和 $\mathrm{d}x_2=0$，DEC 与 Γ' 的方向相反，因此，恒等式(7-47)可改写为

$$\oint_{C}\left(W\mathrm{d}x_2-T_i\frac{\partial u_i}{\partial x_1}\mathrm{d}s\right)=\int_{\Gamma}\left(W\mathrm{d}x_2-T_i\frac{\partial u_i}{\partial x_1}\mathrm{d}s\right)-\int_{\Gamma'}\left(W\mathrm{d}x_2-T_i\frac{\partial u_i}{\partial x_1}\mathrm{d}s\right)\equiv 0 \tag{7-48}$$

下面根据弹塑性体微元的平衡微分方程、小应变条件下的几何方程以及格林积分变换式来证明式(7-51)成立。

由图 7-9 可知，Γ 上微弧元 $\mathrm{d}s$ 处的小三角形处满足平衡条件，则有

$$T_1=\sigma_{11}n_1+\sigma_{12}n_2,\quad T_2=\sigma_{21}n_1+\sigma_{22}n_2 \tag{7-49}$$

注意到

$$n_2\mathrm{d}s=-\mathrm{d}x_1,\quad n_1\mathrm{d}s=\mathrm{d}x_2 \tag{7-50}$$

于是式(7-48)左端的第二项积分可写为

$$\begin{aligned}\oint_C T_i\frac{\partial u_i}{\partial x_i}\mathrm{d}s&=\oint_C\left(T_1\frac{\partial u_1}{\partial x_1}\mathrm{d}s+T_2\frac{\partial u_2}{\partial x_2}\mathrm{d}s\right)\\&=\oint_C(\sigma_{11}n_1+\sigma_{12}n_2)\frac{\partial u_1}{\partial x}\mathrm{d}s+(\sigma_{21}n_1+\sigma_{22}n_2)\frac{\partial u_1}{\partial x}\mathrm{d}s\\&=\oint_C\left(\sigma_{11}\frac{\partial u_1}{\partial x_1}+\sigma_{21}\frac{\partial u_2}{\partial x_1}\right)\mathrm{d}x_2-\left(\sigma_{21}\frac{\partial u_1}{\partial x_1}+\sigma_{22}\frac{\partial u_2}{\partial x_1}\right)\mathrm{d}x_1\end{aligned} \tag{7-51}$$

利用格林公式

$$\oint(P\mathrm{d}x_1+Q\mathrm{d}x_2)=\iint_A\left(\frac{\partial Q}{\partial x_1}-\frac{\partial P}{\partial x_2}\right)\mathrm{d}x_1\mathrm{d}x_2$$

将线积分式(7-51)化为面积分，经过整理后可得

$$\oint_C T_i \frac{\partial u_i}{\partial x_i}\,\mathrm{d}s = \iint_A \left[\left(\frac{\partial \sigma_{11}}{\partial x_1} + \frac{\partial \sigma_{12}}{\partial x_2} \right) \frac{\partial u_1}{\partial x_1} + \left(\frac{\partial \sigma_{21}}{\partial x_1} + \frac{\partial \sigma_{22}}{\partial x_2} \right) \frac{\partial u_2}{\partial x_1} \right. \\ \left. + \left(\sigma_{11} \frac{\partial^2 u_1}{\partial x_1^2} + \sigma_{12} \frac{\partial^2 u_1}{\partial x_1 \partial x_2} + \sigma_{21} \frac{\partial^2 u_2}{\partial x_1^2} + \sigma_{22} \frac{\partial^2 u_2}{\partial x_1 \partial x_2} \right) \right] \mathrm{d}x_1 \mathrm{d}x_2 \tag{7-52}$$

对于平面问题，不计体力时有平衡微分方程

$$\begin{cases} \dfrac{\partial \sigma_{11}}{\partial x_1} + \dfrac{\partial \sigma_{12}}{\partial x_2} = 0 \\ \dfrac{\partial \sigma_{21}}{\partial x_1} + \dfrac{\partial \sigma_{22}}{\partial x_2} = 0 \end{cases} \tag{7-53}$$

又因为

$$\sigma_{12} = \sigma_{21}$$

将式(7-53)代入式(7-52)，则其右端积分号内的前两项为零，于是

$$\begin{aligned} \oint_C T_i \frac{\partial u_i}{\partial x_1}\mathrm{d}s &= \iint_A \left(\sigma_{11} \frac{\partial^2 u_1}{\partial x_1^2} + \sigma_{21} \frac{\partial^2 u_2}{\partial x_1^2} + \sigma_{12} \frac{\partial^2 u_1}{\partial x_1 \partial x_2} + \sigma_{22} \frac{\partial^2 u_2}{\partial x_1 \partial x_2} \right) \mathrm{d}x_1 \mathrm{d}x_2 \\ &= \iint_A \left\{ \sigma_{11} \frac{\partial}{\partial x_1} \left[\frac{1}{2} \left(\frac{\partial u_1}{\partial x_1} + \frac{\partial u_1}{\partial x_1} \right) \right] + \sigma_{21} \frac{\partial}{\partial x_1} \left[\frac{1}{2} \left(\frac{\partial u_2}{\partial x_1} + \frac{\partial u_1}{\partial x_2} \right) \right] \right\} \\ &\quad + \left\{ \iint_A \sigma_{12} \frac{\partial}{\partial x_1} \left[\frac{1}{2} \left(\frac{\partial u_1}{\partial x_2} + \frac{\partial u_2}{\partial x_1} \right) \right] + \sigma_{22} \frac{\partial}{\partial x_1} \left[\frac{1}{2} \left(\frac{\partial u_2}{\partial x_2} + \frac{\partial u_2}{\partial x_2} \right) \right] \right\} \mathrm{d}x_1 \mathrm{d}x_2 \\ &= \iint_A \sigma_{ij} \frac{\partial}{\partial x_1} \left[\frac{1}{2} \left(\frac{\partial u_i}{\partial x_j} + \frac{\partial u_j}{\partial x_i} \right) \right] \mathrm{d}x_1 \mathrm{d}x_2 \end{aligned} \tag{7-54}$$

又因为小变形条件下的几何关系为

$$\varepsilon_{ij} = \frac{1}{2} \left(\frac{\partial u_i}{\partial x_j} + \frac{\partial u_j}{\partial x_i} \right) \tag{7-55}$$

代入方程(7-54)可得

$$\oint_C T_i \frac{\partial u_i}{\partial x_1}\mathrm{d}s = \iint_A \sigma_{ij} \frac{\partial \varepsilon_{ij}}{\partial x_1} \mathrm{d}x_1 \mathrm{d}x_2 \tag{7-56}$$

此即为式(7-48)左端第二项积分的简化式。

式(7-48)左端的第一项积分式由格林公式变换得

$$\oint_C W \mathrm{d}x_2 = \iint_A \frac{\partial W}{\partial x_1} \mathrm{d}x_1 \mathrm{d}x_2 = \iint_A \frac{\partial W}{\partial \varepsilon_{ij}} \frac{\partial \varepsilon_{ij}}{\partial x_1} \mathrm{d}x_1 \mathrm{d}x_2 \tag{7-57}$$

式中，应变能密度$W = \int \sigma_{ij} \mathrm{d}\varepsilon_{ij}$。根据单调加载下的全量理论，有

$$\frac{\partial W}{\partial \varepsilon_{ij}} = \sigma_{ij} \tag{7-58}$$

于是式(7-57)变为

$$\oint_C W \mathrm{d}x_2 = \iint_A \sigma_{ij} \frac{\partial \varepsilon_{ij}}{\partial x} \ \mathrm{d}x_1 \mathrm{d}x_2 \tag{7-59}$$

式(7-56)与式(7-59)相等，即证明了恒等式(7-48)成立。

推导过程表明，在满足不计体力(式(7-53))、小应变(式(7-55))及单调加载(式(7-58))条件下，J 积分的路径无关性能够得到严格的证明。

7.3.2　HHR 应力、应变场及基于 *J* 积分的断裂判据

要使 J 积分成为弹塑性断裂准则的有效参量，裂纹尖端区域应力-应变场的强度必须由 J 积分值唯一确定，或者说 J 积分是描述裂纹尖端区域应力-应变场强度的单一参量。只有这样，当裂纹尖端应力-应变场达到使裂纹开始扩展的临界强度时，J 积分也达到其相应的临界值 J_{Ic}。

在线弹性情况下，裂纹尖端区域的应力、应变渐近表达式分别为

$$\begin{cases} \sigma_{ij}(r,\theta) = \dfrac{K_{\mathrm{I}}}{\sqrt{2\pi r}} \tilde{\sigma}_{ij}(\theta) \\ \varepsilon_{ij}(r,\theta) = \dfrac{K_{\mathrm{I}}}{\sqrt{2\pi r}} \tilde{\varepsilon}_{ij}(\theta) \end{cases} \tag{7-60}$$

式中，$\tilde{\sigma}_{ij}(\theta)$ 与 $\tilde{\varepsilon}_{ij}(\theta)$ 分别为应力分量与应变分量的角因子，其具体表达式已在第 6 章中给出。可见，裂纹尖端区域的应力、应变场由 K_{I} 唯一确定；并且，在裂纹尖端处的应力-应变场都具有 $\dfrac{1}{\sqrt{r}}$ 的奇异性，K_{I} 正是这种奇异性强弱的反映。

在弹塑性情况下，Rice 和 Rosengreen(1968)及 Hutchinson(1968)对幂硬化材料在全量理论描述下，证明了 J 积分同样唯一决定了裂纹尖端弹塑性应力-应变场的强度，也具有奇异性。此时，应力-应变场的渐近表达式为

$$\begin{cases} \sigma_{ij}(r,\theta) = A\left(\dfrac{J}{AI_n}\right)^{\frac{N}{N+1}} r^{-\frac{N}{N+1}} \tilde{\sigma}_{ij}(\theta,N) \\ \varepsilon_{ij}(r,\theta) = \left(\dfrac{J}{AI_n}\right)^{\frac{N}{N+1}} r^{-\frac{N}{N+1}} \tilde{\varepsilon}_{ij}(\theta,N) \end{cases} \tag{7-61}$$

式中，A 为与材料有关的常数；N 是材料的幂硬指数；I_n 是 N 的函数；$\tilde{\sigma}_{ij}(\theta,N)$ 与 $\tilde{\varepsilon}_{ij}(\theta,N)$ 为角因子，是 θ 和 N 的无量纲函数。可以看到，式(7-61)和式(7-60)在形式上十分相近，其中 J 与 K_{I} 相当。这表明在弹塑性状态下，可以用 J 作为参量来建立断裂判据，并且这个判据为

$$J \leqslant J_{\mathrm{Ic}} \tag{7-62}$$

其中，J_{Ic}是平面应变条件下J积分的临界值。由于J积分的守恒性只在简单加载条件下才能成立，不允许有卸载，从而也不允许裂纹发生亚临界扩展，因此，式(7-62)只是裂纹启裂的断裂判据。

式(7-61)所反映的应力和应变奇异性，简称 HRR 奇异性，可以说明如下：

取圆心位于裂纹尖端而半径为r的圆周作为积分回路$\varGamma$，则$\mathrm{d}s = r\mathrm{d}\theta$，$x_2 = r\sin\theta$，代入式(7-62)可得

$$J = \int_{-\pi}^{\pi}\left(Wr\cos\mathrm{d}\theta - T_i\frac{\partial u_i}{\partial x_1}r\mathrm{d}\theta\right)$$

或

$$\frac{J}{r} = \int_{-\pi}^{\pi}\left(W\cos\theta - T_i\frac{\partial u_i}{\partial x_1}\right)\mathrm{d}\theta \tag{7-63}$$

由于J积分具有守恒性(J=常量)，故$r\to 0$时，等式(7-66)两边均应该具有$\frac{1}{r}$的奇异性。因为等式右端积分项的各被积项均为$\sigma_{ij}\varepsilon_{kl}$的齐次型，因此，当$r\to 0$时，

$$\sigma_{ij}\varepsilon_{kl} \propto r^{-1} \tag{7-64}$$

如果设

$$\sigma_{ij} \propto r^{-p}, \quad \varepsilon_{kl} \propto r^{-q} \tag{7-65}$$

则代入式(7-64)，比较r的幂次后应该有

$$p + q = 1 \tag{7-66}$$

对于幂硬化材料，有下述应力-应变关系：

$$\sigma_{\mathrm{e}} = A\left(\varepsilon_{\mathrm{e}}^{\mathrm{p}}\right)^N \tag{7-67}$$

式中，σ_{e}为等效应力；$\varepsilon_{\mathrm{e}}^{\mathrm{p}}$为等效塑性应变；$A$为材料常数；$N$为硬化指数。将式(7-65)代入式(7-67)，并比较r的幂次，应该有

$$p = Nq \tag{7-68}$$

联立求解(7-66)与(7-68)两式可得

$$p = \frac{N}{N+1}, \quad q = \frac{1}{N+1}$$

即表明，应力具有$r^{-\frac{N}{N+1}}$，应变具有$r^{-\frac{1}{N+1}}$的奇异性。

当材料服从可以用下式表示的纯幂乘应力-应变关系时

$$\frac{\varepsilon}{\varepsilon_0} = \alpha\left(\frac{\sigma}{\sigma_0}\right)^n \tag{7-69}$$

则表示裂纹尖端区域应力-应变场的式(7-61)可以更一般地写成

$$\begin{cases}\sigma_{ij}=\sigma_0\left(\dfrac{EJ}{\alpha\sigma_0^2 I_n r}\right)^{\frac{1}{n+1}}\tilde{\varepsilon}_{ij}(\theta,n)\\ \varepsilon_{ij}=\alpha\varepsilon_0\left(\dfrac{EJ}{\alpha\sigma_0^2 I_n r}\right)^{\frac{1}{n+1}}\tilde{\varepsilon}_{ij}(\theta,n)\\ u_i=\dfrac{\alpha\sigma_0}{E}\left(\dfrac{EJ}{\alpha\sigma_0^2 I_n r}\right)^{\frac{1}{n+1}}r^{\frac{1}{n+1}}\tilde{u}_i(\theta,n)\end{cases} \tag{7-70}$$

式中，ε_0 和 σ_0 分别表示材料的屈服应变与屈服应力，n 为材料的幂律硬化指数 $\left(n=\dfrac{1}{N}\right)$，$\alpha$ 为材料的幂律硬化系数。

7.3.3　*J* 积分与其他参数的关系

对于线弹性体，J 积分守恒成立的几个前提条件(不计体力、小应变和单调加载)都是自然具备的；关于用 J 描述的应力、应变 HRR 奇异性，当 $n=1$ (即线弹性体)时也均反映为 $\dfrac{1}{\sqrt{r}}$。因此，J 积分理论也可用来分析线弹性平面裂纹问题。

由 J 积分的回路积分定义式(7-46)可得线弹性平面应变状态下的应变能密度为

$$W=\frac{1}{2}\sigma_{ij}\varepsilon_{ij}=\frac{1+\nu}{2E}\left[(1-\nu)(\sigma_{11}^2+\sigma_{22}^2)-2\nu\sigma_{11}\sigma_{22}+2\sigma_{12}^2\right]$$

将 I 型裂纹尖端区域的应力分量表达式(7-2)代入，经简化可得

$$W=\frac{K_{\mathrm{I}}^2}{2\pi r}\frac{1+\nu}{E}\left[\cos^2\frac{\theta}{2}(1-2\nu)+\sin^2\frac{\theta}{2}\right] \tag{7-71}$$

取积分回路是一个以裂纹尖端为中心，半径为 r 的圆周(参看图 7-9)，并考虑式(7-71)，则可求出 J 积分的回路积分定义式的第一项积分为

$$\int_C W\mathrm{d}x_2=\int_{-\pi}^{\pi}Wr\cos\mathrm{d}\theta=\frac{K_{\mathrm{I}}^2(1+\nu)(1-2\nu)}{4E} \tag{7-72}$$

其次，由式(7-49)可得

$$T_1=\sigma_{11}\cos\theta+\sigma_{12}\sin\theta=\frac{K_{\mathrm{I}}}{\sqrt{2\pi r}}\cos\frac{\theta}{2}\left(\frac{3}{2}\cos\theta-\frac{1}{2}\right)$$

$$T_2=\sigma_{21}\cos\theta+\sigma_{22}\sin\theta=\frac{K_{\mathrm{I}}}{\sqrt{2\pi r}}\cos\frac{\theta}{2}\left(\frac{3}{2}\sin\theta\right)$$

及式(7-22)(将 $\kappa=3-4\nu$ 代入)

$$u_1=\frac{K_{\mathrm{I}}}{\mu}\sqrt{\frac{r}{2\pi}}\cos\frac{\theta}{2}\left(1-2\nu+\sin^2\frac{\theta}{2}\right)$$

$$u_2 = \frac{K_{\mathrm{I}}}{\mu}\sqrt{\frac{r}{2\pi}}\sin\frac{\theta}{2}\left(2-2v+\cos^2\frac{\theta}{2}\right)$$

代入式(7-46)的第二项积分中，并应用坐标变化的微分关系

$$\frac{\partial}{\partial x_1} = \cos\theta\frac{\partial}{\partial_r} - \frac{\sin\theta}{r}\frac{\partial}{\partial_\theta}$$

经化简计算可得

$$\int_v T_i \frac{\partial u_i}{\partial x_1}\mathrm{d}s = \int_{-\pi}^{\pi}\left(T_1\frac{\partial u_i}{\partial x_1} + T_2\frac{\partial u_i}{\partial x_1}\right)r\mathrm{d}\theta = -\frac{K_{\mathrm{I}}^2(1+v)(3-2v)}{4E} \tag{7-73}$$

将式 $\int_C W\mathrm{d}x_2 = \int_{-\pi}^{\pi} Wr\cos\mathrm{d}\theta = \frac{K_{\mathrm{I}}^2(1+v)(1-2v)}{4E}$ 及式(7-69)代入式(7-46)即可得

$$J = \frac{1-v^2}{E}K_{\mathrm{I}}^2 = \frac{K_{\mathrm{I}}^2}{E'} = G_{\mathrm{I}} \tag{7-74}$$

在平面应力状态下，有 $E' = E$ 。

式(7-74)即表示，在线弹性状态下，J 积分与应力强度因子 K_{I} 及裂纹扩展能量释放率 G_{I} 之间的关系。可见：对断裂力学来说，J 是一个普遍适用的参量；在线弹性状态下，J 判据 $J = J_{\mathrm{Ic}}$ 仍然适用，而且与 K 判据和 G 判据完全等效。

对于弹塑性断裂问题，J 积分与 COD 都是可用的参量，它们之间有何种联系呢？下面分两种情况来讨论。

(1) 小范围屈服。以平面应力为例，在小范围屈服条件下，有

$$J = G_{\mathrm{I}} = \frac{K_{\mathrm{I}}^2}{E}$$

若利用 Irwin 裂纹尖端塑性区修正所得的 $\delta \sim K_{\mathrm{I}}$ 关系，即式(7-25)，则有

$$\delta = \frac{4}{\pi}\frac{G_{\mathrm{I}}}{\sigma_{\mathrm{s}}} = \frac{4}{\pi}\frac{J}{\sigma_{\mathrm{s}}}$$

或

$$J = \frac{\pi}{4}\sigma_{\mathrm{s}}\delta \tag{7-75}$$

(2) D-B 模型。D-B 模型是一个弹性化的模型。带状屈服区为广大弹性区所包围，满足 J 积分守恒的各个条件。当选带状屈服区边界 ABD 作为积分回路 $\varGamma$ (图 7-10)时，由于路径 AB 和 BD 均平行于 x_1 轴，所以 $\mathrm{d}x_2 = 0$ 而 $\mathrm{d}s = \mathrm{d}x_1$；作用于路径上的 T_i 在 AD 段上为 $T_2 = \sigma_{\mathrm{s}}$ ，在 BD 段上为 $T_2 = -\sigma_{\mathrm{s}}$ ；路径上的位移分量 u_i 就是与 T_2 方向一致的沿 x_2 方向的 v 。将这些条件均代入式(7-46)可得

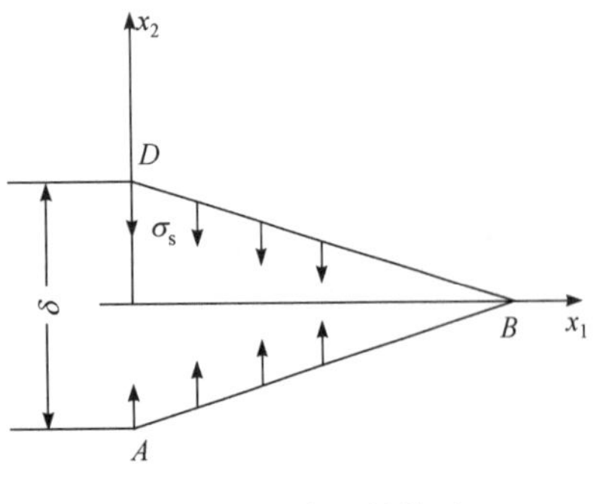

图 7-10 J 与 δ 的关系

$$
\begin{aligned}
J &= \int_{\Gamma} W \mathrm{d}x_2 - T_i \frac{\partial u_i}{\partial x_1}\mathrm{d}s = -\int_{AB} T_2 \frac{\partial v}{\partial x_1}\mathrm{d}x_1 - \int_{CD} T_2 \frac{\partial v}{\partial x_1}\mathrm{d}x_1 \\
&= -\sigma_s v\Big|_A^B + \sigma_s v\Big|_B^D = \sigma_s(v_A - v_B + v_D - v_B) = \sigma_s(v_A + v_D) = \sigma_s \cdot \delta
\end{aligned} \tag{7-76}
$$

如果考虑实际材料塑性区内的加工硬化，其流变应力 $\sigma_f\left(\sigma_f = \dfrac{1}{2}(\sigma_s + \sigma_b)\right)$ 比 σ_s 要高，再考虑裂纹前缘并非处于理想的平面应力状态，一般地应该对式(7-76)加以修正，即

$$
J = k\sigma_s\delta \tag{7-77}
$$

式中，k 称为 COD 减少因子，其值与试样塑性变形的程度及裂纹前缘的应力状态有关，一般取 k=1.1~2.0。

习　题

习题 7-1　Dugdale模型的裂纹尖端塑性区尺寸和Irwin裂纹尖端塑性区尺寸相比是更大还是更小？

习题 7-2　COD 和 J 积分理论各有什么优、缺点？

习题 7-3　某一块大尺寸厚板含有一条贯穿裂纹，受到远场应力 σ 作用，材料的屈服应力为 650MPa，断裂韧度 K_{IC} =60MPa $\sqrt{\text{m}}$，计算：(1)当 $\sigma = 500\text{MPa}$ 时，临界裂纹尺寸 a_c；(2)当 a =5mm 时，板的临界断裂应力。

习题 7-4　某一个圆筒压力容器，圆筒的外径 $\phi = 250$ mm，厚度 t =6mm，并承受内压 p=10MPa 的作用。圆筒的焊缝存在贯穿裂纹，裂纹长度为 10mm。材料屈服强度 $\sigma_s = 500$ MPa，弹性模量 $E = 210$ GPa，临界 COD δ_c =0.06mm。若设安全系数 $n_\xi = 2$，试校核该容器是否安全。

习题 7-5　若习题 7.4 中的贯穿裂纹改为表面半圆裂纹，裂纹长度为 12mm，深度为 6mm，安全系数 $n_\xi = 2.5$，再次试校核该容器是否安全。

习题 7-6　有一个球形压力容器，其平均直径 d=1500mm，壁厚 t =10mm，承受内压 p=3MPa 的作用。材料的屈服应力 σ_s =700MPa，弹性模量 E=210GPa，$\delta_c = 0.06$ mm。在容器焊缝处有一条长为 10mm 的贯穿裂纹，试校核其安全性。

习题 7-7　J 积分的值在理论上与积分路径无关。如果对靠近裂纹尖端但没有包含裂纹尖端的一条闭合曲线进行积分，所得的值是多少？

参 考 文 献

Dugdale D S. 1960. Yielding of steel sheets containing slits. Journal of the Mechanics and Physics of Solids, (8): 100-108.

Hutchinson J W. 1968. Singular behavior at the end of a tensile crack in a hardening material. Journal of the Mechanics and Physics of Solids, (16): 13-31.

Irwin G R. 1957. Analysis of stresses and strains near the end of a crack traversing a plate. Journal of Applied Mechanics, 22: 361-364.

Rice J R. 1968. A path independent integral and approximate analysis of strain concentrations by notches and cracks. Journal of Applied Mechanics, 35(2): 379-386.

Rice J R, Rosengreen G F. 1968. Plane strain deformation near a crack in a hardening material. Journal of the Mechanics and Physics of Solids, (16): 1-12.

第 8 章　材料断裂性能测试试验

8.1　断裂韧性 K_{IC} 试验

在利用断裂判据 $K_I = K_{IC}$ 对含裂纹构件进行断裂力学分析时，需要知道材料的 K_{IC} 值。因此，测定材料的 K_{IC} 值是断裂力学试验的一个重要内容。

K_{IC} 是材料在平面应变状态下抵抗裂纹失稳扩展能力的度量，是材料本身的一种性质。因此，在一定条件下，它与加载方式、试样类型及尺寸无关(但与试验温度和加载速率有关)。从理论上讲，用不同类型的试样测得的 K_{IC} 值应当是一致的。目前，国内外都有 K_{IC} 的试验标准，例如，我国冶金部的 YB947-78、美国材料与试验学会的 ASTM-E399 和英国材料标准学会的 BS5447-1977 等。1984 年，我国又在 YB947-78 标准的基础上制定了测定 K_{IC} 值的国家标准 GB4161-2007。本章主要根据我国的国家标准，介绍测定 K_{IC} 的方法。

8.1.1　试验方法

在国家标准 GB4161-84 中，把三点弯曲试样、紧凑拉伸试样、C 形拉伸试样和圆形紧凑拉伸试样均列为测定金属材料 K_{IC} 的标准试样。这些试样都带有疲劳预制裂纹。试验时，在弯曲或拉伸加载下自动记录载荷 P 及裂纹嘴的张开位移 V；然后，按一定的规则利用 P-V 曲线求出裂纹相对扩展量为 2% 时的载荷，并将此载荷代入相应试样的 K_I 表达式中进行计算；最后再根据有效性条件进行判断，从而得出 K_{IC} 的值。

1. 标准试样的形状及 K_I 表达式

标准试样的宽度 W 与厚度 B 的比值(W/B)名义上等于 2，裂纹长度 a 名义上等于厚度 B，但允许在 $0.45W$ 和 $0.55W$ 之间。

1) 三点弯曲试样

图 8-1 所示的标准三点弯曲试样的代号是 $SE(B)$，它的名义跨距 $S = 4W$，K_I 的表达式为

$$K_I = \frac{PS}{BW^{3/2}} f\left(\frac{a}{W}\right) \tag{8-1}$$

式中

$$f\left(\frac{a}{W}\right) = \frac{3\left(\frac{a}{W}\right)^{1/2}\left[1.99 - \left(\frac{a}{W}\right)\left(1-\frac{a}{W}\right)\left(2.15 - 3.93\frac{a}{W} + 2.7\frac{a^2}{W^2}\right)\right]}{2\left(1+\frac{2a}{W}\right)\left(1-\frac{a}{W}\right)^{3/2}}$$

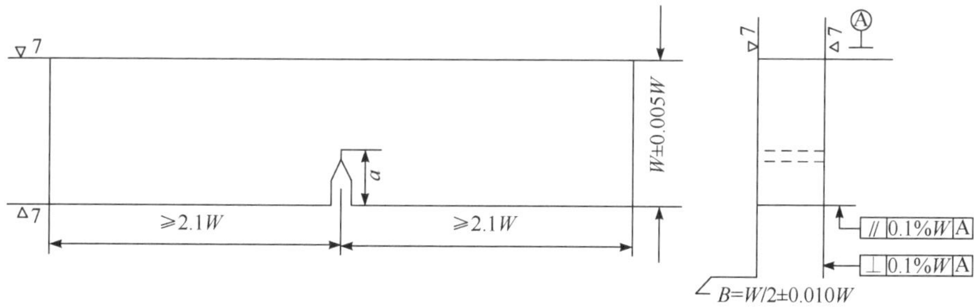

图 8-1　三点弯曲试样

为了便于计算，将 $a/W=0.450\sim0.550$ 所对应的 $f\left(\frac{a}{W}\right)$ 值列入表 8-1 中，供使用时查取。

表 8-1　三点弯曲试样的 $f\left(\frac{a}{W}\right)$ 值

$\frac{a}{W}$	$f\left(\frac{a}{W}\right)$	$\frac{a}{W}$	$f\left(\frac{a}{W}\right)$	$\frac{a}{W}$	$f\left(\frac{a}{W}\right)$
0.450	2.29	0.485	2.54	0.520	2.84
0.455	2.32	0.490	2.58	0.525	2.89
0.460	2.35	0.495	2.62	0.530	2.94
0.465	2.39	0.500	2.66	0.535	2.99
0.470	2.43	0.505	2.70	0.540	3.04
0.475	2.46	0.510	2.75	0.545	3.09
0.480	2.50	0.515	2.79	0.550	3.14

2) 紧凑拉伸试样

图 8-2 所示的标准紧凑拉伸试样的代号是 $C(T)$，其 K_{I} 表达式为

$$K_{\mathrm{I}}=\frac{P}{BW^{1/2}}f\left(\frac{a}{W}\right) \tag{8-2}$$

式中

$$f\left(\frac{a}{W}\right)=\frac{\left(2+\frac{a}{W}\right)\left[0.886+4.64\frac{a}{W}-13.32\left(\frac{a}{W}\right)^2+14.72\left(\frac{a}{W}\right)^3-5.6\left(\frac{a}{W}\right)^4\right]}{\left(1-\frac{a}{W}\right)^{3/2}}$$

为了便于计算，将 $a/W=0.450\sim0.550$ 所对应的 $f\left(\frac{a}{W}\right)$ 值列入表 8-2 中。

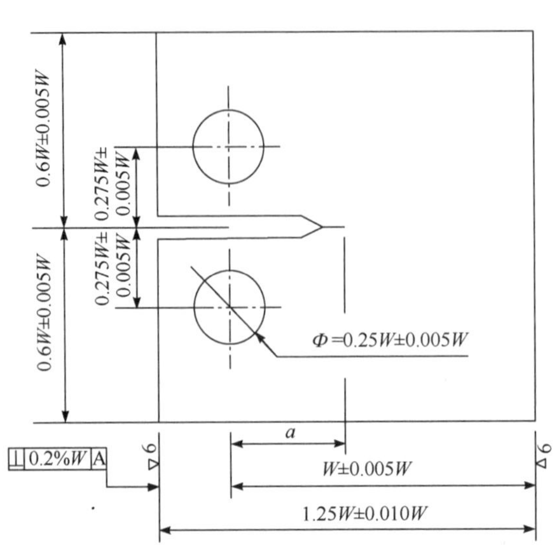

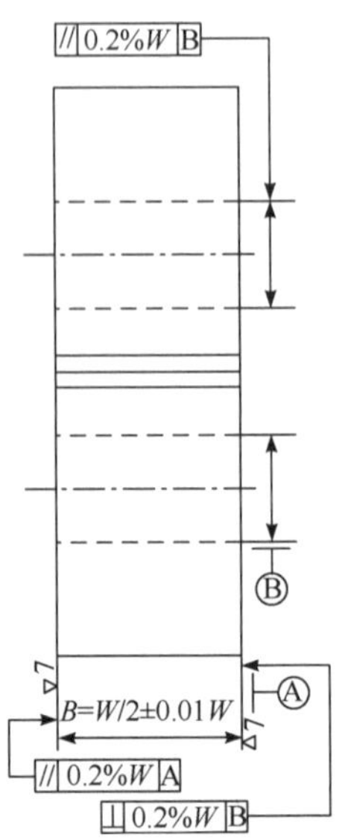

图 8-2　标准紧凑拉伸试样

表 8-2　标准紧凑拉伸试样的 $f\left(\dfrac{a}{W}\right)$ 值

$\dfrac{a}{W}$	$f\left(\dfrac{a}{W}\right)$	$\dfrac{a}{W}$	$f\left(\dfrac{a}{W}\right)$	$\dfrac{a}{W}$	$f\left(\dfrac{a}{W}\right)$
0.450	8.34	0.485	9.23	0.520	10.29
0.455	8.46	0.490	9.37	0.525	10.45
0.460	8.58	0.495	9.51	0.530	10.63
0.465	8.70	0.500	9.66	0.535	10.80
0.470	8.83	0.505	9.81	0.540	10.98
0.475	8.96	0.510	9.96	0.545	11.17
0.480	9.09	0.515	10.12	0.550	11.36

2. 试样尺寸的要求

大量试验结果表明，材料的断裂韧度与测试时采用的试样厚度 B 、裂纹长度 a 和韧带尺寸 $(W-a)$ 均有关。只有当试样尺寸满足平面应变和小范围屈服等力学条件时，才能获得与试样的尺寸无关的稳定的 K_{IC} 值。

1) 平面应变条件对厚度的要求

只有足够厚的试样才能在厚度方向上产生足够大的约束，从而使厚度方向的应变分量等于零，满足平面应变状态的要求。对于标准试样来讲，都属于穿透裂纹试样，因此，两个表面层的裂纹尖端总是处于平面应力状态，只有厚度的中间部分才处于平面应变状态。不过，很多试验已经证明，平面应力层的厚度(及剪切唇的宽度)对同一材料来说基本上是不变的。所以，当试样的厚度足够时，在厚度方向上的平面应力层所占比例很小，裂纹前缘的广大区域处于平面应变状态，这时裂纹的扩展基本是在平面应变状态下进行的，从而能够测得一个稳定的平面应变断裂韧度 K_{IC} 值。

图 8-3 给出了断裂韧度、断口形貌随试样厚度而变化的情况，可见：当试样厚度较小时(Ⅰ区)，测得的断裂韧度较高，其断裂后的断裂面与加力方向成 45° 的斜断口，这是切断的标志，说明此时的裂纹扩展基本上是在平面应力状态下进行的；当试样的厚度增加时(Ⅱ区)，处于平面应变状态的中间层所占的比例增大，断裂韧度随之降低，其断裂后的断裂面表现为中间部分是平断口，表面层是斜断口，即为混合断口；当试样的厚度足够大时(Ⅲ区)，断裂韧度出现稳定的最低值，断裂后呈平断口，这是脆断的标志，说明这时平面应变状态已占了绝对优势，裂纹的扩展基本上是在平面应变状态下进行的。

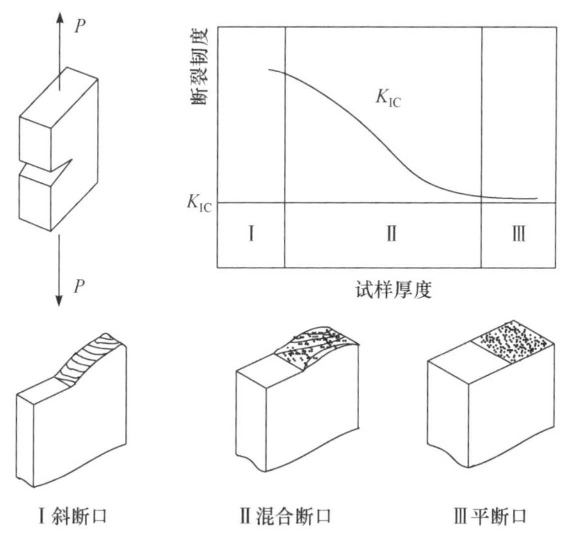

图 8-3　试样厚度不同时的断裂韧度和断口外貌特征

怎样的厚度才能保证试样基本上满足平面应变条件呢？目前还不能从理论上精确地断言，但是，若干试验结果表明，当试样厚度满足：

$$B \geqslant 2.5\left(\frac{K_{\mathrm{IC}}}{\sigma_{\mathrm{s}}}\right)^2 \tag{8-3}$$

就可获得稳定的平面应变断裂韧度 K_{IC} 值。

2) 小范围屈服条件对裂纹长度的要求

我们知道，由应力强度因子 K_{I} 所给出的应力场是裂纹尖端附近区域的应力场的主项。若考察点距裂纹尖端的距离 r 越小，K_{I} 所给出的近似描述就越精确。在裂纹平面上，按 K_{I} 计算的裂纹尖端应力场的近似值和按精确表达式计算的精确值之间的偏差与 r/a 有关。

对于实际的金属材料，在裂纹尖端总存在或大或小的塑性区。在塑性区内以线弹性理论为依据提出的 K_{I} 的概念不能成立，所以 K_{I} 可以近似成立的最小 r 值就是按 Irwin 塑性区修正后的“有效裂纹”的尖端到塑性区与广大的弹性区界面处的距离，即 $r = r_{\mathrm{y}}$。在平面应变状态下，由式(7-19)知

$$r_y = \frac{R}{2} = \frac{1}{4\sqrt{2}\pi}\left(\frac{K_I}{\sigma_s}\right)^2$$

在裂纹失稳扩展的界临界状态，$K_I = K_{IC}$，将其代入上式得

$$r_y = \frac{R}{2} = \frac{1}{4\sqrt{2}\pi}\left(\frac{K_{IC}}{\sigma_s}\right)^2 \tag{8-4}$$

对于标准实验所选用的标准试样，为了使 K_{IC} 近似的偏差 $\leqslant 10\%$，必须要求 $r_y / a \leqslant 0.02$，即

$$a \geqslant 50 r_y \approx 2.5\left(\frac{K_{IC}}{\sigma_s}\right)^2 \tag{8-5}$$

3) 韧带尺寸的要求

韧带尺寸$(W-a)$对应力强度因子 K_I 的数值有很大影响。对韧带尺寸的要求实质上仍然是为了保证 K_I 近似具有足够的准确度。如果韧带过小，韧带对裂纹尖端的塑性变形将失去约束作用，以致在加载过程中整个韧带屈服。因此，试样的韧带尺寸必须足够大，进而保证试样后表面对裂纹顶端的塑性变形有足够的约束作用，以满足“小范围屈服条件”，即

$$(W-a) \geqslant 2.5\left(\frac{K_{IC}}{\sigma_s}\right)^2$$

对于标准试样，宽度 W 和厚度 B 有一定的比例，只要按式(8-5)确定了裂纹长度 a，并把 a 与 W 的比值限制在一定的范围内，就可以保证韧带有足够的宽度。因而，我国标准要求

$$a / W = 0.45 \sim 0.55 \tag{8-6}$$

从上面的讨论可以看出，为了确定试样尺寸，应当预先估计一个材料的 K_{IC} 值。当已知试验材料的 K_{IC} 范围时，建议取偏高的 K_{IC} 值来确定试样尺寸。如果估计不出材料的 K_{IC} 值，可以根据 σ_s / E 值来选择尺寸，见表 8-3。试验测得有效的 K_{IC} 结果后，在保证 a、$B \geqslant 2.5\left(\frac{K_{IC}}{\sigma_s}\right)^2$ 的条件下，可在随后的实验中减小试样尺寸。

表 8-3　试样最小厚度 *B*、裂纹长度 *a* 的推荐值

σ_s/E	试样最小厚度和裂纹长度的推荐值/mm	σ_s/E	试样最小厚度和裂纹长度的推荐值/mm
0.0050～0.0057	75	0.0071～0.0075	32
0.0057～0.0062	63	0.0075～0.0080	25
0.0062～0.0065	50	0.0080～0.0085	20
0.0065～0.0068	44	0.0085～0.0100	12.5
0.0068～0.0071	38	0.0100～更大	6.5

如果坯料的形状、大小不可能提供厚度和裂纹长度都大于 $2.5\left(\dfrac{K_{IC}}{\sigma_s}\right)^2$ 的试样，则不可能用标准方法进行有效的 K_{IC} 测量。

3. 测试方法

进行 K_{IC} 测试时，首先测量预制疲劳裂纹试样的尺寸，并在裂纹嘴两侧用专用胶水贴上刀口，装好夹式引伸计；然后，将试样安装在材料试验机上，经过对中，再将引伸计和载荷传感器的输出端通过前置放大器放大后，依次接到 X-Y 函数记录仪的 X 轴和 Y 轴。为了消除机件之间存在的间隙，正式试验前应在弹性范围内反复加载和卸载，确认试验机和仪器的工作情况正常以后，才开始正式试验。随着载荷 P 及裂纹嘴张开位移 V 的增加，即可自动绘出 P-V 曲线。试验进行到不能承受更大的载荷为止。

8.1.2　试验数据处理

1. 临界载荷的确定

从试样的 K_I 表达式可以看出，当试样的类型和尺寸确定后，只要能找到临界载荷，即裂纹开始失稳扩展的载荷，代入相应的 K_I 表达式就能计算出 K_{IC} 来。因此，如何根据实验得到的 P-V 曲线确定出临界载荷，是测试 K_{IC} 的关键。

如果材料很脆或者试样尺寸很大，则裂纹一旦开始扩展，试样就断裂，即断裂前无明显的亚临界扩展。这时最大断裂载荷 P_{max} 就是裂纹失稳扩展的临界载荷。但是，在一般情况下，试样断裂前裂纹都有不同程度的缓慢扩展，失稳扩展没有明显的标志，最大载荷不再是裂纹开始失稳扩展时的临界载荷。于是，仿照材料在拉伸试验中，当屈服现象不明显时用 $\sigma_{0.2}$ 来代替 σ_s 的办法，在 K_{IC} 测试标准中规定：把裂纹扩展量 Δa (包括裂纹的真实扩展量和等效扩展量)达到了裂纹原始长度 a 的 2% (即 $\Delta a / a = 2\%$)时的载荷作为临界载荷，称为条件临界载荷，用 P_Q 表示。

由于实际测试时绘出的是如图 8-4 所示 P-V 曲线，而不是 P-Δa 曲线，因此，要在 P-V 曲线上找出相应于裂纹相对扩展量 $\Delta a / a = 2\%$ 的点，就必须建立裂纹的张开位移与裂纹扩展量之间的关系。为此，可先用一组只是裂纹长度不同而其他条件都相同的试样进行

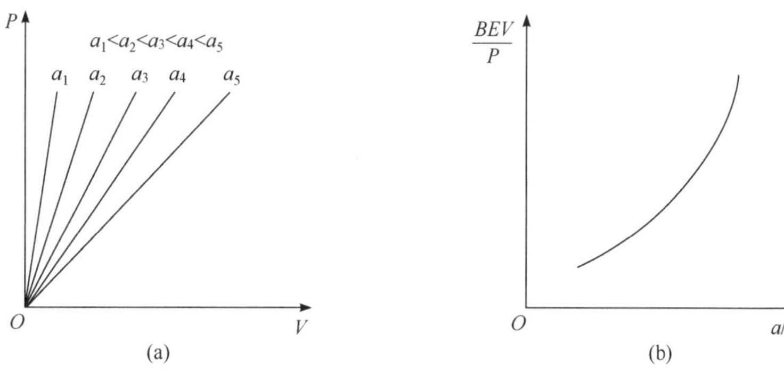

图 8-4　P-V 曲线和 (BEV/P)-(a/W) 标定曲线

实验，绘制出 P-V 曲线(图 8-5(a))，从而便能找出试样的柔度 V/P 与相对裂纹长度 a/W 之间的关系。为了使特定厚度的某种材料试样所得的实验结果适用于不同厚度但具有相似外形的各种材料试样，通常是采用无量纲柔度 BEV/P (即试样的柔度乘以 BE，量纲正好抵消)为纵坐标，a/W 为横坐标来绘制这种关系曲线(图 8-5（b）)。应该指出，在用不同裂纹长度的试样测量 P-V 关系时，要用较低的载荷 P，严格控制试样处于弹性变形状态，才能免除屈服区等效扩展的影响。

对于图 8-5(b)中给出的 (BEV/P)-(a/W) 曲线，可拟合为如下函数关系表达式：

$$\frac{BEV}{P}=F\left(\frac{a}{W}\right) \tag{8-7}$$

利用上式给出的函数关系，可将加载过程中裂纹的相对扩展量 $\mathrm{d}a/a$ 与裂纹张开位移的相对增量 $\mathrm{d}V/V$ 联系起来。为此，把式(8-7)的左、右两端微分并除以原式，得

$$\frac{\mathrm{d}V}{V}=\frac{F'\left(\frac{a}{W}\right)\cdot\mathrm{d}\left(\frac{a}{W}\right)}{F\left(\frac{a}{W}\right)}=\frac{F'\left(\frac{a}{W}\right)}{F\left(\frac{a}{W}\right)}\cdot\frac{a}{W}\cdot\frac{\mathrm{d}a}{a}=H\cdot\frac{\mathrm{d}a}{a} \tag{8-8}$$

式中

$$H=\frac{F'\left(\frac{a}{W}\right)}{F\left(\frac{a}{W}\right)}\cdot\frac{a}{W} \tag{8-9}$$

叫作标定因子。对于一定形状和一定裂纹长度的试样，H 具有一定的数值。例如，在 $a/W=0.5$ 时，标准三点弯曲试样的 $H=2.5$，标准紧凑拉伸试样的 $H=2.1$，其他标准试样的 H 值也略有差异。虽然对于同一类型的试样，对应于不同 a/W 的 H 值不同，但是，因为在试验中严格规定了 a/W 应在 0.45～0.55 范围内，因此，为了简化试验程序，统一用 a/W=0.5 时的 H 值。鉴于各类标准试样在 a/W=0.5 时，H 的值均接近于 2.5，所以通常统一按 H=2.5 计算。

当相对裂纹扩展量 $\mathrm{d}a/a=2\%$ 时，由式(8-8)得

$$\frac{\mathrm{d}V}{V}=H\cdot\frac{\mathrm{d}a}{a}=2.5\times2\%=5\% \tag{8-10}$$

即裂纹相对扩展量 $\mathrm{d}a/a=2\%$ 的点与裂纹张开位移的相对增量 $\mathrm{d}V/V$=5% 的点相对应。于是，只要在 P-V 曲线上找出 $\mathrm{d}V/V$=5% 的点，便可获得条件临界载荷的数值。

如果裂纹没有扩展，P-V 曲线应为直线。假定在某一载荷 P 下，裂纹的张开位移为 V，则 P-V 曲线初始直线段的斜率可表示为 P/V；如果裂纹扩展了，P-V 曲线将偏离初始线性段，则在同一载荷 P 下，裂纹的张开位移必然有一个增量 $\mathrm{d}V$，与此相对应的 P-V 曲线中的割线斜率就应为 $P/(V+\mathrm{d}V)$。当裂纹张开位移的相对增量 $\mathrm{d}V/V$=5% 时，该割线斜率的数值为

$$\frac{P}{V+\mathrm{d}V}=\frac{P}{V(1+\mathrm{d}V/V)}=\frac{P}{V(1+5\%)}=95\%\frac{P}{V} \tag{8-11}$$

上式表明，与裂纹相对扩展量为2%的点(亦即与裂纹张开位移的相对增量为5%的点)对应的 P-V 曲线上的割线斜率比裂纹未扩展时的初始直线段的斜率下降了5%。由此，可以用作图法从 P-V 曲线上确定 P_Q 的数值。

在通常的 K_{IC} 测试中所得到的 P-V 曲线，大致有三种类型，如图 8-5 所示。

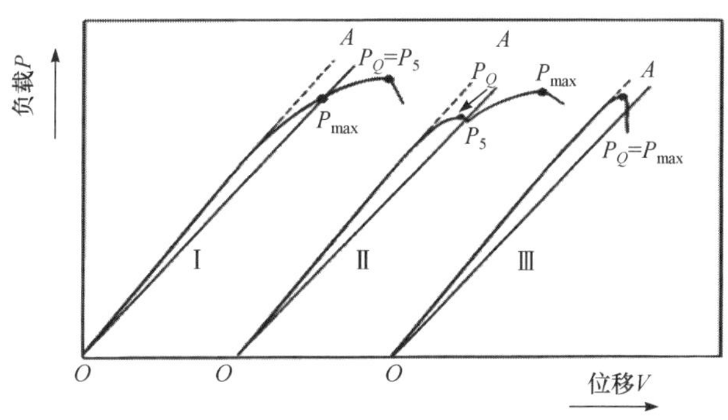

图 8-5 三种典型的 P-V 曲线

(1) 当试样的厚度很大，或材料的韧性很差时，往往测得的是第Ⅲ类曲线。在这种情况下，裂纹在加载过程中并无扩展。当载荷达到最大值时，试样发生骤然脆性断裂，这时最大载荷就可作为 P_Q。

(2) 当试样厚度稍小，或材料的韧性不是很差时，则可得到第Ⅱ类曲线。此类曲线有一个明显的迸发平台。这是由于在加载过程中，处于平面应变状态的中心层先行扩展，而处于平面应力状态的表面层尚不能扩展，因此，中心层的裂纹扩展很快地被表面层拖住。这种试样在试验过程中在达到迸发载荷时，往往可以听到清脆的“爆裂”声。这时迸发载荷就可以作为 P_Q。由于显微组织不均匀，有时在 P-V 曲线上可能会多次出现迸发平台，此时应取第一个迸发平台的载荷作为 P_Q。

(3) 当试样的厚度减到最小限度，或材料的韧性较好时，所得到的多属于第Ⅰ类曲线。这时不能以最大载荷作为 P_Q，因为在达到最大载荷前，裂纹已经在逐步扩展。又由于在这种情况下，裂纹最初的迸发性扩展量很小，迸发载荷在 P-V 曲线上分辨不出来，无法像第Ⅱ类曲线那样用迸发载荷作为临界载荷。所以，这时就只能根据裂纹相对扩展量为2%这个条件去确定 P_Q。

综上所述，确定 P_Q 值的方法是：过 P-V 曲线的线性段作直线 OA，并通过 O 点作一条其斜率比 OA 的斜率小5%的割线，它与 P-V 曲线的交点记作 P_5；如果在 P_5 之前 P-V 曲线上的每一点的负载都低于 P_5，则取 P_Q=P_5，如图 8-5 中的Ⅰ类曲线；如果在 P_5 之前还有一个超过 P_5 的最大载荷，则取此最大载荷为 P_Q，如图 8-5 中的Ⅱ类曲线；如果是图 8-5 中所示的Ⅲ类曲线，就取最大载荷 P_{max} 为 P_Q。

2. 裂纹长度的确定

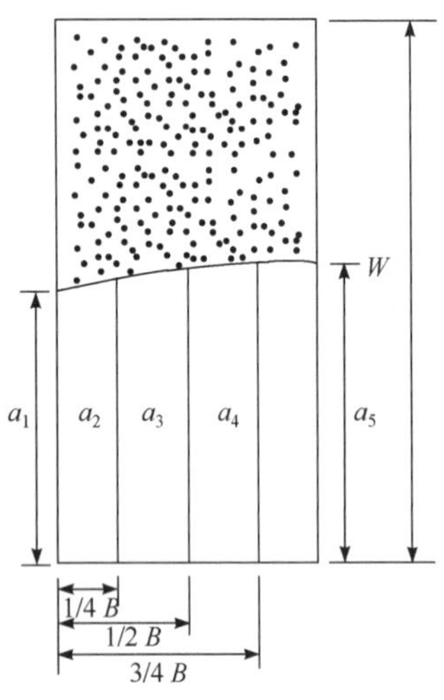

图 8-6　裂纹长度测量示意图

裂纹长度在预制疲劳裂纹时只能估计一个大概数值，它的准确值要等到试样断裂后，从断口上去实际测量。在一般的情况下，预制疲劳裂纹的前缘不是平直的。按测试标准规定，需在 0、1/4 B、1/2 B、3/4 B、B 的位置上测五个裂纹长度 a_1、a_2、a_3、a_4、a_5(图 8-6)，准确到 $0.5\%\overline{a}$。取平均裂纹长度：

$$\overline{a}=\frac{1}{3}(a_2+a_3+a_4) \tag{8-12}$$

来计算断裂韧度。按国家标准 GB4161-84 的要求，a_2、a_3、a_4 中任意两个测量值之差不得大于平均裂纹长度的10%；并且表面上的裂纹长度 a_1、a_5 与平均裂纹长度之差不得大于平均裂纹长度的10%；同时 a_1 与 a_5 之差也不得大于平均裂纹长度的10%。另外，还要求裂纹面与 B-W 平面平行，偏差在 ±10° 以内，否则试验无效。

3. 有效性判断

确定了裂纹长度 a 和临界载荷的条件值 P_Q 后，便可将其代入相应试样的 K_{I} 表达式进行计算，由此得到的 K_{I} 称为条件断裂韧度，记作 K_Q。至于 K_Q 是否为材料的有效值 K_{IC}，还需要检查以下两个条件是否得到满足，即

$$\begin{cases}P_{\max}/P_Q\leqslant 1.1\\ B,a\geqslant 2.5(K_Q/\sigma_{\mathrm{s}})^2\end{cases} \tag{8-13}$$

如果这两个条件都能得到满足，则 K_Q 就是材料的平面应变断裂韧度的有效值 K_{IC}，即 $K_Q=K_{\mathrm{IC}}$，否则试验结果无效。当两个条件中有一个或者两个都不能满足时，则应该用尺寸至少为原来试样尺寸 1.5 倍的大试样重新进行试验，直到上述两个条件都能得到满足，才能确定材料的有效值 K_{IC}。

由前面对试样尺寸要求的讨论可知，对于标准试样，只要 B、$a\geqslant 2.5\left(\frac{K_{\mathrm{IC}}}{\sigma_{\mathrm{s}}}\right)^2$，就能满足裂纹扩展的平面应变条件和小范围屈服条件。由此看来，似乎式(8-13)中的两个有效性条件，只需要第二条就行了，为什么还要有对载荷比的要求呢？这是因为很多实验表明，当试样尺寸全面不满足要求时，由此算出的 K_Q 值往往比大试样的 K_{IC} 要低。这样，由于 $K_Q<K_{\mathrm{IC}}$，就有可能在满足 B、$a\geqslant 2.5\left(\frac{K_Q}{\sigma_{\mathrm{s}}}\right)^2$ 时，仍不能满足 B、$a\geqslant 2.5\left(\frac{K_{\mathrm{IC}}}{\sigma_{\mathrm{s}}}\right)^2$。因此，为了避免上述误差，在有效性条件中增加了对载荷比的要求。

如果用 $K_{\max}$ 表示对应于最大载荷 $P_{\max}$ 的断裂韧度，则有

$$K_Q < K_{\mathrm{IC}} < K_{\max}$$

当满足载荷比判据 $P_{\max} / P_Q \leqslant 1.1$ 时，亦能满足 $K_{\max} / K_Q \leqslant 1.1$。这样 K_Q 与 K_{IC} 的差值就不会超过10%，即取 $K_{\mathrm{IC}} = K_Q$ 时，其误差不大于10%。

8.2　断裂韧性 J_{IC} 试验

关于 J 积分的实验测试和临界 J 积分 J_{IC} 叙述如下。

在线弹性断裂力学中，曾经利用柔度法测试应力强度因子 K。同样，在利用 J 积分进行弹塑性断裂分析和断裂韧度测定中，也需要解决实验测试 J 的问题，以建立 J 积分与裂纹试样几何及加载条件之间的关系。实验测试 J 积分值可分为多试样法和单试样法。

多试样法是利用数个不同裂纹长度的试样，实测其 P-Δ 曲线，然后计算 J 积分值的实验方法。求 J 值的关键在于找出 (U/B)-a 之间的关系。该方法的实验计算程序如图 8-7 所示。

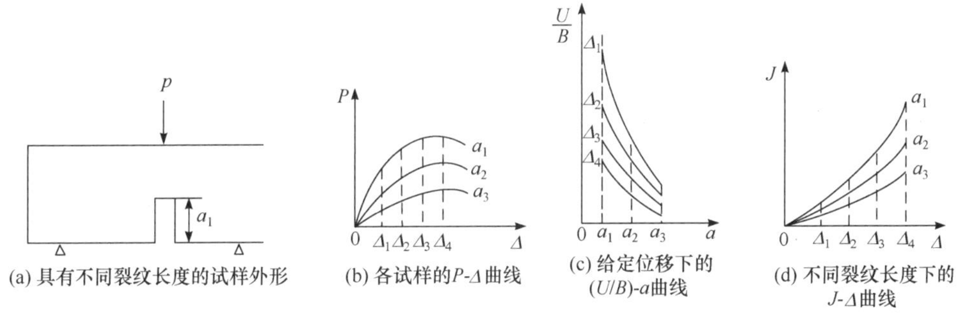

图 8-7　多试样法标定 J 的流程图

取一组(4～6 个)具有不同裂纹长度(例如 $a_1, a_2, \cdots$)的相同试样，用三点弯曲法加载，在 X-Y 记录仪上画出 P-Δ 曲线(图 8-7(b))，则曲线下的面积给出相应于某一个给定位移 Δ 的形变功 U 值。在不同的位移 Δ (例如 $\Delta_1, \Delta_2, \cdots$)和不同的 a 下，可得到不同的 U/B，于是可画出在某 Δ_i 下单位厚度形变功率 U/B 与裂纹长度 a 之间的关系曲线(图 8-7(c))。给定位移 Δ 的 (U/B)-a 曲线上对于每个裂纹长度 a 的斜率负值，就是该位移和该裂纹长度下的 J 积分值。由此可进一步得到在某一个裂纹长度 a 下试样的 J-Δ 标定曲线，如图 8-7(d)所示。

由于图解微分精度较差，也可将 (U/B)-a 曲线借助计算机作最优逼近，进而得到在给定裂纹长度 a 下的 J-Δ 函数关系式。对于含裂纹长度为 a^* 的试样，若确定了它在临界失稳状态下的临界位移值 Δ_{c}，则由 a^* 和 Δ_{c} 通过如图 8-7(d)所示的标定曲线，即可得到该试样的临界 J 积分 J_{IC} 值。多试样法由于过程繁杂，一般很难推广用于测试。

单试样法是采用单个深裂纹 $(a/W \geqslant 0.4)$、短跨距 $(s/W = 3～5)$ 的三点弯曲试样，由其 P-Δ 曲线(图 8-8)来测定 J 值。

对于给定的位移Δ，形变功为

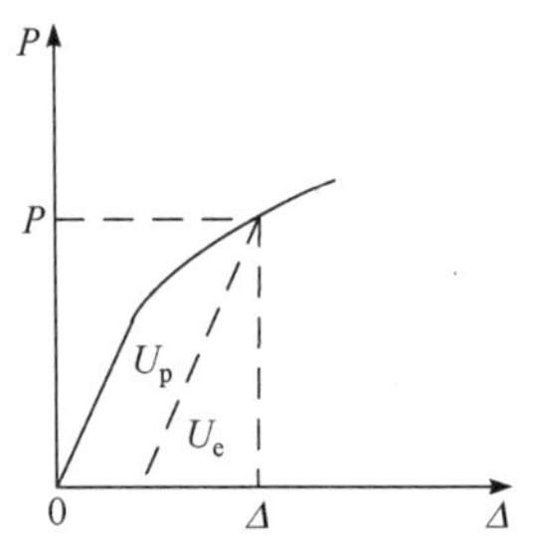

图 8-8　单试样 P-Δ 曲线

$$U=\int_0^{\Delta} P\mathrm{d}\Delta = U_e + U_p \tag{8-14}$$

式中，U_e、U_p分别表示形变功的弹性项和塑性项(图 8-9)。注意到恒定位移情形下，J 积分可以进一步表示为$J=-\frac{1}{B}\left(\frac{\partial U}{\partial a}\right)_{\Delta}$，根据式(8-14)可得

$$J=-\frac{1}{B}\left(\frac{\partial U}{\partial a}\right)_{\Delta}=-\frac{1}{B}\left(\frac{\partial U_e}{\partial a}\right)_{\Delta}-\frac{1}{B}\left(\frac{\partial U_p}{\partial a}\right)_{\Delta}=J_e+J_p \tag{8-15}$$

上式的第一项代表线弹性J值，由式(7-56)有

$$J_e = G_I = \frac{K_I^2}{E'} \tag{8-16}$$

其中

$$K_I=\frac{P}{BW^{\frac{1}{2}}}Y\left(\frac{a}{W}\right) \tag{8-17}$$

$Y(a/W)$可查表 8-4。第二项代表塑性J值。弹塑性断裂理论分析表明，对深裂纹试样，J积分与试样加载过程中所接受的形变功的塑性分量U_p及试样韧带尺寸$(W-a)$之间存在下述近似关系：

$$J_p=\frac{2U_p}{B(W-a)} \tag{8-18}$$

由式(8-16)与式(8-18)相加得J的表达式为

$$J=J_e+J_p=\frac{K_I^2}{E'}+\frac{2U_p}{B(W-a)} \tag{8-19}$$

测定材料的临界J_{IC}值，可采用深裂纹单试样，由临界点所对应的位移值Δ_c和载荷值P_c，按式(8-19)进行计算。

J积分的路径无关性及J的等效定义都是在小应变条件下用全量理论得到证明的，因此，为保证小应变条件，且使测出的J_{IC}能换算成有效的K_{IC}，对三点弯曲试样的尺寸有下述要求：

(1) 为获得平面应变条件下的J_{IC}，要求

$$\frac{B}{W-a}\geqslant \beta \tag{8-20}$$

一般认为β应大于 1.5，可取=$\beta=2\sim2.5$。

(2) 为保证小应变条件，要求韧带尺寸满足

$$W-a \leqslant \alpha\left(\frac{J_{IC}}{\sigma_s}\right) \tag{8-21}$$

α 应是实验待定的常数，一般 $\alpha=25\sim60$ 时，J_{IC} 数据是稳定的。但为了实现用小试样测出 J_{IC}，再换算为 K_{IC}，试样尺寸不仅要保证 J_{IC} 本身的稳定性，而且应当和大试样的 K_{IC} 相一致。

表 8-4　$Y\left(\frac{a}{w}\right)$ 值

a/w	0.000	0.001	0.002	0.003	0.004	0.005	0.006	0.007	0.008	0.009
0.400	7.94	7.97	7.97	8.01	8.03	8.05	8.07	8.10	8.12	8.14
0.410	8.16	8.19	8.21	8.23	8.25	8.28	8.30	8.32	8.35	8.37
0.420	8.39	8.4	8.42	8.46	8.49	8.51	8.53	8.56	8.58	8.61
0.430	8.63	8.65	8.68	8.70	8.73	8.75	8.78	8.80	8.83	8.85
0.440	8.88	8.90	8.93	9.95	8.98	9.01	9.03	9.06	9.08	9.11
0.450	9.14	9.16	9.19	9.24	9.27	9.30	9.32	9.32	9.35	9.38
0.460	9.41	9.43	9.46	9.52	9.55	9.57	9.60	9.60	9.63	9.66
0.470	9.69	9.72	9.75	9.81	9.84	9.86	9.89	9.89	9.92	9.95
0.480	9.98	10.02	10.02	10.08	10.11	10.14	10.17	10.20	10.23	10.26
0.490	10.30	10.33	10.36	10.39	10.42	10.47	10.49	10.52	10.55	10.59
0.500	10.62	10.65	10.69	10.72	10.76	10.79	10.82	10.86	10.89	10.93
0.510	10.96	11.00	11.03	11.07	11.10	11.14	11.18	11.21	11.25	11.29
0.520	11.32	11.36	11.40	11.43	11.47	11.51	11.55	11.59	11.62	11.65
0.530	11.70	11.74	11.78	11.82	11.86	11.90	11.94	11.98	12.02	12.05
0.540	12.10	12.14	12.19	12.23	12.27	12.31	12.35	12.40	12.44	12.48
0.550	12.53	12.57	12.61	12.66	12.70	12.75	12.79	12.84	12.88	12.93
0.560	12.97	13.02	13.06	13.11	13.16	13.21	13.25	13.30	13.35	13.40
0.570	13.45	13.49	13.54	13.59	13.64	13.69	13.74	13.79	13.85	13.90
0.580	13.95	14.00	14.05	14.10	14.16	14.21	14.26	14.32	14.37	14.43
0.590	14.48	14.54	14.59	14.65	14.70	14.76	14.82	14.88	14.93	14.99
0.600	15.05	15.11	15.17	15.23	15.29	15.35	15.41	15.47	15.53	15.59

8.3　断裂韧性δ_c试验

裂纹张开位移 COD 的临界值δ_c是应用 COD 判据的一个重要参量。它和K_{IC}一样，是材料韧性好坏的量度，可以通过试验进行测定。

我国颁布的国家标准(GB 2358-80)《裂纹张开位移(COD)试验方法》，对临界 COD 的测试原理和方法作了详尽的说明。本节只对其作简单介绍。

COD 试验方法可认为是K_{IC}试验的延伸。因此，试验的许多具体方法沿用了K_{IC}试验的有关规定。譬如，采用同样的夹式引伸仪和载荷传感器来获得载荷-位移曲线。但是，由于 COD 试验与K_{IC}试验的适用范围不同，它又具有本身的一些特点。

8.3.1　试验方法

1. 试样尺寸

实践表明，δ_c可以用小型三点弯曲试样在全面屈服条件下通过间接方法测出。

三点弯曲试样的比例尺寸和加工要求，如图 8-9 所示。试样厚度B一般采用全厚度，宽度W及裂纹长度a规定见表 8-5。加载跨距S=4W。

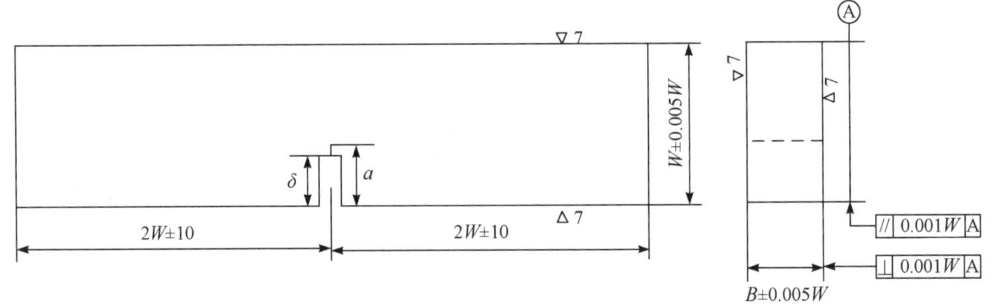

图 8-9　三点弯曲试样

表 8-5　宽度 W 及裂纹长度 a 规定

W=2B	W=1.2B	W=B
0.45W<a≤0.55W	0.35W≤a≤0.45W	0.25W≤a<0.35W

2. δ表达式

通过实验直接准确地测量出裂纹尖端张开位移是很困难的，目前均利用三点弯曲试样的变形几何关系，由裂纹嘴的张开位移V去换算推出δ(图 8-10)。为此，必须建立δ与V之间的关系式。

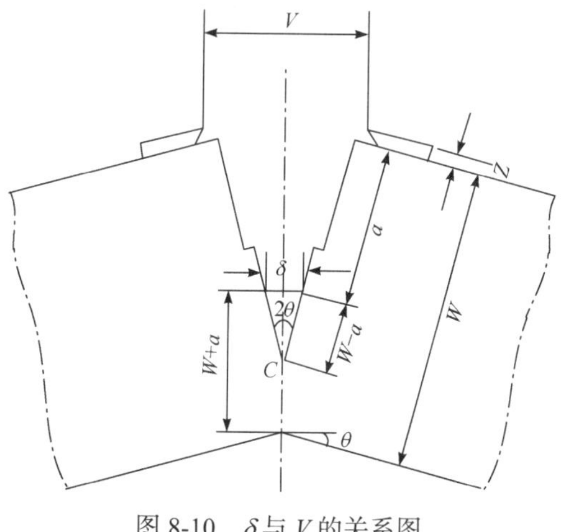

图 8-10　δ与 V 的关系图

三点弯曲试样受力弯曲时，滑移线场理论的分析表明，裂纹尖端塑性变形引起的滑移线对称于平分缺口夹角 2θ 的平面，试样的变形可视为绕某中心的刚体转动。该中心点(图 8-10 中的 C 点)到裂纹尖端的距离为 $r(W-a)$，r 称为转动因子。利用相似三角形的比例关系容易写出

$$\frac{\delta}{V}=\frac{r(W-a)}{Z+a+r(W-a)}$$

因此

$$\delta=\frac{r(W-a)V}{Z+a+r(W-a)} \tag{8-22}$$

式中，Z 是刀口的厚度。对于弹塑性情况，δ 可由弹性的 δ_e 和塑性的 δ_P 两部分所组成，即

$$\delta=\delta_e+\delta_P \tag{8-23}$$

式中，δ_e 为对应于载荷 P 的裂纹尖端弹性张开位移，其计算式为

$$\delta_e=\frac{G_I}{\sigma_s}=\frac{K_I^2}{E\sigma_s}\quad (平面应力) \tag{8-24}$$

$$\delta_e=0.5\frac{K_I^2}{E'\sigma_s}=\frac{K_I^2\left(1-\nu^2\right)}{2E\sigma_s}\quad (平面应变) \tag{8-25}$$

δ_P 是韧带塑性变形所产生的裂纹尖端塑性张开位移，即

$$\delta_P=\frac{r(W-a)V_P}{Z+a+r(W-a)} \tag{8-26}$$

将式(8-25)、式(8-26)代入式(8-23)，可得平面应变状态下的 δ 计算公式，即

$$\delta=\delta_e+\delta_P=\frac{K_I^2\left(1-\nu^2\right)}{2E\sigma_s}+\frac{r(W-a)V_P}{Z+a+r(W-a)} \tag{8-27}$$

式中，转动因子 r 一般取 0.45，也可由实验标定。K_{I} 为对应于载荷 P 的应力强度因子，$K_{\mathrm{I}}=\dfrac{P}{BW^{\frac{1}{2}}}Y\left(\dfrac{a}{W}\right)$，$Y\left(\dfrac{a}{W}\right)$ 可查表 8-4。

8.3.2　试验数据处理

实验得到的 P-V 曲线大致分为三类(图 8-11)，现分别讨论其临界点的确定方法。

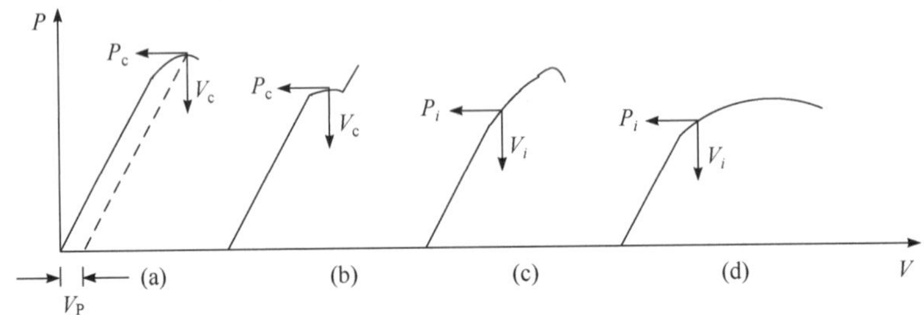

图 8-11　COD 试验中的三类 P-V 曲线

第一类 P-V 曲线：位移 V 随载荷 P 增加而增大，一直到发生失稳断裂(图 8-11(a))。发生断裂前没有明显的亚临界扩展，快速失稳断裂点即为临界点。此时，最大载荷 $P_{\max}$ 即为临界载荷 P_{c}，相应的临界位移为 V_{c}。将 P_{c} 及 V_{c} 的塑性分量 V_{P} 代入式(8-27)就可算出临界 δ_{c} 值。

第二类 P-V 曲线：试验过程中，P-V 曲线出现由于裂纹“突进”而引起的平台，之后曲线又逐渐上升直至断裂(图 8-11(b))。这时，取“突进”点作为临界点，由“突进”点的载荷和位移计算 δ_{c}。

第三类 P-V 曲线：载荷通过最高点后连续下降而位移不断增大(图 8-11(c))，或载荷达最大值后一直保持恒定而出现一段相当长的平台区(图 8-11(d))。这两种情况由于产生稳定的亚临界裂纹扩展，故不能从 P-V 图直接判断临界点。临界点应该是启裂点，需要借助电势法、电阻法、声发射法或氧化发蓝等方法来确定，然后，由启裂点所对应的载荷 P_{c} 和位移 δ_{i} 求 δ_{c}。

电势法是在试样两端加一个恒值稳定电流 I，并在裂纹两侧焊上电势测头。试验时，用夹式引伸仪测量试样施力点位移 $\varDelta$，同时测量裂纹两侧电势 E 的变化，用 X-Y 记录仪自动测绘 E-$\varDelta$ 曲线。当裂纹扩展时，电势差迅速增大，故根据 E-$\varDelta$ 的突变可确定启裂点。用电势法确定启裂点的示意图如图 8-12 所示。

电阻法测定启裂点的原理与电势法相似，只是它测量的是裂纹两侧电阻 R 的变化。

声发射法的测试原理简示于图 8-13。试样内启裂时发出的声发射信号经探头感受后，由前置放大器再经声发射测试仪主体放大和选样。将声发射率 S 输入 X-Y 记录仪，同时输入施力点位移 $\varDelta$ 信号，从而可绘出 S-$\varDelta$ 曲线。由于声发射率峰值较多，一般采用声发射法与电势法联合确定启裂点。

氧化发蓝法可用来确定加载到 P-$\varDelta$ 曲线不同位置时裂纹的扩展量，从而确定启裂点。加载到 P-$\varDelta$ 曲线上某点处卸载取下试样，在空气介质中加热氧化到呈蓝色，然后冷却。压断试样后，断口如图 8-14 所示。由于预制疲劳裂纹的表面光滑，氧化膜颜色较浅，而试验中裂纹扩展的表面比较粗糙，氧化膜颜色较深，故通过金相显微镜观察，很容易测出裂纹的扩展量。当观察到的裂纹扩展量近乎为零或由不同的扩展量外推到零的点则对应于启裂点。

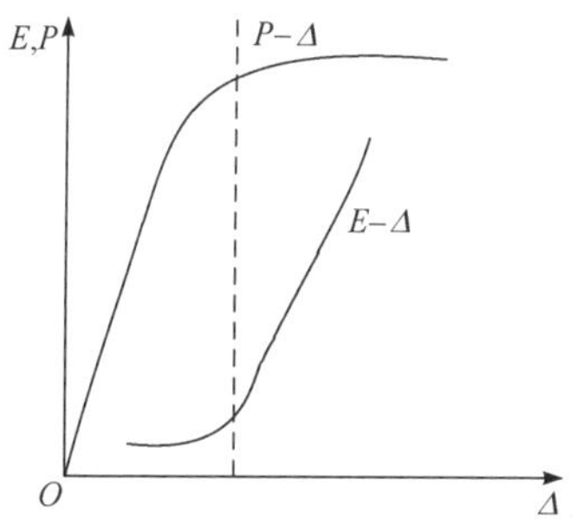

图 8-12　用电势法确定启裂点

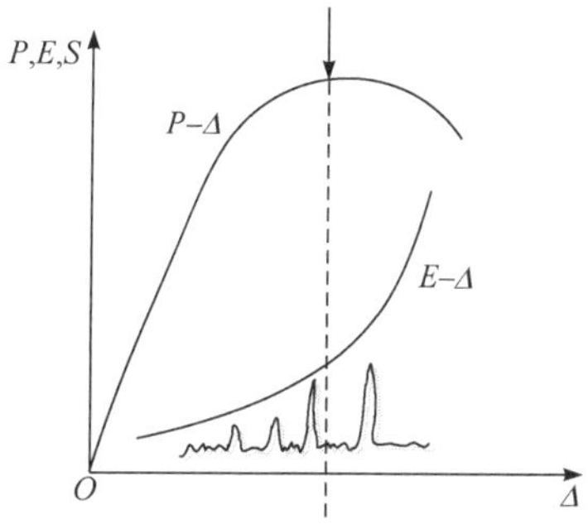

图 8-13　用声发射法确定启裂点

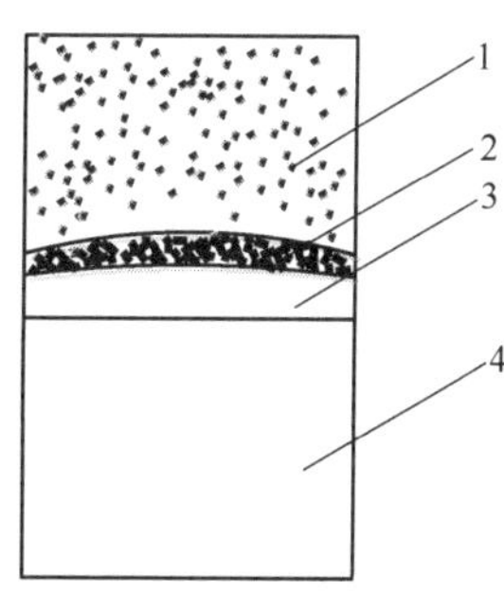

图 8-14　断口区域示意图

1-未氧化新断口；2-裂纹扩展断口；3-预制疲劳裂纹；4-线切割切口

习　题

习题 8-1　用标准三点弯曲试样测定某种钢材的平面应变断裂韧度时，所用试样的尺寸为 $B=30\text{mm}$，$W=60\text{mm}$，$S=240\text{mm}$。材料的屈服强度 $\sigma_s=1340\text{MPa}$。从 P-V 曲线上查得 $P_Q=56\text{kN}$，$P_{max}=60.5\text{kN}$；从试样断口上测量得到的平均裂纹长度 $a=32\text{mm}$，且有关裂纹的各项测量值均满足规范要求。试计算此试样的条件断裂韧度 K_Q，并检查此 K_Q 值是否为材料的有效 K_{IC} 值。

习题 8-2　用标准紧凑拉伸试样测定某种钢材的平面应变断裂韧性。已知材料的屈服强度 $\sigma_s=1340\text{MPa}$，试样尺寸 $B=35\text{mm}$，$W=70\text{mm}$。从 P-V 曲线上查得 $P_Q=78\text{kN}$，$P_{max}=83.5\text{kN}$；从试样断口上测得的裂纹尺寸 $a_1=36.9\text{mm}$，$a_2=37.1\text{mm}$，$a_3=38.1\text{mm}$，$a_4=37.3\text{mm}$，$a_5=37.0\text{mm}$。试计算该试样的 K_Q 值，并校验此 K_Q 是否为材料的有效值 K_{IC}。

第 9 章　疲劳裂纹扩展分析

评价材料疲劳强度的传统方法，是用无裂纹光滑试样在外加交变载荷下测定断裂时的循环次数，从而得到众所周知的 S-N 曲线(或 ε-N 曲线)。在工程上就是根据 S-N 曲线(或 ε-N 曲线)进行疲劳强度设计和选用材料。实践证明，经过疲劳强度设计的构件，在使用过程中仍会发生意外破坏事故。这就说明设计的可靠性仍未得到保证。其原因是获取 S-N 曲线(或 ε-N 曲线)所用的光滑试样与实际构件间存在差异。光滑试样是经过精心抛光而无任何缺陷，但实际构件在加工和使用过程中，由于各种原因(如冶金、锻造、焊接等)，在内部或表面已经存在各种类型的裂纹。这些带裂纹的构件在承受交变载荷时，即使应力水平远低于材料的疲劳极限，裂纹也可能发生扩展，由此导致灾难性的破坏，所以把疲劳强度设计建立在构件本身就存在裂纹这一客观事实上，并考虑在交变应力下裂纹扩展特性，才是保证构件安全的重要途径。

由于构件在加工制造和使用过程中裂纹的出现是不可避免的，用断裂力学来研究疲劳裂纹扩展特性是对传统疲劳试验和分析方法的重要补充和发展。因此，在各种条件下用试验方法获得各种材料的裂纹扩展速率数据，这些数据可以直接用于选材和设计。

9.1　疲劳裂纹的形成及其扩展

金属材料的疲劳断裂过程，大致可划分为以下几个阶段：①位错滑移；②裂纹成核；③微观裂纹扩展；④宏观裂纹扩展，直至断裂。当然，各个阶段很难做到严格的区分。可是，一般无缺陷的试样疲劳断裂过程总是由上述几个阶段组成。材料总的疲劳寿命 N 由两部分组成，即形成裂纹(裂纹萌生)的寿命 N_0 和裂纹扩展直至断裂的寿命 N_{f}，即

$$N=N_0+N_{\mathrm{f}} \tag{9-1}$$

在低周疲劳下形成裂纹的寿命短，所以，总的寿命 N 近似等于裂纹扩展寿命。因此，在低周疲劳设计中，主要考虑裂纹扩展寿命。然而，对于在高周疲劳下工作的试样，形成裂纹的寿命长，所以在高周疲劳设计中应兼顾裂纹的萌生寿命和裂纹扩展的寿命。

9.1.1　疲劳裂纹的形成

疲劳裂纹总是首先在应力最高、强度最弱的局部位置上形成的。对于一般构件来说，机械加工的切削痕、阶梯部分、圆孔部分及亚表面夹杂物等应力集中处，均是疲劳裂纹首先发生的地方。由于结构的材料性质和工作条件的差异，所以疲劳裂纹的形成的方式也不同。归纳起来有以下三种主要形式：①夹杂物与基体界面开裂；②滑移带开裂；③晶界开裂。

1. 夹杂物与基体界面开裂

在金属材料中，不可避免地存在着一些非金属夹杂物。此外，还包含为了达到强化的目的而引入的第二相。这些夹杂物和第二相质点在一定的交变应力作用下，本身就可能发生断裂或与基体界面发生分离，这两种情况都能导致疲劳裂纹的形成。图 9-1 所示的就是夹杂物与基体界面开裂形成的裂纹。注意，图中假设夹杂物为球形且其外部为基体。

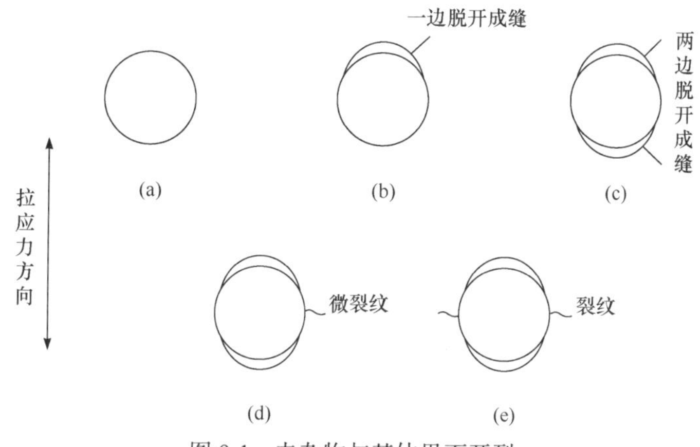

图 9-1 夹杂物与基体界面开裂

图 9-1(a)表示夹杂物与基体紧密连接；图 9-1(b)和(c)表示夹杂物与基体在一边和两边界面脱开；图 9-1(d)和(e)表示基体形成一边或两边的微裂纹及其扩展的过程。

从图 9-1 给出的示意图可以看出，减少夹杂物和第二相粗大质点是延迟疲劳裂纹形成的有效措施。对于受力后不易出现位错滑移的高强度和脆性材料，夹杂物或孔隙就形成了微裂纹，其后就沿着最大拉应力平面进行扩展。

2. 滑移带开裂

对于一般韧性金属的无裂纹光滑试样，其疲劳裂纹是由位错滑移而产生的。组成金属的某些晶粒的取向在最大剪应力作用平面内容易产生位错滑移，但其滑移线的分布是不均匀的，仅出现在局部区域。随着疲劳过程的进行，原有的位错滑移线的滑移量增大，出现新挨着的滑移线，进而组成滑移带。随着滑移带的加宽、加深，在试样表面出现“侵入沟”和“挤出带”。这种侵入沟和挤出带就形成了裂纹源，形成的裂纹首先沿着滑移方向扩展，然后穿过晶粒形成宏观裂纹并发生扩展方向的偏转。图 9-2 是稳定应力和交变应力作用下材料滑移带形成示意图。

3. 晶界开裂

材料处于高温状态时，滑移带到达晶界时会受阻。随着疲劳的继续进行，滑移带在晶界上引起的应变不断增加，在晶界前造成位错塞积(图 9-3)。当位错塞积形成的应力达到理论断裂强度时，晶界开裂形成裂纹。材料的晶粒尺寸愈大，晶界上的应变愈大，位错塞积群愈大，应力集中愈高，愈容易形成裂纹。可见，若使晶粒细化，则能推迟疲劳裂纹的形成。

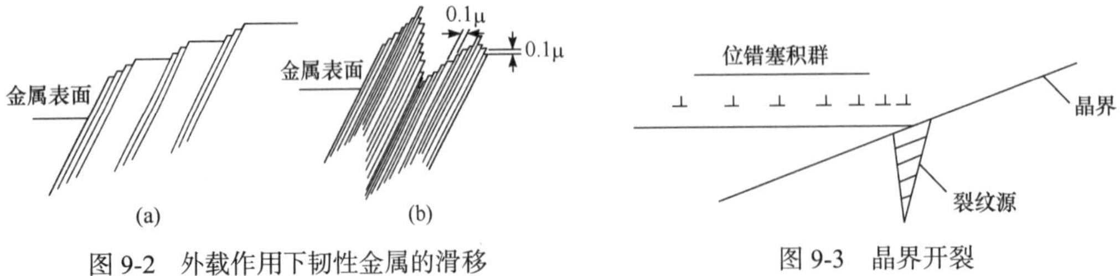

图 9-2　外载作用下韧性金属的滑移　　　　图 9-3　晶界开裂

9.1.2　疲劳裂纹扩展

疲劳裂纹形成后，在材料中的扩展可分为两个阶段，如图 9-4 所示：第 I 阶段是在与拉应力成 45°角的最大剪应力方向扩展，在这一阶段内裂纹扩展速率和深度都非常小；第Ⅱ阶段是裂纹沿着最大拉应力平面进行扩展，其扩展速率与深度都比第 I 阶段大得多。这是需要着重研究的一个阶段。

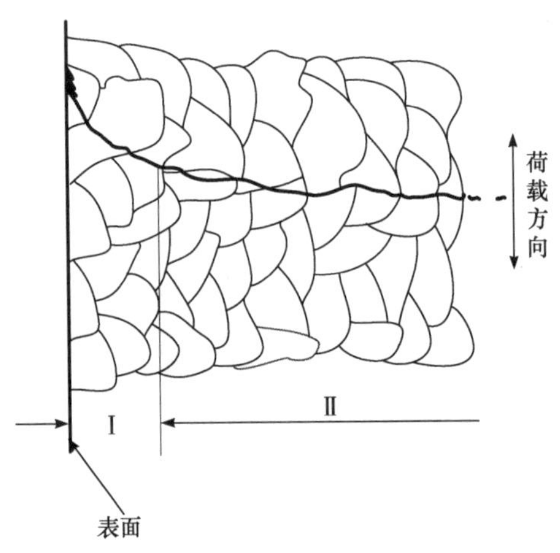

图 9-4　宏观裂纹扩展

当构件出现尺寸为 a_0 的初始裂纹之后，若 a_0 小于临界裂纹尺寸 a_c，则在静应力作用下不会发生脆性断裂；但是，在交变应力作用下，裂纹却会发生缓慢扩展，直到裂纹尺寸达到其临界值 a_c，构件就断裂。通常把在交变应力作用下从初始裂纹尺寸 a_0 扩展到临界裂纹尺寸 a_c 的过程称为“疲劳裂纹的亚临界扩展”。

工程中大部分承受交变应力的构件，多为低载荷、高循环和低裂纹扩展速率的情况。下面介绍这种情况下的两种裂纹扩展机制：一种是 Laird-Smith 裂纹扩展模型；另一种是“弱点”凝聚模型。

Laird-Smith 裂纹扩展模型认为裂纹的亚临界扩展过程是裂纹尖端反复锐化和钝化过程，也就是金属材料的裂纹尖端区域在交变应力作用下产生反复塑性变形的过程。图 9-5 为塑性钝化模型示意图。图 9-5(a)表示外加应力为零时，裂纹尖端处于闭合状态的情况；图 9-5(b)表示在拉应力作用下裂纹张开，且在裂纹尖端上、下两侧沿 45°方向产生滑移的情况；图 9-5(c)表示在拉应力达到最大时，裂纹尖端许多滑移面同时滑移，导致裂纹尖端钝化，形成新的弧形裂纹顶端的情况；图 9-5(d)表示应力减小时，弹性应变将要回复到零，由于尖端区域以外的弹性收缩将会使裂纹尖端的塑性区承受压缩应力作用，当压缩应力超过材料的屈服极限时，裂纹尖端产生压缩塑性变形，即发生反向滑移的情况；图 9-5(e)表示反向滑移的结果使裂纹尖端逐渐闭合的情况；图 9-5(f)表示裂纹尖端全部闭合而锐化的情况。

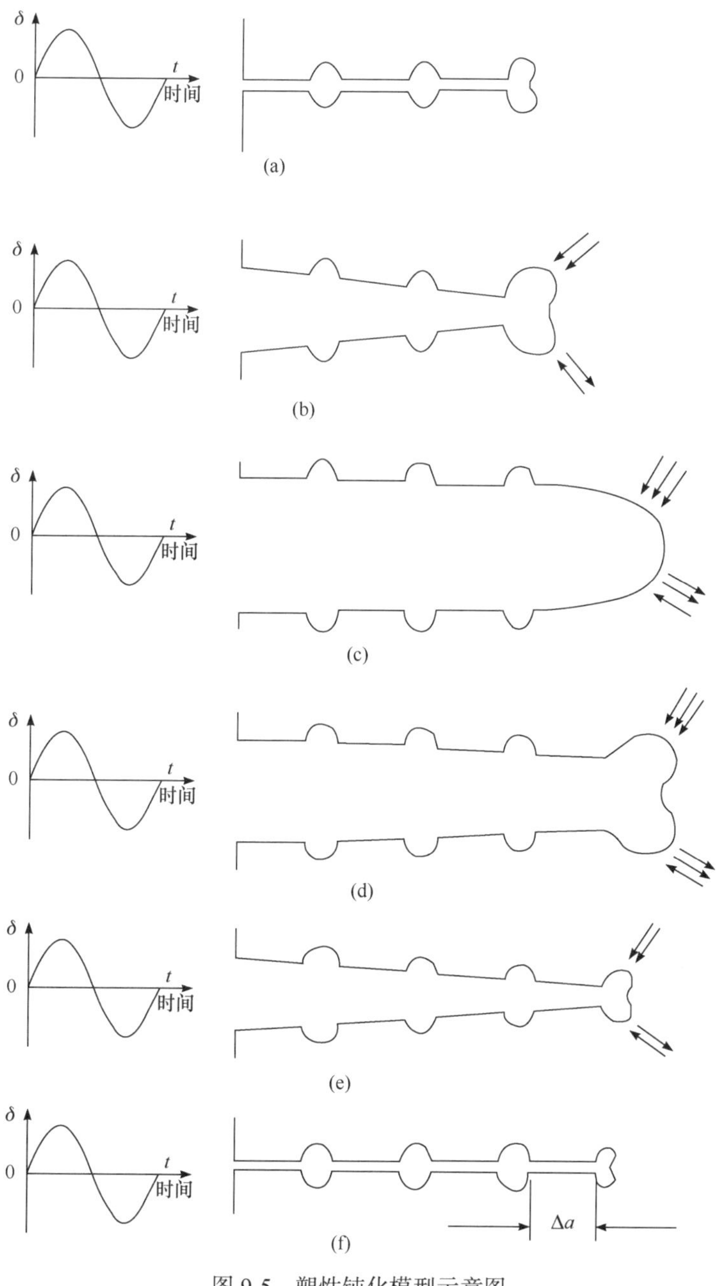

图 9-5　塑性钝化模型示意图

这样，裂纹尖端每经过一次张开、钝化和闭合循环，裂纹就向前扩展一个 Δa，从而在断口上留下一条疲劳条纹。根据疲劳条纹的间距，可以研究疲劳裂纹扩展速率与各种物理量之间的关系，以及分析断裂事故的受力情况。Bates 和 Clark 曾提出了疲劳裂纹间距 Δa 与应力强度因子幅度 ΔK_{I} 及材料弹性模量 E 间的经验关系式：

$$\Delta a \approx 6\left(\frac{\Delta K_{\mathrm{I}}}{E}\right)^2 \tag{9-2}$$

利用这个经验关系式，对应力强度因子幅度 ΔK_{I} 可作大致估算。

裂纹尖端"弱点"凝聚模型认为，在交变的剪应力作用下，裂纹尖端出现一个弱化区。这个弱化区可能是由于在晶界前的位错塞积所形成(图 9-6(a))，也可能是由于夹杂物或第二相质点在交变应力作用下发生断裂或夹杂物与基体界面发生开裂形成的微孔所致(图 9-6(b))。由于局部交变剪切作用，弱化区与裂纹前沿将会发生凝聚，从而使裂纹向前扩展 Δa 的长度。

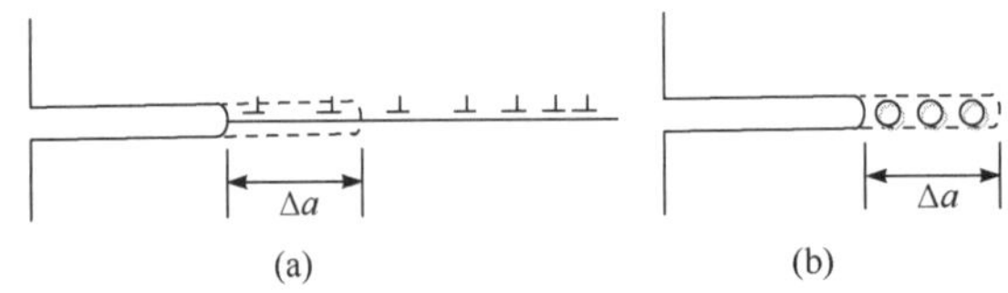

图 9-6　裂纹尖端"弱点"凝聚模型

9.2　疲劳裂纹扩展速率及其试验

对于疲劳裂纹扩展速率的研究，主要在于寻求裂纹扩展速率与相关力学参量之间的数学表达式。如果在应力循环 ΔN 次之后，裂纹扩展量为 Δa，则应力每循环一周，裂纹扩展为 $\dfrac{\Delta a}{\Delta N}$ (mm/周)，这称为"裂纹扩展速率"。在极限条件下，可用微分 $\dfrac{\mathrm{d}a}{\mathrm{d}N}$ 来表示。

9.2.1　*a-N* 曲线

使用存在缺口并带有预制疲劳裂纹的标准试样，如中心裂纹拉伸试样或者紧凑拉伸式样，在给定的载荷条件下进行常幅疲劳实验，记录裂纹扩展过程中的裂纹尺寸 a 和循环次数 N，即可得到 a-N 曲线，如图 9-7 所示。a-N 曲线给出了裂纹长度随载荷循环次数的变化。

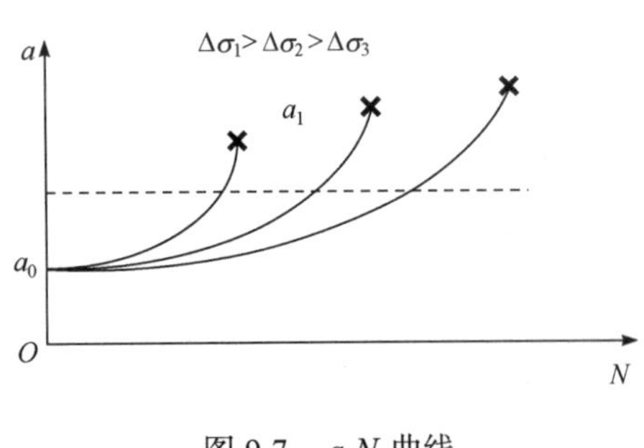

图 9-7　*a-N* 曲线

图 9-7 中给出了在应力比 $R=0$ 时，三种不同常幅载荷作用下得到的 a-N 曲线。a-N 曲线上一点处的斜率就是该点对应的裂纹扩展速率 $\mathrm{d}a/\mathrm{d}N$。

9.2.2 da/dN-ΔK 曲线及 Paris 公式

在单轴循环应力作用下，垂直于应力方向的裂纹扩展速率一般可写成以下形式：

$$\frac{\mathrm{d}a}{\mathrm{d}N}=f\left(\sigma,a,c\right) \tag{9-3}$$

式中，N 为应力循环次数；σ 为正应力；a 为裂纹长度；c 为与材料有关的常数。由于裂纹扩展速率 $\frac{\mathrm{d}a}{\mathrm{d}N}$ 是 σ 、a 和 c 的函数，研究者根据试验资料，提出了各种不同的表达式。本小节将介绍一个形式较简单、应用较广的表达式。

在高周常幅载荷下，将试验测得的数据经过整理画在 $\lg\frac{\mathrm{d}a}{\mathrm{d}N}$-$\lg\Delta K_{\mathrm{I}}$ 坐标系中，得到如图 9-8 所示的曲线。这条曲线大致可以划分为三个阶段。

(1) 在第 I 阶段内，应力强度因子幅度 ΔK_{I} 值很低。当 ΔK_{I} 值小于某一界限值 ΔK_{th} 时，裂纹基本上不扩展($\frac{\mathrm{d}a}{\mathrm{d}N}\leqslant 10^{-7}\sim 10^{-8}$ mm/周)。该界限值 ΔK_{th} 称为裂纹扩展的门槛值。如果知道材料在某种应力比 $R\left(R=\frac{\sigma_{\min}}{\sigma_{\max}}=\frac{K_{\mathrm{I}\min}}{K_{\mathrm{I}\max}}\right)$ 条件下的门槛值 ΔK_{th} ，则可对该材料的含裂纹构件，在同样应力比 R 下进行无限寿命设计。其过程是：已知构件的初始裂纹尺寸 a_0 ，根据 ΔK_{th} 计算裂纹不扩展的门槛应力 $\Delta\sigma_{\mathrm{th}}$ ，进而确定实际工作应力。只要实际工作的应力变化量 $\Delta\sigma\leqslant\Delta\sigma_{\mathrm{th}}$ ，裂纹就不会扩展，这就保证了构件的无限寿命要求。

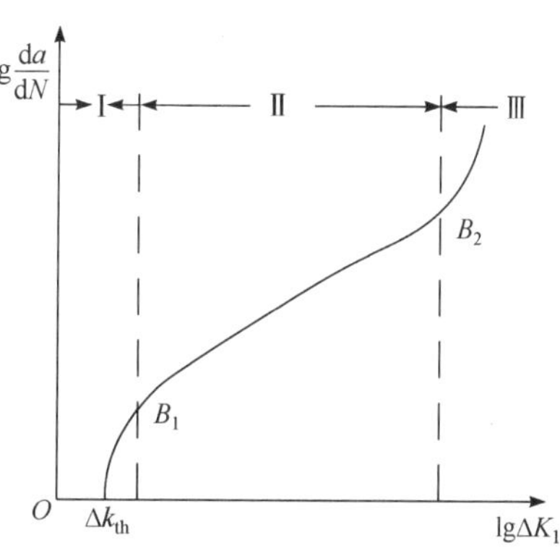

图 9-8　疲劳裂纹扩展 $\lg\frac{\mathrm{d}a}{\mathrm{d}N}$-$\lg\Delta K_{\mathrm{I}}$ 关系

(2) 随着 ΔK_{I} 继续增大，当 $\Delta K_{\mathrm{I}}>\Delta K_{\mathrm{th}}$ 时，裂纹开始扩展到直线与曲线的转折点 B_1 ，这时，裂纹扩展进入第 II 区域。在这一阶段，一般认为 $\lg\frac{\mathrm{d}a}{\mathrm{d}N}$-$\lg\Delta K_{\mathrm{I}}$ 关系是一条直线。这是一个研究得最广泛、最深入的区域，也是最重要的裂纹扩展区域。描述这一阶段 $\frac{\mathrm{d}a}{\mathrm{d}N}$ 的表达式有数十个之多，其中最简单且使用最广泛的是 Paris 和 Erdogan(1963)提出的如下表达式：

$$\frac{\mathrm{d}a}{\mathrm{d}N}=C(\Delta K_{\mathrm{I}})^m \tag{9-4}$$

式中，C 和 m 是与试验条件(如环境、频率、温度和应力比 R 等)有关的材料常数；ΔK_{I} 为应力强度因子幅度，其定义为

$$\Delta K_{\mathrm{I}}=K_{\mathrm{I}\max}-K_{\mathrm{I}\min}=g\sigma_{\max}\sqrt{\pi a}-g\sigma_{\min}\sqrt{\pi a} \tag{9-5}$$

由于在压缩情况下 ΔK_{I} 无定义，因此，当 $\sigma_{\min}$ 为压缩应力时，$K_{\mathrm{I}\min}$ 应取为零。Paris 公

式表明：疲劳裂纹扩展是由裂纹尖端弹性应力强度因子的变化幅度所控制的。

(3) 若应力强度因子幅度 ΔK_{I} 再继续增大，超过第Ⅱ区域的转折点 B_2 而进入第Ⅲ阶段。这时的 K_{Imax} 已接近材料的 K_{IC} (或 K_{C})，裂纹扩展速率将急剧增快直至断裂。

9.2.3 疲劳裂纹扩展速率参数的试验确定

用实验方法测定材料的裂纹扩展速率 $\frac{\mathrm{d}a}{\mathrm{d}N}$，就是寻求 $\frac{\mathrm{d}a}{\mathrm{d}N}$ 和 ΔK_{I} 之间的依赖关系。工程中最感兴趣的是裂纹扩展的第Ⅱ阶段，因此，需要通过实验测定式(9-4)中的材料系数 C 和 m 值以及门槛值 ΔK_{th}。

测定 $\frac{\mathrm{d}a}{\mathrm{d}N}$ 通常采用一组试样，即紧凑拉伸试样或含中心穿透裂纹的薄板试样。将试样在线切割后，用较大疲劳应力引发裂纹到规定的裂纹尺寸。

首先需要得到裂纹长度 a 随循环周次 N 变化的曲线，即 a-N 曲线。试验过程中，每当常幅疲劳加载一定周次 N_i 后，停止疲劳试验(保持平均载荷)，用读数显微镜测量裂纹长度 a_i。将一系列 N_i 及 a_i 点画在 a-N 坐标系中，经拟合即可以得到 a-N 曲线(图 9-9(a))。实验过程中注意保持 ΔP 恒定，应力比 R 也保持不变，同时 $P_{\max}$ 的选择要适当。如果 $P_{\max}$ 过大，裂纹扩展太快而使 a-N 曲线过陡，求 $\frac{\mathrm{d}a}{\mathrm{d}N}$ 时误差大；如果 $P_{\max}$ 选得过小，裂纹扩展缓慢，实验比较费时。

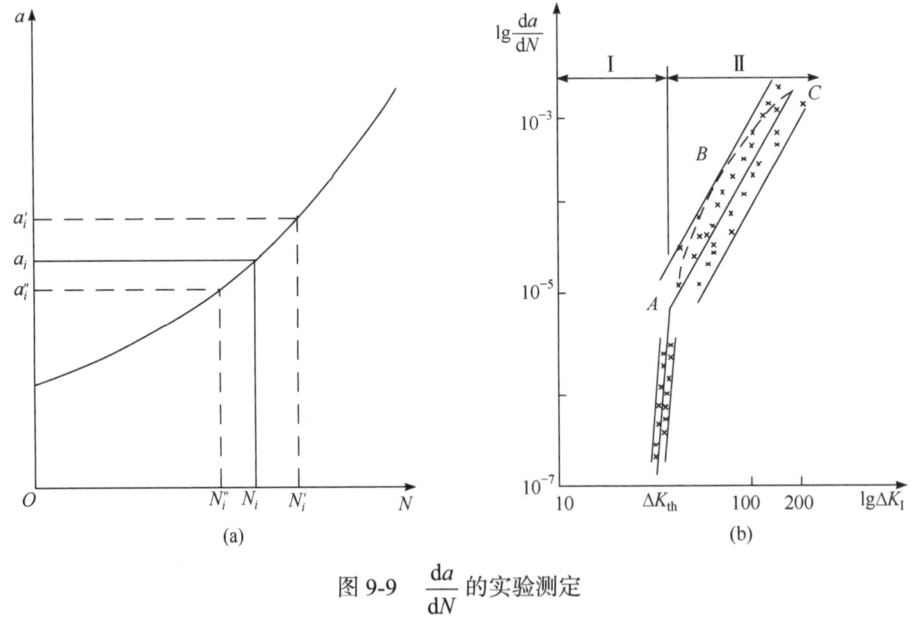

图 9-9　$\frac{\mathrm{d}a}{\mathrm{d}N}$ 的实验测定

有了 a-N 曲线，就可以求出对应于某一个裂纹长度 a_i 的 $\left(\frac{\mathrm{d}a}{\mathrm{d}N}\right)_i$ 和 $(\Delta K_{\mathrm{I}})_i$。$\left(\frac{\mathrm{d}a}{\mathrm{d}N}\right)_i$ 为

a-N 曲线上 a_i 相对应点处的切线斜率，可以近似用割线法计算，即 $\left(\dfrac{\mathrm{d}a}{\mathrm{d}N}\right)_i \approx \left(\dfrac{\Delta a}{\Delta N}\right)_i = \dfrac{a_i''-a_i'}{N_i''-N_i'}$；也可先求出函数方程 $a=f(N)$，然后求其微分 $f'(N)_i=\left(\dfrac{\mathrm{d}a}{\mathrm{d}N}\right)_i$。$(\Delta K_{\mathrm{I}})_i$ 则是通过把 a_i 代入式(9-5)中计算而得，应力强度因子表达式随试样形状而定。

对于求出的一组 $\dfrac{\mathrm{d}a}{\mathrm{d}N}$-$\Delta K_{\mathrm{I}}$ 数据，在双对数坐标系 $\lg\dfrac{\mathrm{d}a}{\mathrm{d}N}$-$\lg\Delta K_{\mathrm{I}}$ 中描点(图 9-9(b))。由于载荷的不均匀性、测量误差及冶金学等因素，所得到的数据点形成一个分散带。通过线性回归处理，一般可画出两条直线。第 Ⅰ 阶段内的直线较陡，且当裂纹尖端的 ΔK_{I} 小于某个界限值时，裂纹基本上不扩展($\dfrac{\mathrm{d}a}{\mathrm{d}N}\leqslant 10^{-7}\sim 10^{-8}$ mm/周)，该界限值就是裂纹扩展的门槛值 ΔK_{th}。第 Ⅱ 阶段的直线 AC，其方程可写为

$$\lg\frac{\mathrm{d}a}{\mathrm{d}N}=\lg C+m\lg\Delta K_{\mathrm{I}} \tag{9-6}$$

它是 Paris 方程(9-4)取对数后的形式。式中，m 是直线 AC 的斜率；$\lg C$ 则是 AC 在纵坐标轴上的截距，查反对数表后即可得 C。这样就通过实验测出了描述裂纹扩展速率的材料常数 C 和 m。

由于实验数据的分散性，有时以实验数据点为基础的线性关系可能按折线处理更合适，如图中虚线段 AB 和 BC。另外，当实验数据点的分散带较宽时，也可沿分散带上、下限作两条平行直线，分别求其 C 和 m 值。

9.3　疲劳裂纹扩展寿命预测

含裂纹构件的疲劳寿命是由疲劳裂纹扩展速率所决定的。该寿命可通过断裂力学方法进行估算。首先，通过无损探伤技术，确定初始裂纹的尺寸、形状、位置和取向；然后，再根据材料的断裂韧度 K_{IC} 或 δ_{c} 确定构件的临界裂纹尺寸 a_{c}；最后，根据裂纹扩展速率的表达式计算从 a_0 到 a_{c} 所需的循环次数，即将疲劳裂纹扩展速率的表达式进行积分，得到恒定应力幅度下含裂纹构件的剩余寿命。当然，对于精确的估算还要考虑温度、环境介质、加载频率及过载等的影响。

9.3.1　裂纹扩展寿命计算公式

1. Paris 公式

如前所述，反映裂纹扩展速率的 Paris 公式为

$$\frac{\mathrm{d}a}{\mathrm{d}N}=C(\Delta K_{\mathrm{I}})^m$$

式中

$$\Delta K_{\mathrm{I}}=g\Delta\sigma\sqrt{\pi a}$$

因此，有

$$\frac{\mathrm{d}a}{\mathrm{d}N}=C\left(g\Delta\sigma\sqrt{\pi a}\right)^m=C_1(\Delta\sigma)^m a^{\frac{m}{2}}$$

其中

$$C_1=Cg^m\pi^{\frac{m}{2}}=C\left(\frac{\Delta K_{\mathrm{I}}}{\Delta\sigma\sqrt{a}}\right)^m$$

进一步可得

$$\mathrm{d}N=\frac{\mathrm{d}a}{C_1(\Delta\sigma)^m a^{\frac{m}{2}}}$$

然后对上式进行积分，分别有：

当 $m\neq 2$ 时

$$N_{\mathrm{c}}=\int_0^{N_{\mathrm{c}}}\mathrm{d}N=\frac{1}{\left(1-\frac{m}{2}\right)C_1(\Delta\sigma)^m}\left(a_{\mathrm{c}}^{1-\frac{m}{2}}-a_0^{1-\frac{m}{2}}\right) \tag{9-7}$$

当 $m=2$ 时

$$N_{\mathrm{c}}=\frac{1}{C_1(\Delta\sigma)^2}\ln\frac{a_{\mathrm{c}}}{a_0} \tag{9-8}$$

2. Forman 公式

为了反映应力比 R 等因素对裂纹扩展速率影响，Forman 等(1967)对 Paris 公式进行了修正，得到了如下所示的 Forman 公式：

$$\frac{\mathrm{d}a}{\mathrm{d}N}=\frac{C(\Delta K_{\mathrm{I}})^m}{(1-R)K_{\mathrm{c}}-\Delta K_{\mathrm{I}}}$$

如果用 ΔK_{f} 表示对应于临界裂纹尺寸 a_{c} 时的应力强度因子幅度，则有 $\Delta K_{\mathrm{f}}=(1-R)K_{\mathrm{c}}$；同时，令 ΔK_0 为初始裂纹尺寸 a_0 的应力强度因子幅度，代入上式中并进行积分，可得：

当 $m\neq 2$，$m\neq 3$ 时

$$\begin{aligned}N_{\mathrm{c}}=\frac{2}{g^2\pi C(\Delta\sigma)^2}\Bigg\{&\frac{\Delta K_{\mathrm{f}}}{m-2}\left[\frac{1}{(\Delta K_0)^{m-2}}-\frac{1}{(\Delta K_{\mathrm{f}})^{m-2}}\right]\\&-\frac{1}{m-3}\left[\frac{1}{(\Delta K_0)^{m-3}}-\frac{1}{(\Delta K_{\mathrm{f}})^{m-3}}\right]\Bigg\}\end{aligned} \tag{9-9}$$

当 $m=2$ 时

$$N_{\mathrm{c}}=\frac{2}{g^2\pi C(\Delta\sigma)^2}\left(\Delta K_{\mathrm{f}}\ln\frac{\Delta K_{\mathrm{f}}}{\Delta K_0}+\Delta K_0-\Delta K_{\mathrm{f}}\right) \tag{9-10}$$

当 $m=3$ 时

$$N_c=\frac{2}{g^2\pi C(\Delta\sigma)^2}\left[\Delta K_f\left(\frac{1}{\Delta K_0}-\frac{1}{\Delta K_f}\right)+\ln\frac{\Delta K_0}{\Delta K_f}\right] \tag{9-11}$$

9.3.2 算例

例 9-1 传动轴上有一条半圆形表面裂纹，$a=c=3\text{mm}$。已知与裂纹平面垂直的应力 σ=300MPa，材料的 σ_s=670MPa，K_{IC}=34MPa$\sqrt{\text{m}}$，$\frac{\text{d}a}{\text{d}N}=10^{-12}(\Delta K_I)^4$。由于运转时有停车和起动，平均每周完成两次应力循环，试估算该轴的疲劳寿命。

解 根据已知垂直裂纹表面的应力 σ 和材料的屈服极限 σ_s，即可计算经过修正的表面半圆形裂纹最深点的应力强度因子 K_I。当 K_I 等于材料的断裂韧性 K_{IC} 时，构件处于临界状态，这样就求出临界裂纹尺寸 a_c。再根据循环应力的情况，计算出应力强度因子幅度 ΔK_I。最后，将所得到的计算数据代入式(9-7)，即可以得到该轴的估算疲劳寿命。

(1) 计算半圆形裂纹最深点的 K_I 值。因为有

$$K_I=M_I\frac{\sigma\sqrt{\pi a}}{\sqrt{Q}}$$

式中

$$M_I=\left[1.0+0.12\left(1-\frac{a}{2c}\right)^2\right],\quad Q=E(k)^2-0.212\left(\frac{\sigma}{\sigma_s}\right)^2$$

所以

$$K_I=\left[1.0+0.12\left(1-\frac{3}{2\times3}\right)^2\right]\frac{\sigma\sqrt{\pi a}}{\left[\left(\frac{\pi}{2}\right)^2-0.212\left(\frac{300}{670}\right)^2\right]^{1/2}}$$

$$=\frac{1.03\sigma\sqrt{\pi a}}{(2.47-0.0425)^{1/2}}=0.66\sigma\sqrt{\pi a}$$

(2) 当裂纹增长到 a_c 时，K_I 达到 K_{IC}。由此即可计算出临界裂纹长度 a_c。因为

$$K_I=K_{IC}$$

$$0.66\sigma\sqrt{\pi a_c}=34$$

因此，有

$$a_c=\frac{(34)^2\times10^3}{(0.66\times300)^2\pi}=9.386\text{mm}$$

(3) 计算应力强度因子幅度。因为有

$$\Delta K_I=K_{I\max}-K_{I\min}=K_{I\max}-0=K_I=0.66\sigma\sqrt{\pi a}$$

将其代入式(9-7)，即可以得到构件的疲劳剩余寿命为

$$N_c = \frac{1}{\left(1-\frac{m}{2}\right)C_1(\Delta\sigma)^m}\left(a_c^{1-\frac{m}{2}} - a_0^{1-\frac{m}{2}}\right)$$

式中

$$C_1 = C\left(\frac{\Delta K_I}{\Delta\sigma\sqrt{a}}\right)^m = C\left(0.66\sqrt{\pi}\right)^4$$

最后可得

$$N_c = \frac{1}{(1-2)\times10^{-12}\times0.66^4\pi^2\times300^4}\left(\frac{1}{9.386\times10^{-3}} - \frac{1}{3\times10^{-3}}\right) = 14966\text{次}$$

若一年按 52 周计算，则使用年限为

$$\frac{14966}{52\times2} \approx 143\text{年}$$

如使用寿命规定为 30 年，则安全系数为

$$n = \frac{143}{30} \approx 4.8$$

例 9-2　某一个压力容器的层板上有一条长度为 $2a = 42\text{mm}$ 的周向贯穿直裂纹，容器每次升压和降压时的 $\Delta\sigma = 100\text{MPa}$，从材料的断裂韧度计算出的临界裂纹尺寸为 $a_c = 225\text{mm}$，由试验得到的裂纹扩展速率的表达式为 $\frac{\mathrm{d}a}{\mathrm{d}N} = 2\times10^{-10}(\Delta K_I)^3$，$\mathrm{d}a/\mathrm{d}N$ 的单位为 m/cycle。试估算容器的疲劳寿命和经 5000 次循环后的裂纹尺寸。

解　(1) 容器层板可视为带有中心贯穿裂纹的无限大板，其应力强度因子 $K_I = \sigma\sqrt{\pi a}$，而应力强度因子幅度 $\Delta K_I = K_{I\max} - K_{I\min} = \Delta\sigma\sqrt{\pi a}$。将 ΔK_I 代入寿命估算公式或直接代入 Paris 公式，并进行积分可得

$$\begin{aligned}
N_c &= \int_0^{N_c}\mathrm{d}N = \int_{a_0}^{a_c}\frac{\mathrm{d}a}{C(\Delta K_I)^m} = \int_{a_0}^{a_c}\frac{\mathrm{d}a}{2\times10^{-10}(\Delta K_I)^3} \\
&= \frac{1}{2\times10^{-10}\pi^{3/2}\Delta\sigma^3}\int_{a_0}^{a_c}\frac{\mathrm{d}a}{a^{\frac{3}{2}}} \\
&= \frac{1}{\left(1-\frac{3}{2}\right)\times2\times10^{-10}\pi^{3/2}\Delta\sigma^3}\left(a_c^{1-\frac{3}{2}} - a_0^{1-\frac{3}{2}}\right) \\
&= \frac{1}{\left(1-\frac{3}{2}\right)\times2\times10^{-10}\pi^{3/2}(100)^3}\left(\frac{1}{\sqrt{225\times10^{-3}}} - \frac{1}{\sqrt{21\times10^{-3}}}\right) \\
&= 8600\text{次}
\end{aligned}$$

(2) 经 5000 次循环后的裂纹长度为

$$5000=\frac{1}{\left(1-\dfrac{3}{2}\right)\times 2\times 10^{-10}\pi^{3/2}(100)^3}\left(\frac{1}{\sqrt{a}}-\frac{1}{\sqrt{21}}\right)\sqrt{10^3}$$

即

$$a=58.95\text{mm}$$

由于 $a<a_c$，所以经过 5000 次循环后，该容器仍然安全。

9.4　影响疲劳裂纹扩展的一些因素

9.4.1　平均应力的影响

大量的试验表明，当 ΔK_{I} 一定时，$\dfrac{\mathrm{d}a}{\mathrm{d}N}$ 随应力比 R 的增加而增加，如图 9-10 所示。而从平均应力 σ_{m} 与应力幅度 σ_{a} 可导出 σ_{m} 与 $\Delta\sigma$ 和 R 之间有如下关系：

$$\sigma_{\text{a}}=\frac{1}{2}(\sigma_{\max}-\sigma_{\min}),\quad \sigma_{\text{m}}=\frac{1}{2}(\sigma_{\max}+\sigma_{\min})$$

$$\frac{\sigma_{\text{m}}}{\sigma_a}=\frac{\sigma_{\max}+\sigma_{\min}}{\sigma_{\max}-\sigma_{\min}}=\frac{1+R}{1-R}$$

所以

$$\begin{aligned}\sigma_{\text{m}}&=\frac{1+R}{1-R}\sigma_{\text{a}}=\frac{1+R}{1-R}\frac{\Delta\sigma}{2}\\&=\frac{\Delta\sigma}{1-R}-\frac{\Delta\sigma}{2}\end{aligned}\tag{9-12}$$

由式(9-12)可见，当 $\Delta\sigma$ 为一定时，也就是 ΔK_{I} 为定值，σ_{m} 随 R 增大而增大($0\leqslant R<1$)。因此，平均应力 σ_{m} 对 $\dfrac{\mathrm{d}a}{\mathrm{d}N}$ 的影响可通过 R 来体现。

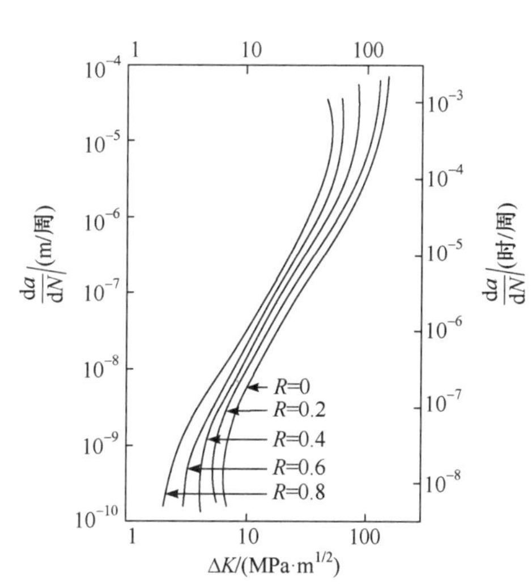

图 9-10　平均应力对裂纹扩展速率的影响

从图 9-10 中还可以看出，在曲线的第Ⅰ区域，门槛值 ΔK_{th} 明显受到 R 的影响。一般随 R 增大，ΔK_{th} 下降，其关系式为

$$\Delta K_{\text{th}}=\Delta K_{\text{th}}^0(1-R)^m\tag{9-13}$$

其中，ΔK_{th}^0 是 R=0 的门槛值。

一些试验表明，对于 $m=0.5\sim0.9$ 的材料，在第Ⅱ阶段中 R 对 $\dfrac{\mathrm{d}a}{\mathrm{d}N}$ 的影响要小一些；然而，在断裂韧度 K_{IC} 或 K_{C} 控制的第Ⅲ阶段，R 的影响则很显著。

许多试验还表明，裂纹扩展速率 $\dfrac{\mathrm{d}a}{\mathrm{d}N}$ 不仅与 σ_{m} 和 ΔK_{I} 有关，而且还要考虑应力强度因子趋于 K_{IC} 或 K_{C} 时裂纹加速扩展的效应，因此，Forman 等(1967)提出下述表达式：

$$\frac{\mathrm{d}a}{\mathrm{d}N}=\frac{C(\Delta K_{\mathrm{I}})^m}{(1-R)K_{\mathrm{C}}-\Delta K_{\mathrm{I}}} \tag{9-14}$$

从式(9-14)可见，当$\Delta K_{\mathrm{I}}\to(1-R)K_{\mathrm{C}}$时，$\frac{\mathrm{d}a}{\mathrm{d}N}\to\infty$。当然，也可以从另一方面来看，当裂纹尖端的应力强度因子$\Delta K_{\mathrm{Imax}}\to K_{\mathrm{C}}$时，则$\frac{\mathrm{d}a}{\mathrm{d}N}\to\infty$。因此，Forman 公式有时也可以表示为

$$\frac{\mathrm{d}a}{\mathrm{d}N}=\frac{C(\Delta K_{\mathrm{I}})^m}{(1-R)(K_{\mathrm{C}}-K_{\mathrm{Imax}})} \tag{9-15}$$

Forman 公式在处理许多材料的试验数据时是很有效的，特别是针对高强度铝合金材料。式(9-14)和式(9-15)也表明：材料的K_{C}越高，$\frac{\mathrm{d}a}{\mathrm{d}N}$就越小。但是，Forman 公式虽然得到广泛的应用，然而，对于高韧性材料，其K_{C}不易测得。

另外，Walker(1970)又提出了用有效应力强度因子幅度$\overline{\Delta K_{\mathrm{I}}}$代替 Paris 公式中的应力强度因子幅度$\Delta K_{\mathrm{I}}$，其裂纹扩展速率表达式采用以下形式：

$$\frac{\mathrm{d}a}{\mathrm{d}N}=C\left(\overline{\Delta K_{\mathrm{I}}}\right)^m \tag{9-16}$$

其有效应力强度因子为

$$\overline{\Delta K_{\mathrm{I}}}=\sigma_{\max}(1-R)^n\sqrt{\pi a}=K_{\mathrm{Imax}}(1-R)^n \tag{9-17}$$

代入式(9-16)为

$$\frac{\mathrm{d}a}{\mathrm{d}N}=C\left[K_{\mathrm{Imax}}(1-R)^n\right]^m \tag{9-18}$$

式中，C、m、n是与试验条件有关的材料常数。当n=1时，式(9-18)就是 Paris 公式。

上面讨论了应力比$R\geqslant 0$时，应力比的变化对裂纹扩展速率的影响。下面简单介绍一下R为负值(循环中包括受压缩的情况)时，R的变化对$\frac{\mathrm{d}a}{\mathrm{d}N}$的影响。需要指出的是，这一问题目前研究得还不很充分。Stephens 等(2000)用低合金高强度钢研究了应力比R=+0.5～−2.0时的$\frac{\mathrm{d}a}{\mathrm{d}N}$，得到了如图 9-11 所示的结果。由图 9-11 可见，在第Ⅱ区和第Ⅲ区中，数据分散带很小。此外，在$R<0$的常幅循环加载条件下，铸钢、铸铁和铝合金的裂纹扩展速率与R=0时相类似。

9.4.2　加载频率的影响

大量试验表明，随着加载频率的降低，$\frac{\mathrm{d}a}{\mathrm{d}N}$随之增大。而实际工程中的构件所受的循环应力载荷的频率往往较低，当把高频疲劳获得的$\frac{\mathrm{d}a}{\mathrm{d}N}$数据用于工程实际问题进行计算时要作适当的修正。图 9-12 给出了 301 不锈钢在 538°C，$R=0.05$时频率对$\frac{\mathrm{d}a}{\mathrm{d}N}$的影响。

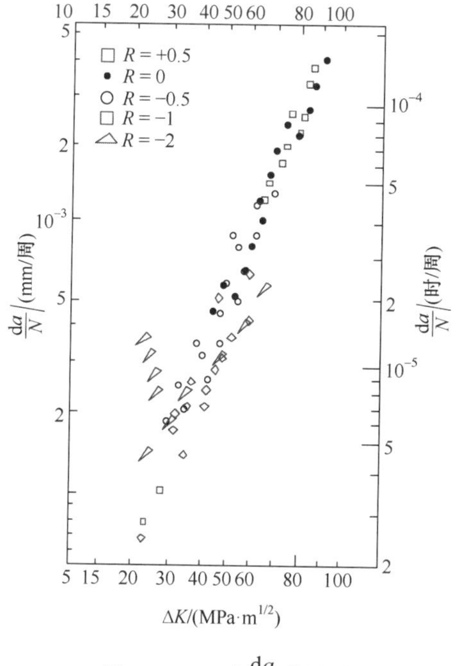

图 9-11　R 对 $\frac{da}{dN}$ 的影响

图 9-12　301 不锈钢在 538℃，R=0.05 时频率对 $\frac{da}{dN}$ 的影响

9.4.3　过载峰的影响

构件在实际工作中，其 $\Delta\sigma$ 往往不是恒定的，而是忽大忽小地变化的，从而使裂纹扩展速率问题复杂化。其中，最重要的就是所谓过载峰的影响。

在常幅循环加载($\Delta\sigma$ 恒定)过程中，若突然受到一个高应力作用，如图 9-13 所示，随后又以原先的常幅循环载荷进行疲劳加载，这个高应力就叫过载峰。大量试验数据表明，每过载一次，都显著减慢了裂纹扩展速率。

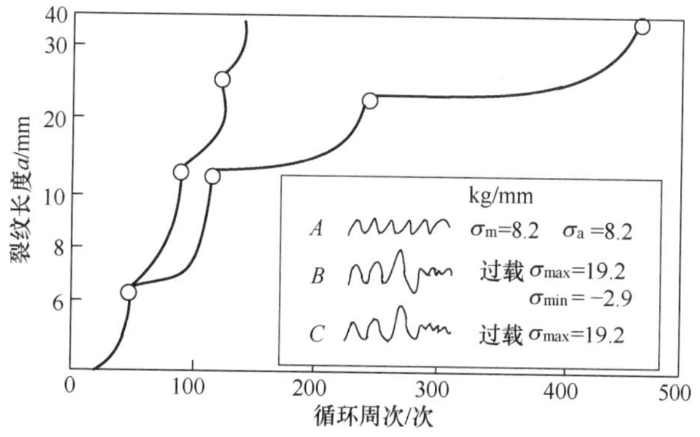

图 9-13　2024-T_3 铝合金过载引起的停滞

为了解释过载峰引起裂纹扩展减慢的现象，研究者们曾提出了几种理论。现在介绍

所谓裂纹闭合效应理论。

由前述已知，在加载过程中裂纹张开，裂纹尖端附近形成一个塑性区，其大小为 R：

$$R=\frac{1}{\beta\pi}\left(\frac{K_{\text{I}}}{\sigma_{\text{S}}}\right)^2 \tag{9-19}$$

在平面应力时，β=1；在平面应变时，$\beta=2\sqrt{2}$。塑性区的应力等于有效屈服应力 σ_{ys}，其分布情况如图 9-14(a)所示。如果去掉外加应力(σ=0)，则包围塑性区的弹性材料的弹性应变要恢复到零，即弹性材料要收缩。但是，由于塑性区内塑性应变具有不可逆性，这种弹性收缩将会在塑性区内产生一个压缩残余应力(图 9-14(b))，进而使裂纹闭合。可以认为，这个压缩残余应力和一个残余的张开位移 δ_0 相对应(即如果把压缩残余应力松弛，就可使裂纹张开 δ_0)。对于平面应力情况，由式(7-24)及式(9-19)可得

$$\delta_0=\frac{4}{\pi}\frac{\sigma_{\text{s}}}{E}\left(\frac{K_{\text{I}}}{\sigma_{\text{s}}}\right)^2=4\frac{\sigma_{\text{s}}}{E}R \tag{9-20}$$

由于 δ_0 使裂纹闭合，因此，当外载荷由零重新升高时，如果外加应力较小，则相应的 K_{I} 代入式(7-24)中算出的 δ 也较小。如果 $\delta<\delta_0$，则裂纹就不能张开。只有当外加应力大于等于使裂纹重新张开的门槛应力 σ_{op} 时，即 $\sigma\geqslant\sigma_{\text{op}}$，裂纹才张开。这表明使裂纹张开并导致其扩展的有效应力幅度应为

$$\Delta\sigma_{\text{f}}=\sigma_{\max}-\sigma_{\text{op}} \tag{9-21}$$

与 $\Delta\sigma_{\text{f}}$ 相对应的有效应力强度因子幅度 ΔK_{f} 为

$$\Delta K_{\text{f}}=g\Delta\sigma_{\text{f}}\sqrt{\pi a}=g\Delta\sigma\sqrt{\pi a}\frac{\Delta\sigma_{\text{f}}}{\Delta\sigma}=U\Delta K_{\text{I}} \tag{9-22}$$

式中，$U=\dfrac{\sigma_{\max}-\sigma_{\text{op}}}{\sigma_{\max}-\sigma_{\min}}$。

因此，Paris 公式改写为

$$\frac{\mathrm{d}a}{\mathrm{d}N}=C(\Delta K_{\text{f}})^m=C(U\Delta K_{\text{I}})^m \tag{9-23}$$

如果在裂纹扩展过程中突然增加一个过载峰，其峰值应力为 $\sigma_{\max}^*\geqslant\sigma_{\max}$，相应的 $K^*_{\text{I}\max}\geqslant K_{\text{I}\max}$。这样，裂纹尖端的塑性区尺寸 $R^*=\dfrac{1}{\beta\pi}\left(\dfrac{K^*_{\text{I}\max}}{\sigma_{\text{S}}}\right)^{2*}$ 就远大于 $R=\dfrac{1}{\beta\pi}\left(\dfrac{K_{\text{I}\max}}{\sigma_{\text{S}}}\right)^2$。过载峰造成的残余张开位移 δ_0^* 也远大于常幅循环加载时的 δ_0。这就表明，过载后，使裂纹重新张开的门槛应力 σ_{op}^* 也比过载荷前的 σ_{op} 大，即过载后要使裂纹重新张开所需的最小应力 σ_{op} 提高到 σ_{op}^* (图 9-15)。

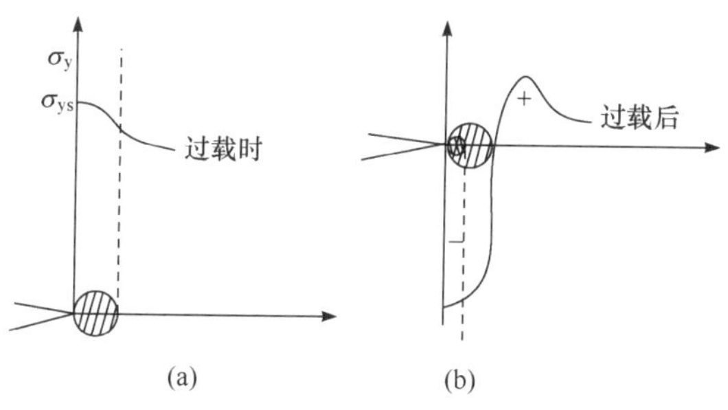

图 9-14　加载和卸载时裂纹前端应力分布

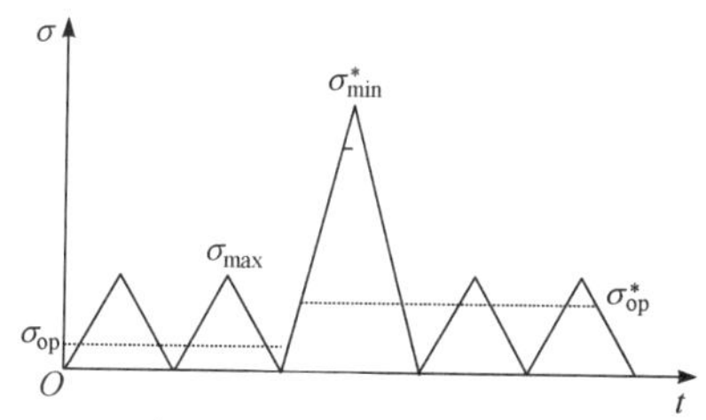

图 9-15　过载后有效应力幅度的变化

若过载后仍以过载前的常幅应力 $\Delta\sigma$ 进行疲劳加载，则有效应力就从 $\Delta\sigma_f=\sigma_{max}-\sigma_{op}$ 减小为 $\Delta\sigma_f^*=\sigma_{max}-\sigma_{op}^*$，有效应力强度因子幅 ΔK_f^* 也明显小于 ΔK_f，所以，过载后的扩展速率 $\frac{da}{dN}=C\left(\Delta K_f^*\right)^m$ 小于 $\frac{da}{dN}=C(\Delta K_f)^m$。这就说明了过载后裂纹扩展变慢的原因。在极限情况下，如过载很大，则 ΔK_f^* 下降很多；当 $\Delta K_f^*<\Delta K_{th}$ 时，裂纹就停止扩展(即 $\frac{da}{dN}=0$)。

由第 7 章可知，如果考虑到裂纹尖端的塑性区 R 的存在，则用有效裂纹长度 a^*，即

$$a^*=a+\frac{R}{2}$$

代替原来裂纹长度 a，以计入塑性区的影响，然后，仍可用线弹性方法来处理问题。由此可知，当受到一个过载峰之后，裂纹前端有最大的塑性区 R^*，裂纹扩展变慢；但是，当裂纹慢慢扩展到达过载塑性区 R^* 的中心时，即过载影响区内裂纹扩展量为 $\Delta a^*=\frac{R^*}{2}$，总裂纹长度为 $a^*=a+\frac{R^*}{2}$，也就是为相当有效长度。这时可不再考虑过载塑性区的影响，也就是说，当过载后裂纹扩展之后，

$$\Delta a^*=\frac{R^*}{2}=\frac{1}{2\beta\pi}\left(\frac{K_{\mathrm{Imax}}^*}{\sigma_S}\right)^2 \tag{9-24}$$

过载影响区就消失，其后的 $\frac{da}{dN}$ 等于无过载时的正常值。

9.4.4 腐蚀环境的影响

腐蚀介质对扩展速率的影响很大，特别是频率愈低其影响愈大。当然，这种影响与材料对该介质的敏感程度有关。图 9-16 反映了空气中的水分对两种铝合金材料裂纹扩展速率的影响。图 9-16 中，虚线表示含有水分的空气中所得到的数据，实线为干燥空气中所得到的数据。可见，材料在含有水分的空气中的裂纹扩展速率要高于干燥空气中的裂纹扩展速率。

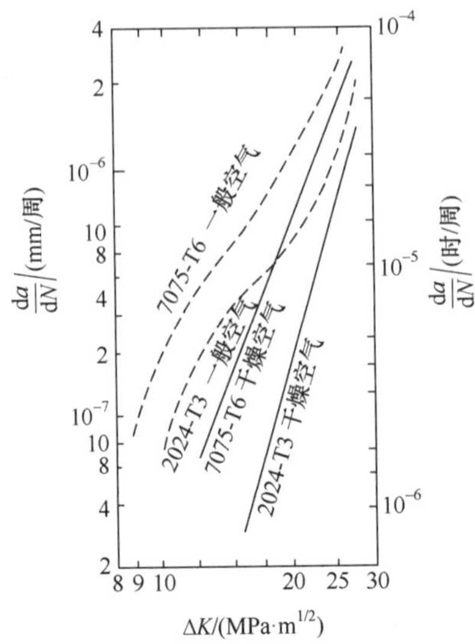

图 9-16　在频率为 20Hz 下，水分对 7075-T6、2024-T3 铝合金的 $\frac{da}{dN}$ 的影响

习　　题

习题 9-1　什么叫裂纹扩展门槛值?

习题 9-2　什么叫亚临界裂纹扩展? 它与裂纹长度有什么关系?

习题 9-3　恒定幅值疲劳裂纹的扩展速率主要与哪些因素有关?

习题 9-4　什么是应力强度因子范围? 它的一般表达式可以怎样表示?

习题 9-5　某一个圆柱形铝合金压强容器，内径为 $D=500\text{ mm}$，壁厚 $t=25\text{mm}$，内压力 $P=20\text{ MPa}$，材料的 $\sigma_s=450\text{MPa}$，$K_{IC}=34\text{ MPa}\cdot\text{m}^{1/2}$，$da/dN=2\times10^{-11}(\Delta K_I)^4$，探伤发现容器的纵向表面裂纹尺寸为 $a=2\text{ mm}$，$c=4\text{ mm}$。若将容器的每次冲压与卸载看作是完成一个脉动循环，求该容器的使用寿命。

习题 9-6　某一钢制构件的疲劳裂纹扩展特性为 $da/dN=10^{-10}\Delta K^3$。该构件有一条单边裂纹，外加应力范围为 400～700MPa，初始裂纹长度为 1mm，扩展到 10mm 断裂。其应力强度因子可表示为 $K=1.2\sigma\sqrt{\pi a}$。若当初对构件进行喷丸处理使其有 500MPa 残余应力，则寿命可提高多少?

习题 9-7　某一个板状零件，如图 9-17 所示，其中部有一条长度为 $2a=42\text{ mm}$ 的穿透裂纹，所受载荷 $\Delta\sigma=100\text{ MPa}$，从材料的断裂韧性计算出临界裂纹长度尺寸 $a_c=225\text{ mm}$，由试验得出 $\frac{da}{dN}=2\times10^{-10}(\Delta K_I)^3$。试估算零件的疲劳寿命和经过 5000 次循环后的裂纹尺寸，并分析此时零件是否满足安全设计准则?

习题 9-8　某一块宽大承力钢板，如图 9-18 所示，承受单向循环应力作用，其承受最大应力 $\sigma_{max}=200\text{ MPa}$，最小应力 $\sigma_{min}=-50\text{ MPa}$。钢板的机械性能为：抗拉强度 $\sigma_b=670\text{ MPa}$，屈服强度 $\sigma_s=630\text{ MPa}$，弹性模量 $E=207\text{ GPa}$，断裂韧性 $K_C=104\text{ MPa}\cdot\text{m}^{1/2}$，门槛应力强度因子范围 $\Delta K_{th}=6.5\text{ MPa}\cdot\text{m}^{1/2}$。该钢板边缘有一条穿透裂纹，长度为 $a=0.5\text{ mm}$。疲劳裂纹扩展速率为 $da/dN=6.9\times10^{-12}(\Delta K_I)^3$，da/dN 的单位为 m/cycle。

试确定其裂纹扩展寿命，并讨论其断裂韧性及初始裂纹长度对寿命的影响。

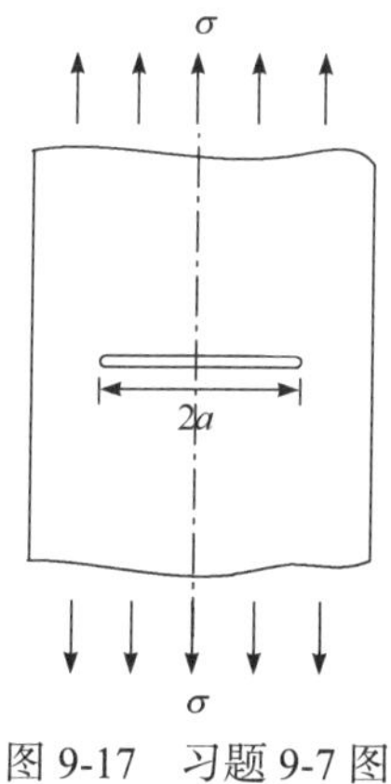

图 9-17　习题 9-7 图

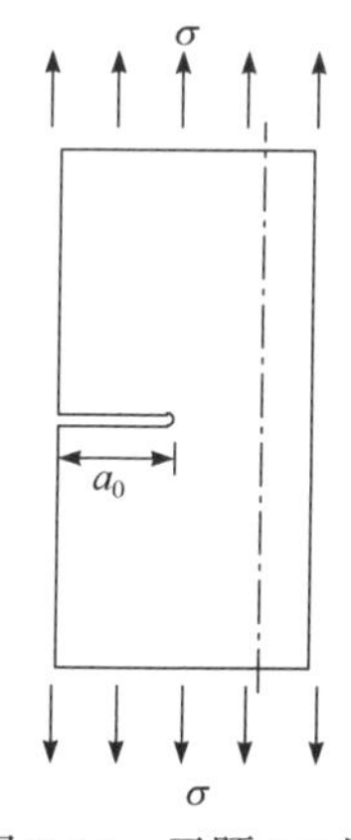

图 9-18　习题 9-8 图

参 考 文 献

Forman R G, Keary V E, Eagle R M. 1967. Numerical analysis of crack propagation in cyclic-loaded structures. Journal of Basic Engineering, 89(3): 459-464.

Pairs P C, Erdogan F. 1963. A critical analysis of crack propagation laws. Journal of Basic Engineering, 85: 528-539.

Stephens R I, Fatemi A, Stephens R R, et al. 2000. Metal Fatigue in Engineering. United States of America: John Wiley & Sons.

Walker K. 1970. The effect of stress ratio during crack propagation and fatigue for 2024-T3 and 7075-T6 aluminum. Effects of environment and complete loading history on fatigue life, ASTM STP 462, American Society for Testing and Materials, Philadelphia, PA, 1-14.

第 10 章　基于有限元方法的结构疲劳与断裂分析

10.1　压力容器疲劳寿命预测

结构在交变载荷下会发生疲劳破坏，在压力容器设计过程需要进行疲劳分析。但由于受压力容器的疲劳破坏特别容易发生在产生塑性变形比较大的高应变区，如一些接管或几何不连续处等，并且破坏时的循环次数比较低，因此压力容器的疲劳破坏属于低周疲劳破坏。基于有限元分析的疲劳寿命预测方法已经广泛应用于工程领域的各个行业，本节以压力容器这一行业为例，结合 ANSYS 有限元分析软件，对相关疲劳分析流程进行简单介绍，然后再对储液罐的上封头进行疲劳寿命评定。现对疲劳分析的相关概念进行如下陈述。

1. 疲劳分析的定义

疲劳是指结构在低于静态极限强度载荷的重复作用下出现断裂破坏的现象，疲劳破坏的主要因素包括：① 载荷的循环次数；② 每个循环的应力幅值；③ 每个循环的平均应力；④ 存在局部应力集中现象。

2. 处理疲劳的过程

ANSYS 疲劳计算是以 ASME 标准中锅炉与压力容器规范相关的第 3 部分及第 8 部分的第 2 分册作为计算的依据，采用了简化的弹塑性假设和 Miner 累积疲劳求和法则。具体的疲劳计算功能有：

(1) 用后处理所得到的应力结果确定体单元或壳单元的疲劳寿命耗用系数；

(2) 可以在一系列预先选定的位置上确定一定数目事件及组成这些事件的载荷(一个应力状态)，然后保存这些位置上的应力；

(3) 可以在每个选定的位置上定义应力集中系数和给每个应力循环定义比例系数。

3. 基本术语

位置：在模型上存储疲劳应力的节点。这些节点是结构上某些可能产生疲劳破坏的位置。

事件：是在特定的应力循环过程中，在不同时刻的一系列应力状态。

载荷：事件的一部分，是其中的一个应力状态。

应力幅值：两个载荷间应力状态差的一半，程序不考虑应力平均值对结果的影响。

10.1.1　有限元模型

在进行疲劳分析之前需进行不同载荷下的静力学分析，或者从数据库中导入已计算完成的结果数据。本节重点在于阐述疲劳分析的过程，因此分析问题时选取某储液槽封头及筒壁内压工况下的疲劳评定。

1. 几何模型建立

储液罐剖面设计图如图 10-1 所示。该结构由内外两层容器构成，考虑主要的承内压部件为封头和内筒且具有轴对称特点。因此可将该模型简化为二维模型。进一步采用 Plane182 单元划分网格，并设置为轴对称应力状态；单元边长设置为 5mm，划分网格后的整体有限元模型如图 10-2 所示，共有 2116 个单元、2731 个节点。上封头的材料为 06Cr19Ni10 不锈钢，弹性模量为 209GPa，泊松比为 0.3。

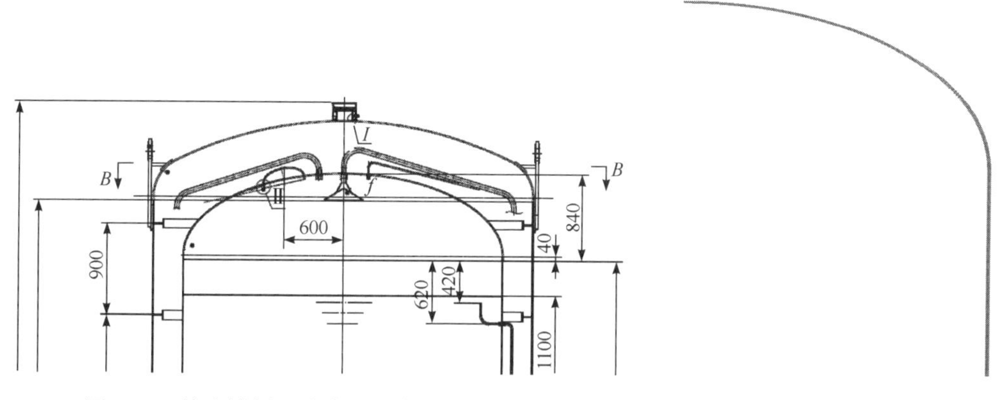

图 10-1　储液罐剖面设计图(局部)(单位：mm)　　图 10-2　有限元模型

2. 边界条件及求解

考虑到简化模型的轴对称特性，采用的位移边界条件为：封头的对称面和内筒壁的横截面法向自由度为零。力边界条件为内壁处施加内压 1.1MPa，如图 10-3 所示。

3. 求解及结果

执行 ANSYS 有限元软件中的 Main Menu/Solution/Solve/Current LS，即可对上述模型进行计算。计算得到的应力云图如图 10-4 所示。从图 10-4 中可以看到：最大应力位置为封头中心位置的节点编号为 11 处，最大应力为 164.946MPa；最大应力位置位于封头与筒体的连接位置，如图 10-5 所示。

10.1.2　疲劳寿命预测

疲劳分析在通用后处理器 POST1 中进行，但必须是已经完成了应力计算，一般包括如下步骤：

(1) 在上述有限元分析计算后，需要将计算结果保存为计算结果文件和载荷工况文件，以便疲劳分析时调用。需要说明的是，当危险点最小应力工况为初始无载荷的情况，仍然需要计算并保存。同时，通过设置载荷时间步的不同来防止覆盖之前的计算内容。

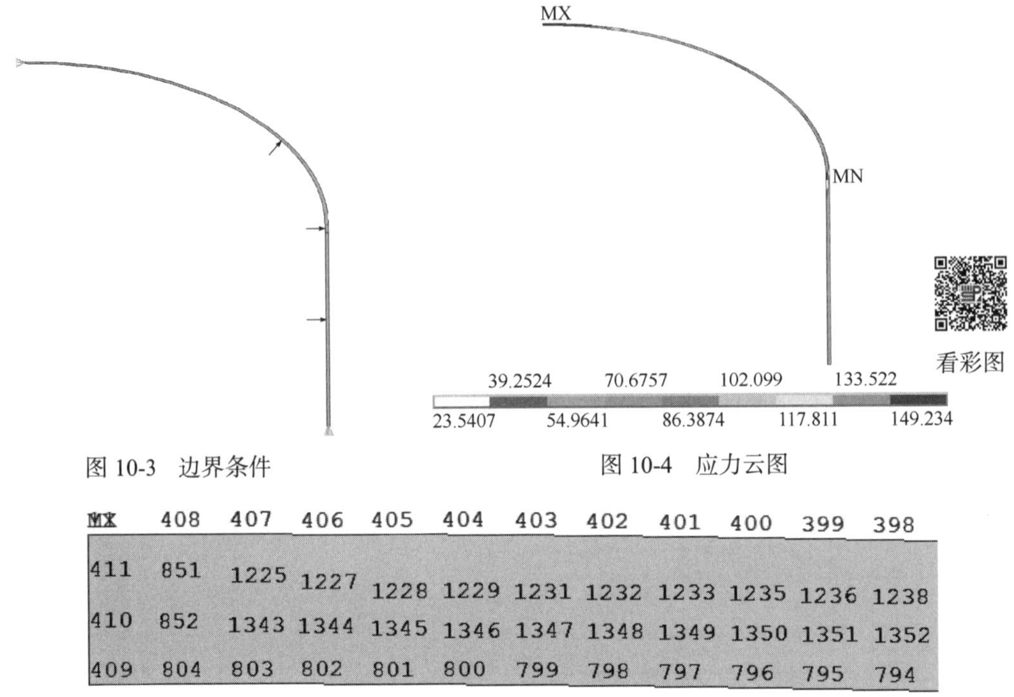

图 10-3　边界条件　　　　图 10-4　应力云图

图 10-5　最大应力的节点位置

(2) 在疲劳计算前需要确定位置、事件和载荷数。点击 Main Menu/General Postproc/Fatigue Size Settings，在弹出的对话框中填写需要计算的位置、事件和载荷数，如图 10-6 所示。

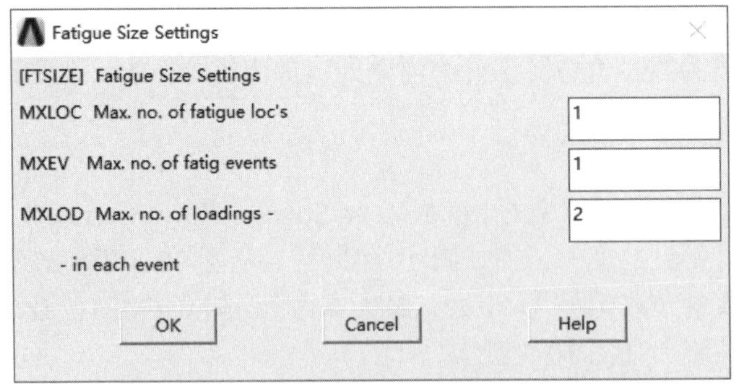

图 10-6　疲劳位置、事件和载荷数设置

(3) 为了计算耗用系数，必须定义材料的疲劳性质。本次分析中需要输入材料的 S-N 曲线。ASME III Appendices I 设计疲劳曲线表示了应变循环的疲劳数据。这些曲线表示交变应力分量的许用幅值 S_a 与循环次数的关系。考虑材料特性及服役温度，采用 Figure I-9.1M 及 Table I-9.1 所示的 S-N 疲劳曲线及具体的数值点。该疲劳数据主要用于碳钢、低合金和高强度钢，且工作温度不超过 370℃的疲劳分析。具体数值如图 10-7 所示。

4000
3000
2000
1000
0
应力许用幅值/MPa
0
10^2
10^4
10^6
10^8
10^10
10^12
循环次数/次

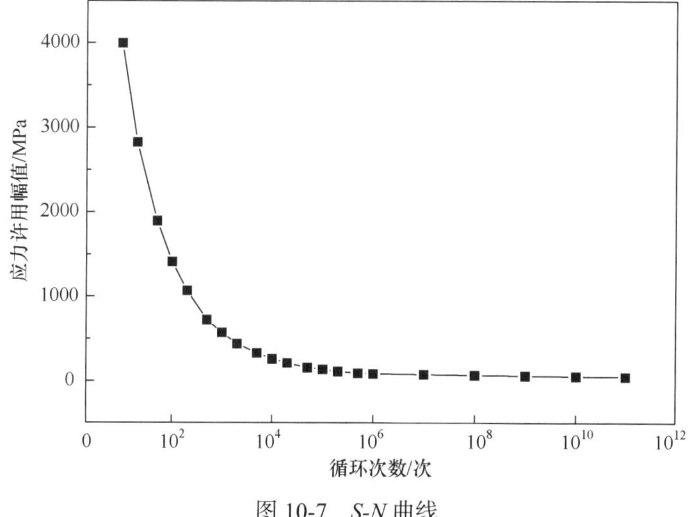

图 10-7　*S-N* 曲线

点击 Main Menu/General Postproc/Fatigue/Property Table/S-N Table，在弹出的对话框中依次填写应力幅值和与之对应的循环次数。

(4) 然后设置评定位置节点。点击 Main Menu/General Postproc/Fatigue Stress Locations，在出现的界面中 NLOC 处填写出现最大应力的节点编号 11；在放大系数处填写弹性模量修正系数，即 209/200=1.045，如图 10-8 所示。

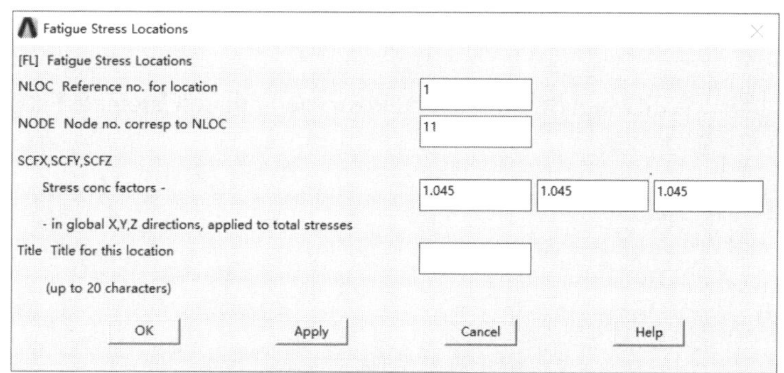

Fatigue Stress Locations
[FL] Fatigue Stress Locations
NLOC Reference no. for location
1
NODE Node no. corresp to NLOC
11
SCFX,SCFY,SCFZ
Stress conc factors -
1.045
1.045
1.045
- in global X,Y,Z directions, applied to total stresses
Title Title for this location
(up to 20 characters)
OK
Apply
Cancel
Help

图 10-8　设置评定位置节点

(5) 读取计算结果。点击 Main Menu/General Postproc/Fatigue/Store Stresses/From Results File，在弹出的对话框中填写相关内容，如图 10-9 和图 10-10 所示。

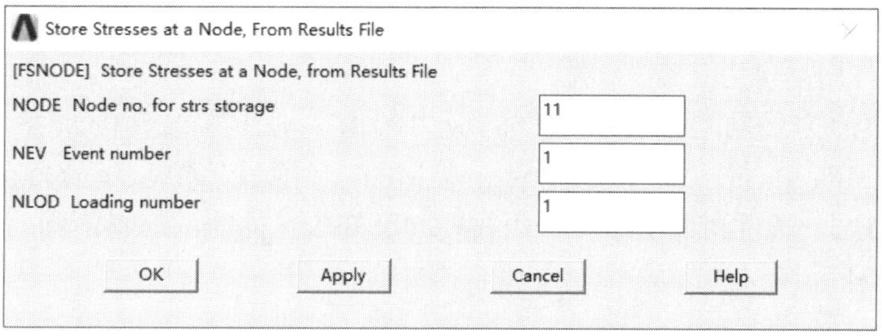

Store Stresses at a Node, From Results File
[FSNODE] Store Stresses at a Node, from Results File
NODE Node no. for strs storage
11
NEV Event number
1
NLOD Loading number
1
OK
Apply
Cancel
Help

图 10-9　读取载荷 1 的计算结果

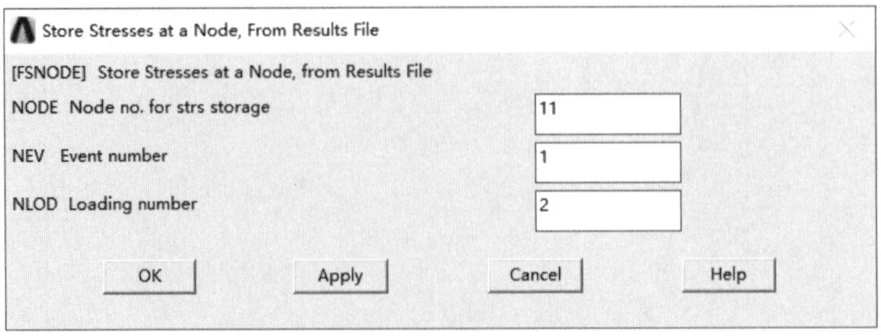

Store Stresses at a Node, From Results File
[FSNODE] Store Stresses at a Node, from Results File
NODE Node no. for strs storage
11
NEV Event number
1
NLOD Loading number
2
OK
Apply
Cancel
Help

图 10-10　读取载荷 2 的计算结果

(6) 设定事件的循环次数。在本例的分析中，假设该工况(即内压为 1.1MPa 的加/卸载)循环了 10000 周次。点击 Main Menu/General Postproc/Fatigue/Assign Event Data，在出现的界面中循环次数处填写 10000，如图 10-11 所示。

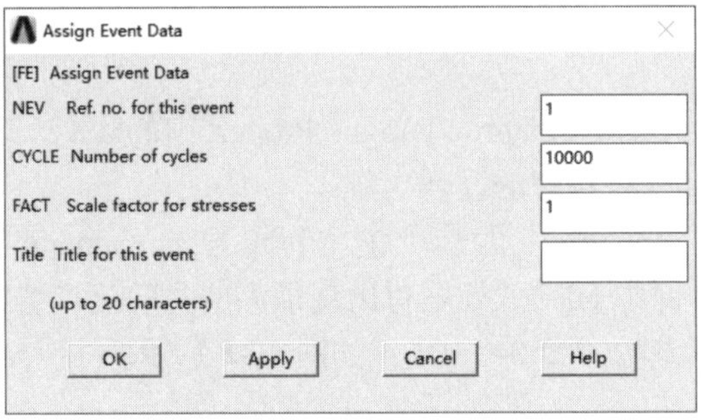

Assign Event Data
[FE] Assign Event Data
NEV Ref. no. for this event
1
CYCLE Number of cycles
10000
FACT Scale factor for stresses
1
Title Title for this event
(up to 20 characters)
OK
Apply
Cancel
Help

图 10-11　事件的循环次数

(7) 疲劳计算。点击 Main Menu/General Postproc/Fatigue/Calculate Fatigue，选择计算节点为 11，如图 10-12 所示。

Calculate Fatigue
[FTCALC] Calculate fatigue at
Location number
Node number
Specified location or node no.
11
OK
Apply
Cancel
Help

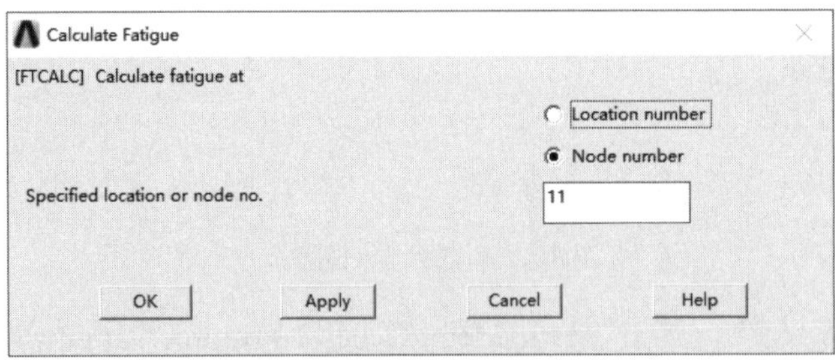

图 10-12　疲劳计算设置

最后所得的分析结果如图 10-13 所示。由图 10-13 可知，计算出的交变应力为 86.184MPa，许用周次为 9.8×10^5 次。

交变应力即为最危险位置所承载的应力幅值。对于本次分析而言，最大应力为 $S_{\max}=164.95\text{ MPa}$，最小应力为 $S_{\min}=0\text{ MPa}$，则交变应力为 $S'_{\text{alt}}=(164.95-0)\times0.5=82.475\text{MPa}$。考虑到评定结构所用材料与已知 *S-N* 曲线的材料不同，对交变应力进行弹性模量修正，即

$$S_{\text{alt}}=S'_{\text{alt}}=82.475\times(209/200)\approx86.19\text{MPa}$$

```
PERFORM FATIGUE CALCULATION AT LOCATION    1    NODE        0

        *** POST1 FATIGUE CALCULATION ***

    LOCATION    1  NODE     11     LOC1

EVENT/LOADS    1    1  EVE1                    AND    1    2  EVE1
 PRODUCE ALTERNATING SI (SALT) =    86.184     WITH TEMP =    0.0000
 CYCLES USED/ALLOWED = 0.1000E+05/ 0.9813E+06 = PARTIAL USAGE =    0.01019

CUMULATIVE FATIGUE USAGE =    0.01019
```

图 10-13 疲劳分析结果

根据图 10-7 所示 *S-N* 曲线采用线性差值方法，可计算出疲劳载荷下的许用循环次数。线性差值计算公式为

$$\frac{N}{N_i}=\left(\frac{N_j}{N_i}\right)^{[\log(S_i/S)]/\log(S_i/S_j)}$$

其中，N 为许用的循环次数；N_i 和 N_j 为循环次数，且 $N_i < N < N_j$；S_i 和 S_j 为对应的应力幅值；S 为需要计算的许用应力幅值。计算出的许用循环次数为 9.80×10^5。该结果与 ANSYS 有限元计算结果一致。当设计疲劳分析工况及评定位置较多时，采用 ANSYS 疲劳分析会更加快捷方便。除了根据 ASME 规范所建立的规则进行疲劳计算外，用户也可编写自己的宏指令或选用合适的第三方程序，利用 ANSYS 结果进行疲劳计算。

10.2 疲劳裂纹扩展预测

目前对裂纹扩展的分析主要是基于有限元这类数值方法。传统有限元方法(traditional finite element method)采用连续函数作为形函数，在处理像裂纹这样的位移不连续问题时，必须将裂纹面设置在单元边界上，并在裂尖附近划分非常细致的网格，裂纹扩展时需要对网格进行重划分，计算效率极低。为了解决这一问题，自 1999 年以来，美国西北大学 Belytschko 教授的研究组在有限元框架内提出了扩展有限元思想，逐渐发展了扩展有限元法(eXtended finite element method, XFEM)。下面对扩展有限元方法进行简单介绍，并以有限元软件 ABAQUS 植入的扩展有限元方法为例，进行疲劳裂纹扩展路径的预测。

10.2.1 理论依据

扩展有限元方法中，为了反映裂纹面的间断和裂纹尖端的奇异性，需要在传统位移形函数中额外引入增强函数，即

$$u_I(x)=\sum_{i=1}^{n}N_iu_i(x)+\sum_{i\in n_h}N_iH(x)a_i+\sum_{i\in n_t}N_i\sum_{l=1}^{m}F_l(x)b_i^l \tag{10-1}$$

式中，$H(x)$ 是反映裂纹面间断性的 Heaviside 增强函数；n_h 是裂纹面增强节点；a_i 是裂纹面增强节点自由度；$F_l(x)$ 是裂纹尖端增强函数；n_t 是裂纹尖端增强节点数；b_i^l 是裂纹尖端增强节点自由度。如果节点既属于 n_h 又属于 n_t，则只在 n_t 中包含此节点，节点增强情况如图 10-14 所示。

扩展有限元方法涉及的两个增强函数如下：对于 Heaviside 增强函数有

$$H(x)=\begin{cases}1, & 若\left(x-x^*\right)\boldsymbol{n}\geqslant 0\\ -1, & 其他\end{cases} \tag{10-2}$$

式中，x 是考察点，x^* 是离 x 最近的裂纹面上的点，$\boldsymbol{n}$ 是 x^* 处裂纹的单位外法线矢量，即 $H(x)$ 在裂纹上方取 1，在裂纹下方取−1。

对于线弹性二维裂纹问题，在裂纹尖端局部极坐标系下，有

$$F_l(r,\theta)=\sqrt{r}\left(\sin\frac{\theta}{2},\cos\frac{\theta}{2},\sin\theta\sin\frac{\theta}{2},\sin\theta\cos\frac{\theta}{2}\right) \tag{10-3}$$

此外，在扩展有限元方法中，采用水平集值法来确定裂纹的位置，如图 10-15 所示。通过在单元节点上指定两个距离函数来定义单元中的裂纹几何形状。节点处的两个距离函数分别表示节点距离裂纹面和裂纹前沿的位置。水平集值 (φ,ψ) 提供了一种方便的方法来表征裂纹尖端的应力和位移场，而不是采用局部 (r,θ) 坐标。其关系式为

$$r=\sqrt{\varphi^2+\psi^2} \tag{10-4}$$

$$\theta=\arctan\frac{\psi}{\varphi} \tag{10-5}$$

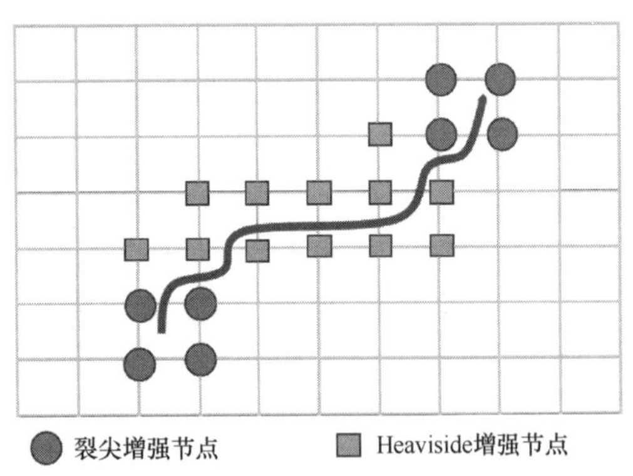

图 10-14　扩展有限元法节点增强情况

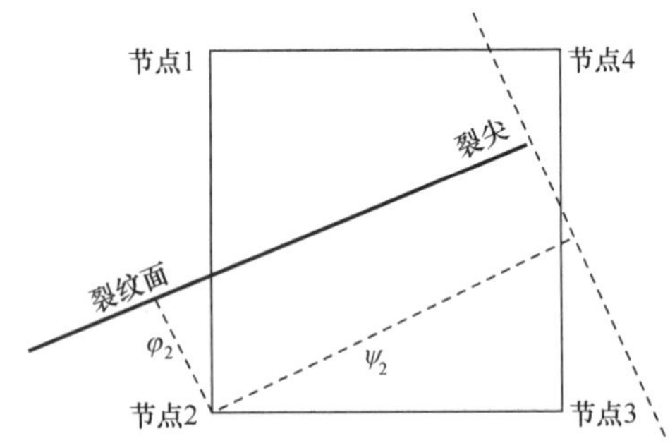

图 10-15　水平集值法表征裂纹尖端场

10.2.2　材料模型

ABAQUS 软件中包含的扩展有限元方法在计算疲劳裂纹扩展路径时，需要使用的材料模型包括损伤模型和裂纹扩展速率模型，下面分别进行介绍。

损伤模型是采用基于牵引-分离定律的损伤(damage for traction-separation laws)准则。

该模型假设材料具有初始线弹性属性，随后损伤开始和演化。初始状态下材料的弹性行为是用弹性本构矩阵来表示的，如

$$\begin{Bmatrix} \sigma_n \\ \sigma_s \\ \sigma_t \end{Bmatrix} = \begin{bmatrix} K_{nn} & 0 & 0 \\ 0 & K_{ss} & 0 \\ 0 & 0 & K_{tt} \end{bmatrix} \begin{Bmatrix} \delta_n \\ \delta_s \\ \delta_t \end{Bmatrix} \tag{10-6}$$

上式把正应力和剪应力与裂纹单元的法向和切向分离联系起来，但法向和切向刚度分量不耦合，即纯法向分离本身不产生切应力，纯剪切滑移不产生正应力。

牵引(Traction)-分离(Separation)定律损伤准则分为 6 种，即二次应变准则、最大应变准则、最大主应变准则、二次应力准则、最大应力准则和最大主应力准则。其中，最大主应力准则如式(10-7)所示：

$$f = \left\{ \frac{\sigma_{\max}}{\sigma_{\max}^0} \right\} \tag{10-7}$$

其中，$\sigma_{\max}$ 是当前载荷下最大主应力；$\sigma_{\max}^0$ 可以由抗拉强度或屈服强度给出。当式(10-7)定义的最大主应力比达到 1 时，损伤开始，裂纹将会萌生和发生扩展。由于最大主应力准则参数简单、易获取，使用起来较方便，因此实际计算中常采用此准则。

此外，还需要设置损伤演化准则来描述循环载荷下材料的刚度退化行为，图 10-16 则描述了材料的线性牵引-分离响应。

疲劳裂纹扩展速率准则是基于直接循环算法，通过定义的材料疲劳裂纹扩展参数，就可以实现循环载荷下裂纹扩展的模拟。

在直接循环分析中，裂纹的萌生准则如式(10-8)所示。

$$f = \frac{\Delta N}{c_1 (\Delta G)^{c_2}} \geqslant 1.0 \tag{10-8}$$

其中，N 是循环次数；c_1、c_2 是材料常数(可以通过上式取等号进行拟合)；ΔG 是相对断裂能释放率(一次循环内结构承受的最大载荷和最小载荷下断裂能释放率 $G_{\max}$ 和 $G_{\min}$ 之差)。在线弹性条件下，有

$$\Delta G = \frac{(\Delta K)^2}{E^*} \tag{10-9}$$

在循环次数满足方程(10-8)和 $G_{\max}$ 大于断裂能释放率门槛值 G_{thresh} 的条件下，裂纹的扩展是基于断裂能释放率形式的 Paris 公式，即

$$\frac{\mathrm{d}a}{\mathrm{d}N} = c_3 \Delta G^{c_4} \tag{10-10}$$

其中，c_3、c_4 是材料常数，可以通过裂纹扩展实验的数据拟合得到。以上介绍的直接循环算法的流程如图 10-17 所示。

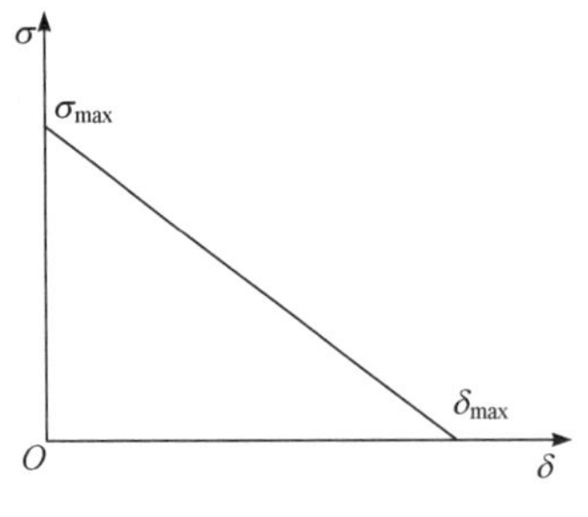

图 10-16　线性牵引-分离响应

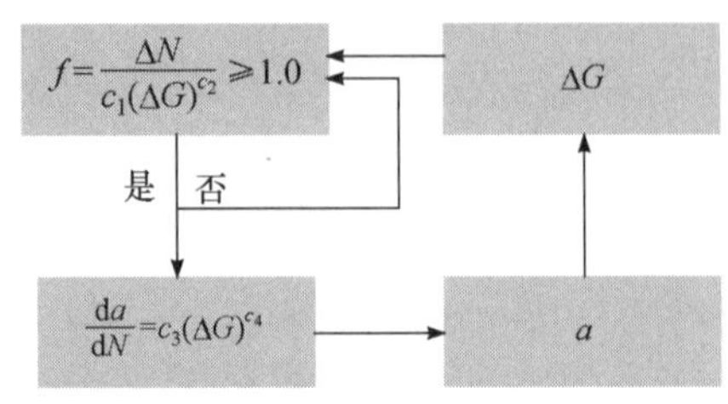

图 10-17　直接循环算法的流程图

综上所述，采用扩展有限元方法预测疲劳裂纹扩展路径时，需要定义损伤准则和疲劳裂纹扩展速率参数，完成材料模型的设置。

10.2.3　有限元模型

为了说明基于 ABAQUS 的疲劳裂纹扩展分析过程，下面将对一个二维边裂纹板在两端受拉时的疲劳裂纹扩展路径预测过程进行介绍。首先，建立一个尺寸为 1m×1m 的二维平板和一个尺寸为 0.1m 的线，装配后划分网格，网格大小为 0.02mm，一共有 2500 个网格；随后，设置分析步为 Direct cyclic，即直接循环算法，设定循环 1×10^5 次；然后，在 interaction 模块进行裂纹扩展的设置，选择整块板为裂纹作用域，线为裂纹位置，如图 10-18 所示，并根据需要对裂纹面施加接触属性。本例选择的是切向无摩擦、法向的硬接触。

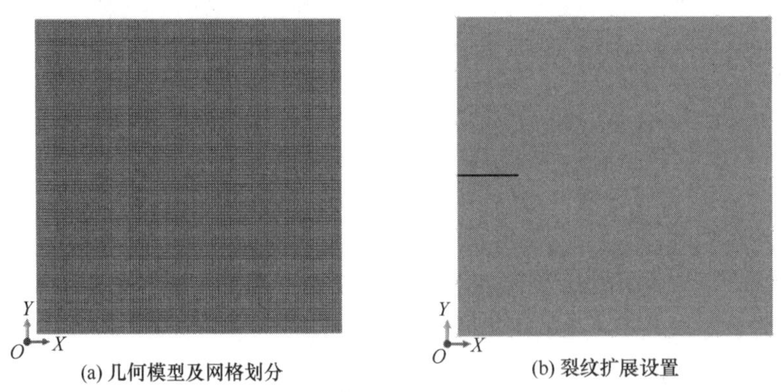

(a) 几何模型及网格划分　　(b) 裂纹扩展设置

图 10-18　有限元模型

10.2.4　材料参量输入

完成了平板的几何模型及裂纹面的建立后，需要对其材料参数进行设置。首先，需要在 Property 模块输入两个基本的力学常数，即弹性模量为 200GPa，泊松比为 0.3。随后，选择牵引-分离定律损伤准则中的最大主应力准则，这个常数一般为材料的抗拉强度，本例设置为 1200MPa；进而选择 Suboptions-Damage Evolution，设置材料的损伤演化为基于能量的线性软化，三个方向的断裂能释放率相同，为 18000J/m^2；然后，设置黏性系数 5×10^{-5}，如图 10-19 所示；最后，需要在关键字中添加“疲劳裂纹扩展”，包括 Paris 公式参数、断裂能释放率等，如图 10-20 所示。

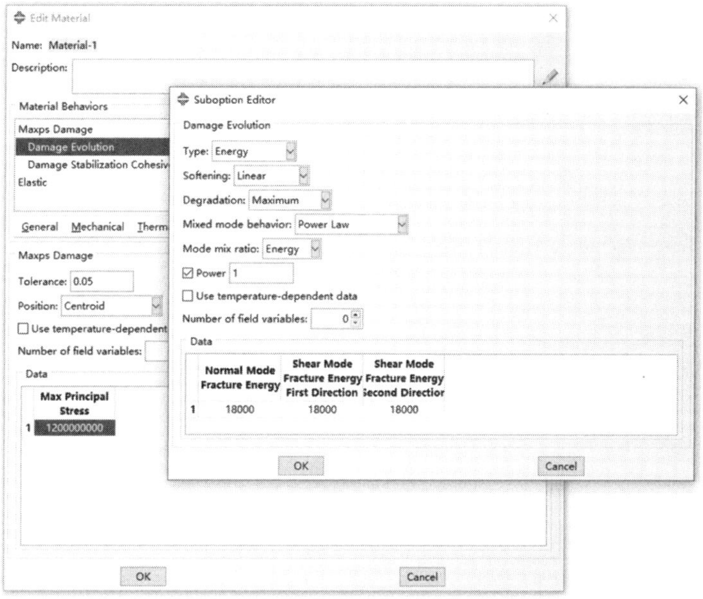

图 10-19　损伤演化参数输入

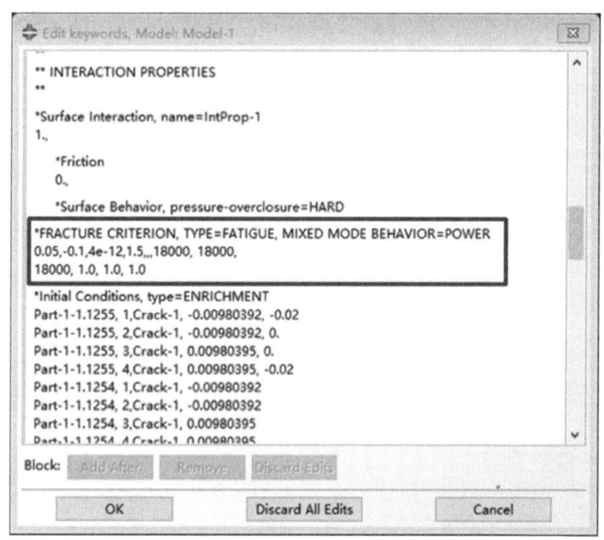

图 10-20　疲劳裂纹扩展关键字输入

10.2.5　载荷和边界条件

接下来需要对载荷和边界条件进行设置。由于疲劳载荷在每次循环内均随时间变化，需要定义一个幅值曲线，本例考虑为三角波曲线，如图 10-21 所示；在边界条件方面，固定模型受拉的两端 X 方向位移，在 Y 方向施加幅值为 50MPa 的应力，如图 10-22 所示。

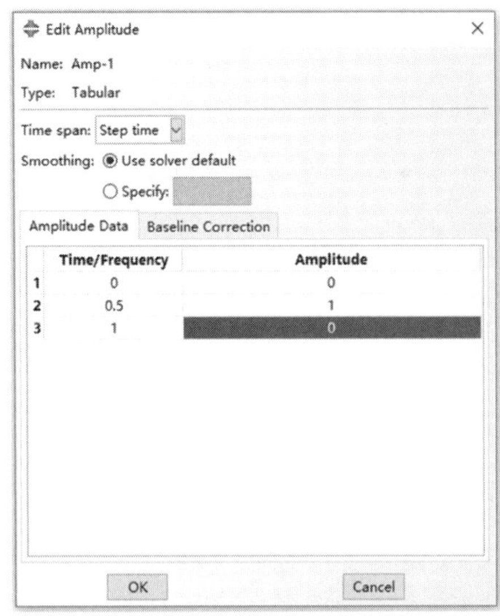

图 10-21　载荷幅值

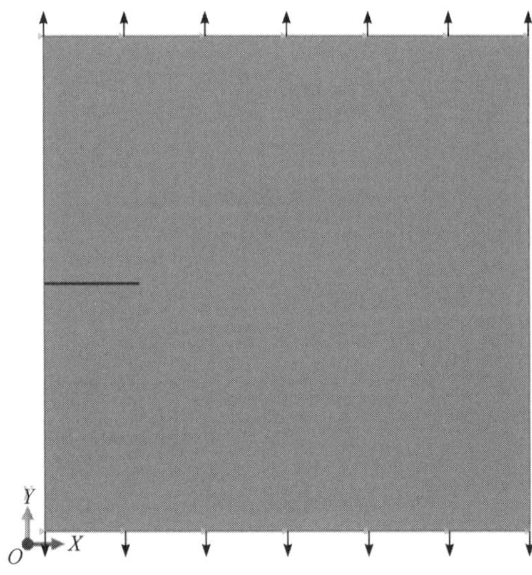

图 10-22　载荷和边界条件

10.2.6　疲劳裂纹扩展预测

完成上述有限元模型的建立后即可进行任务提交，计算得到疲劳载荷作用下裂纹扩展路径，如图 10-23 所示。在裂纹扩展过程中，裂纹尖端附近的区域出现了应力集中，

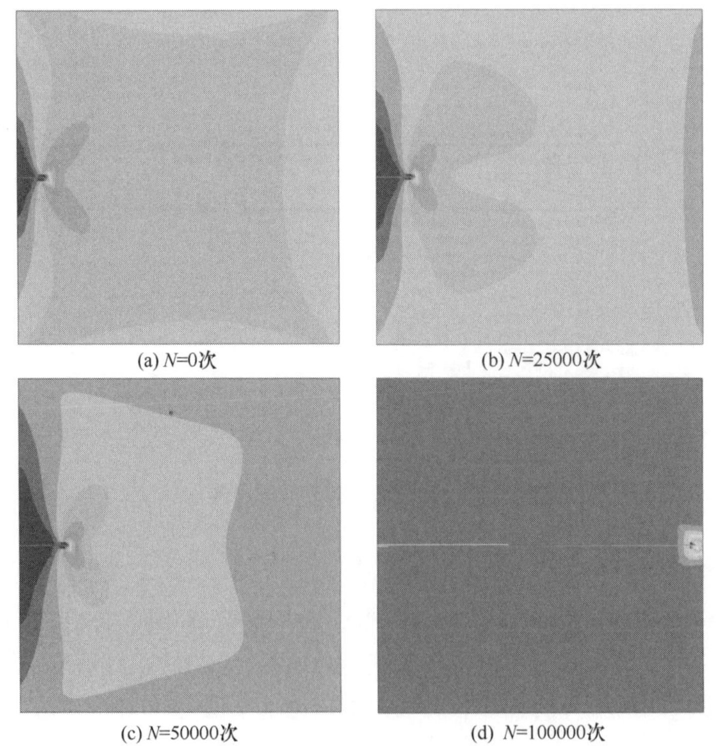

(a) N=0次　(b) N=25000次

(c) N=50000次　(d) N=100000次

看彩图

图 10-23　二维边裂纹板疲劳裂纹扩展路径

应力在裂纹面两侧对称分布；在对称的循环应力作用下，裂纹面没有发生偏转，沿着初始裂纹面的方向继续扩展；最终，裂纹贯穿整块平板。

提取每一个循环周次下对应的裂纹长度，绘制如图 10-24 所示的裂纹长度-循环次数曲线。由图 10-24 可见，随着循环次数增加，裂纹长度增加；同时，裂纹扩展速率也逐渐加快。

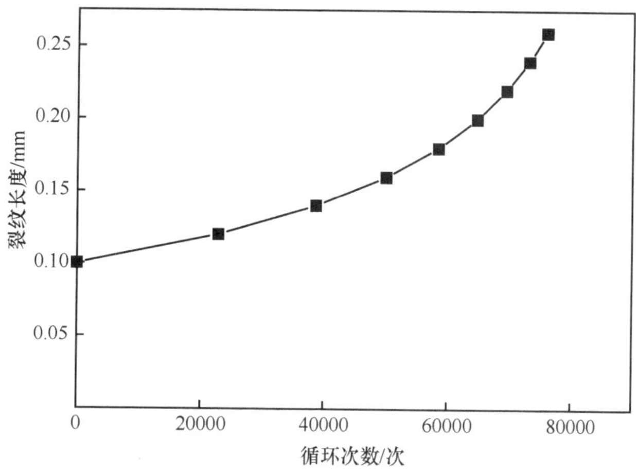

图 10-24　裂纹长度-循环次数曲线

习　　题

习题 10-1　根据 10.2 节材料模型中 ΔG 和 ΔK 的关系，两种形式下 Paris 公式对应参数有何关系？

习题 10-2　查阅相关文献，阐述如何考虑加载方式、表面粗糙度、表面处理、温度等因素对疲劳寿命的影响。

习题 10-3　查阅相关文献，阐述如何考虑应力比、加载频率等因素对疲劳裂纹扩展的影响。

习题 10-4　某一个压力容器承受循环应力作用，两处危险点的应力水平分别为 $\sigma_{\max 1}=160\text{MPa}$，$\sigma_{\min 1}=20\text{MPa}$，$\sigma_{\max 2}=180\text{MPa}$，$\sigma_{\min 2}=100\text{MPa}$。试评估其疲劳寿命。

附：该材料的 *S-N* 曲线部分数据点如表 10-1 所示，未列出的数据通过线性差值计算，计算公式为

$$\frac{N}{N_i}=\left(\frac{N_j}{N_i}\right)^{\log(S_i/S)/\log(S_i/S_j)}$$

其中，N 为许用的循环次数，N_i 和 N_j 为循环次数，且 $N_i<N<N_j$，S_i 和 S_j 为对应的应力幅值。

表 10-1　某材料的 *S-N* 曲线部分数据点

应力幅值/MPa	50	100	150	200
许用循环次数/次	1×10^7	1×10^6	1×10^5	1×10^4

习题 10-5　使用 10.2 节的参数计算二维中心裂纹板的裂纹扩展路径。

习题 10-6　改变 10.2 节材料参量中断裂能释放率的数值，探究对裂纹扩展速率的影响。

参 考 文 献

郭历伦, 陈忠富, 罗景润, 等. 2011. 扩展有限元方法及应用综述. 力学季刊, 32(4): 612-625.

李录贤, 王铁军. 2005. 扩展有限元法(XFEM)及其应用. 力学进展, 35(1): 5-20.

Moes N, Dolbow J, Belytschko T. 1999. A finite element method for crack growth without remeshing. International Journal for Numerical Methods in Engineering, 46(1): 131.

第 11 章　结构疲劳及断裂典型案例分析

11.1　高速铁路轮轨滚动接触疲劳分析

11.1.1　研究背景

铁路运输因其成本低、运量大、速度快、安全性高和污染小等优点，已成为交通运输的大动脉，备受世界各国的青睐。疲劳断裂是高速轨道交通车辆中的一个关键力学问题，确保列车不因疲劳断裂而发生事故，对高速列车及城轨车辆安全、可靠、高效运行至关重要(翟婉明等，2010)。在循环接触载荷作用下，发生在接触载荷影响区域内的裂纹萌生与扩展现象被称为接触疲劳(赵鑫等，2021)。滚动接触疲劳作为高速铁路钢轨的常见损伤形式，一直以来受到国内外学者的高度关注。轮轨滚动接触是实现轨道交通机车车辆承载、导向、牵引和制动等基本功能的物理基础，而钢轨作为承载高速列车全部质量的关键部件，在服役过程中长期承受列车车轮带来的循环滚动接触载荷作用(Reis et al., 2014)，其可靠性尤为关键。由于轮轨接触区域较小(约为 1cm^2)、承受载荷较大(Zhu et al., 2019)，轮轨接触位置将产生较大的局部接触应力，其应力水平极易超过钢轨材料的塑性安定极限，进而在循环载荷作用下产生塑性变形的累积，即发生棘轮行为(Seo et al., 2014)。一旦累积的棘轮应变达到钢轨材料的延性极限，钢轨将在局部材料点或局部区域发生延性耗尽失效(Franklin et al., 2003)，进而在轨头部位萌生微小的斜裂纹，如图 11-1 所示。在循环载荷作用下，斜裂纹向内不断扩展，将导致钢轨发生滚动接触疲劳失效(Su and Clayton, 1997)，最终可能引起断轨和脱轨等事故。

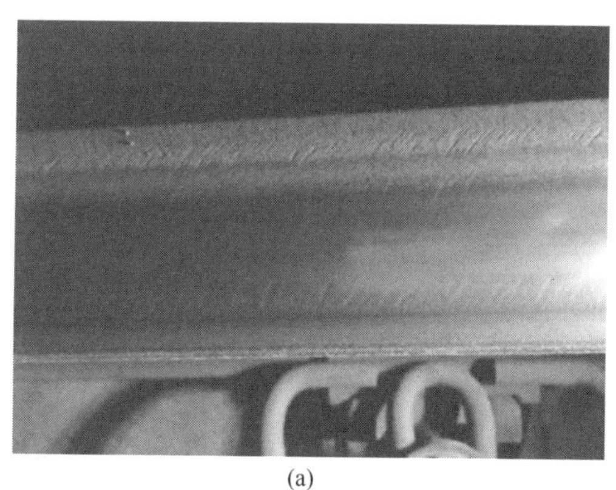
(a)

(b)

图 11-1　高速铁路钢轨轨头裂纹(赵鑫等，2021；王喆，2019)

如图 11-2 所示，按裂纹萌生位置，钢轨的滚动接触疲劳可大致分为两类：一类萌生于接触表面；另一类始于次表层。其中，萌生于接触表面的滚动接触疲劳通常是钢轨承受的较大切向接触载荷造成的。例如，高速列车通过曲线或道岔时均会导致较大的切向接触载荷。此外，滚动接触疲劳裂纹萌生后会在接触载荷的驱动下向轨头内部逐渐扩展；同时，随着切向载荷影响逐渐减弱，大约在 2mm 深度以下，法向接触载荷逐渐成为裂纹扩展的主要推动力；当多条裂纹相互贯通时，便会形成剥离。然而，始于于次表层的滚动接触疲劳则更多地由法向接触载荷主导，初始裂纹多萌生于脆性夹杂、空隙等材料缺陷处(王喆，2019)，萌生位置常在与接触斑短半轴长度(椭圆接触斑假设)相当的深度上，具体为 3~8mm。裂纹萌生后会同时向上和向下扩展，最终多以剥离结束，但是，剥离材料的体积较表面萌生时的大得多(赵鑫等，2021)。

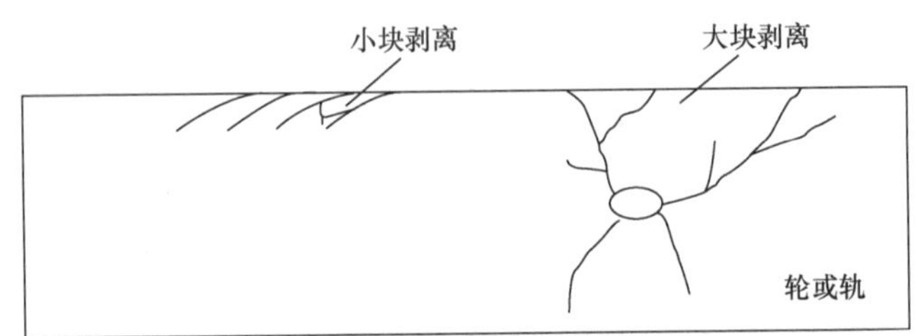

图 11-2 萌生于接触表面(左)和始于次表层(右)的轮轨滚动接触疲劳(赵鑫等，2021)

因此，滚动接触疲劳对高速铁路钢轨服役寿命具有重要影响，评估高速铁路钢轨滚动接触疲劳寿命具有重要意义。本节将结合数值计算，重点介绍高速铁路钢轨滚动接触疲劳裂纹萌生寿命评估方法。

11.1.2 有限元模型

1. 几何模型

常用高速铁路钢轨断面如图 11-3 所示。本节采用 ABAQUS 有限元软件建立了如图 11-4 所示的钢轨三维实体模型，用于相关计算。

2. 材料模型

1) 材料的弹塑性本构关系

考虑钢轨材料为热轧 U75VG，采用改进的 Abdel-Karim-Ohno 模型(樊译璘，2019)对循环变形行为进行模拟。在三维无限小变形理论的框架下，总应变率 $\dot{\boldsymbol{\varepsilon}}$ 被假设为弹性应变率 $\dot{\boldsymbol{\varepsilon}}^{\mathrm{e}}$ 和塑性应变率 $\dot{\boldsymbol{\varepsilon}}^{\mathrm{p}}$ 的线性叠加：

$$\dot{\boldsymbol{\varepsilon}} = \dot{\boldsymbol{\varepsilon}}^{\mathrm{e}} + \dot{\boldsymbol{\varepsilon}}^{\mathrm{p}} \tag{11-1}$$

弹性应力-应变关系可表示如下：

$$\boldsymbol{\varepsilon}^{\mathrm{e}} = \frac{1+\nu}{E}\boldsymbol{\sigma} - \frac{\nu}{E}(\mathrm{tr}\boldsymbol{\sigma})\mathbf{1} \tag{11-2}$$

其中，E 和 ν 分别是弹性模量和泊松比；$\boldsymbol{\sigma}$ 是应力张量；$\mathbf{1}$ 是二阶单位张量。

在经典弹塑性本构关系框架下，关联流动法则如式(11-3)所示：

$$\dot{\boldsymbol{\varepsilon}}^{\mathrm{p}} = \sqrt{\frac{3}{2}}\dot{p}\frac{\boldsymbol{s}-\boldsymbol{\alpha}}{\sqrt{(\boldsymbol{s}-\boldsymbol{\alpha}):(\boldsymbol{s}-\boldsymbol{\alpha})}} \tag{11-3}$$

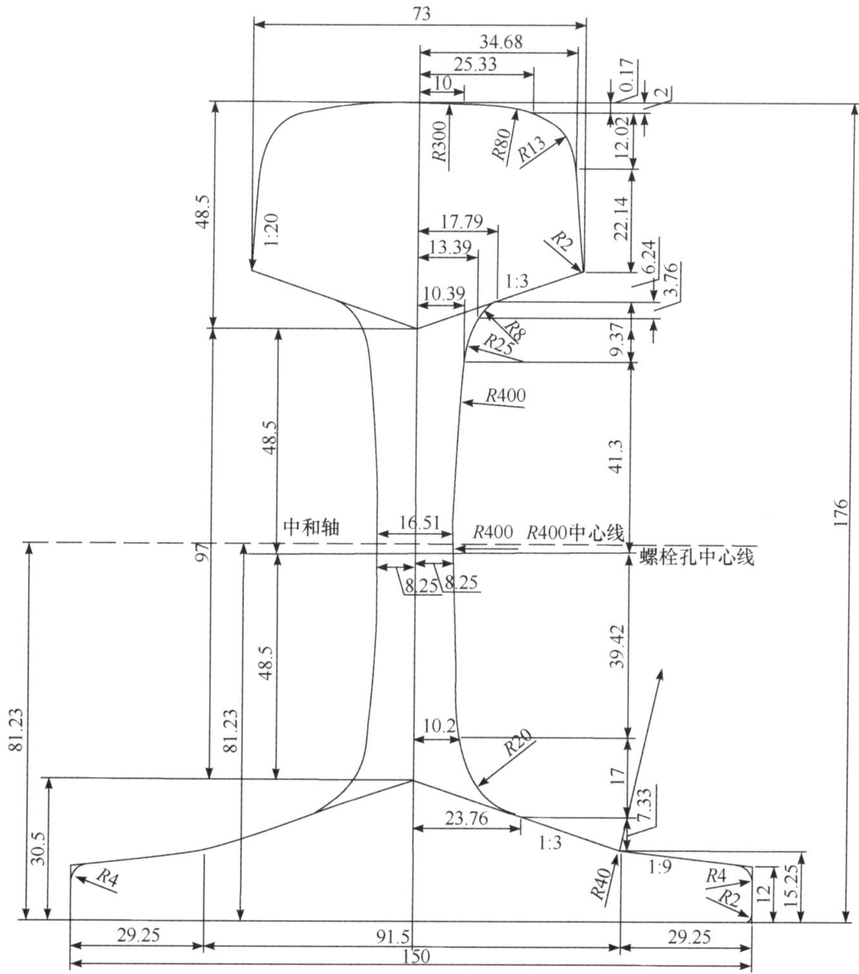

图 11-3　高速铁路 60kg/m 钢轨断面(单位：mm)

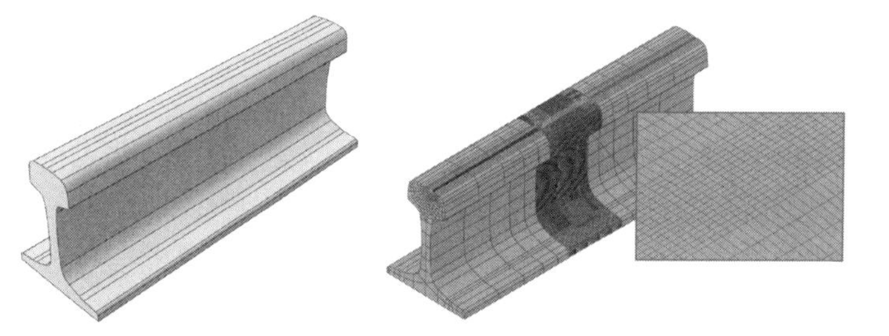

看彩图

图 11-4　钢轨三维实体模型

其中，$\boldsymbol{s}=\boldsymbol{\sigma}-\dfrac{1}{3}\mathrm{tr}(\boldsymbol{\sigma})\mathbf{1}$ 为二阶偏应力张量；$\boldsymbol{\alpha}$ 为二阶偏背应力张量；$\dot{p}=\sqrt{\dfrac{2}{3}\left(\dot{\boldsymbol{\varepsilon}}^{\mathrm{p}}:\dot{\boldsymbol{\varepsilon}}^{\mathrm{p}}\right)}$ 为累积塑性应变率。

von-Mises 屈服函数可通过式(11-4)给出：

$$F_{\mathrm{y}}=\sqrt{\frac{3}{2}(\boldsymbol{s}-\boldsymbol{\alpha}):(\boldsymbol{s}-\boldsymbol{\alpha})}-Q \tag{11-4}$$

其中，Q 为各向同性变形抗力，用于描述屈服面半径的变化。在本节选用的材料模型中，Q 的演化同累积塑性应变率相关。

由于 U75VG 材料为初始循环软化材料，可通过随累积塑性应变指数衰减的各向同性硬化律来描述：

$$\dot{Q}=\gamma(Q_{\mathrm{sa}}-Q)\dot{p} \tag{11-5}$$

其中，Q_{sa} 为某一特定加载循环稳定后的饱和各向同性硬化抗力。Q 的初始值为材料初始屈服应力 Q_{i0}，设置材料参数 $Q_{\mathrm{sa}}<Q_{\mathrm{i0}}$ 即可表示循环软化。γ 控制各向硬化的演化速率，其值越大，Q 越快达到饱和值 Q_{sa}。

Abdel-Karim-Ohno 随动硬化律对稳定棘轮应变率有较好的预测能力，其动态恢复部分利用 MaCauley 运算符 $\langle\,\rangle$ 和阶跃函数将 Armstrong-Fredericak 随动硬化律(Fredericak and Armstrong，2007)和 Ohno-Wang I 随动硬化律(Ohno and Wang，1993)中的动态恢复项叠加起来，总背应力率演化方程如下：

$$\dot{\boldsymbol{\alpha}}=\sum_{k=1}^{m}\dot{\boldsymbol{\alpha}}^{(k)}=\sum_{k=1}^{m}\frac{2}{3}\zeta^{(k)}r^{(k)}\dot{\boldsymbol{\varepsilon}}^{p}-\zeta^{(k)}\left[\mu^{(k)}\dot{p}+H\left(f^{(k)}\right)\left\langle\dot{\boldsymbol{\varepsilon}}^{p}:\frac{\boldsymbol{\alpha}^{(k)}}{\overline{\alpha}^{(k)}}-\mu^{(k)}\dot{p}\right\rangle\right]\boldsymbol{\alpha}^{(k)} \tag{11-6}$$

其中，m 为背应力分解个数；$\zeta^{(k)}$ 和 $\mu^{(k)}$ 是材料常数；$r^{(k)}$ 为背应力临界面半径；$f^{(k)}=\left\|\boldsymbol{\alpha}^{(k)}\right\|^{2}-r^{(k)^{2}}$ 为临界面函数；$\overline{\alpha}^{(k)}=\sqrt{\frac{3}{2}\boldsymbol{\alpha}^{(k)}:\boldsymbol{\alpha}^{(k)}}$ 为等效应力；$H(x)$ 为单位阶跃函数，当 $x<0$ 时，$H(x)=0$，当 $x\geqslant 0$ 时，$H(x)=1$；运算符 $\langle\ \rangle$，含义为：当 $x<0$ 时，$\langle x\rangle=0$，当 $x\geqslant 0$ 时，$\langle x\rangle=x$。

式(11-6)中求和项的第二项即为动态恢复项：当 $\mu^{(k)}=0$ 时，动态恢复项退化成 Ohno-Wang 模型I，动态恢复项只在临界面起作用，而其在单轴循环载荷下的弹塑性框架下没有棘轮变形产生；当 $\mu^{(k)}=1$ 时，由于 $\frac{2}{3}\zeta^{(k)}r^{(k)}\dot{\boldsymbol{\varepsilon}}^{p}-\zeta^{(k)}\mu^{(k)}\dot{p}\boldsymbol{\alpha}^{(k)}$ 两项会使背应力渐进靠近临界面，所以 Ohno-Wang 模型I中的动态恢复项无法起作用，此时退化为 Armstrong-Fredericak 模型的动态恢复项，但其总是过大估计产生的棘轮应变。由此可见，棘轮行为显著的材料 $\mu^{(k)}$ 取值偏大，而棘轮行为微弱的材料 $\mu^{(k)}$ 取值偏小。由于 $\mu^{(k)}$ 取值显著影响棘轮行为的模拟结果，所以将其称为棘轮参数。为简化起见，可以令 Abdel-Karim-Ohno 随动硬化模型中的各个背应力分量的棘轮参数相同，即 $\mu^{(k)}=\mu$。

此外，为了描述棘轮应变这种非线性演化过程，可以将棘轮参数考虑为随累积塑性应变指数变化的形式，即

$$\mu=\mu_{0}-(\mu_{0}-\mu_{1})\left(1-\mathrm{e}^{(-bp)}\right) \tag{11-7}$$

其中，μ_{0} 和 μ_{1} 分别为棘轮参数的初始值和饱和值；b 为棘轮参数的演化速率控制参数。

2) 模型验证

根据相关参数的确定方法(Ohno and Wang,1993)，确定了如表 11-1 所示的相关参数。利用这些材料参数值，即可用本小节的材料本构关系对材料的循环变形行为进行本构模拟，模拟结果如图 11-5 所示。可以发现，该材料本构模型可以较好地模拟高速铁路 U75VG 钢轨的循环变形行为。

表 11-1　高速铁路 U75VG 钢轨的材料参数

弹性常数	各向同性硬化参数	随动硬化参数
E=204MPa $\nu=0.3$	$Q_0=344.4$MPa Q_{sa}=305MPa $\gamma=20.5$	$\zeta^{(1)}=3339.8$, $\zeta^{(2)}=867.1$, $\zeta^{(3)}=360.3$, $\zeta^{(4)}=194.6$, $\zeta^{(5)}=98.6$, $\zeta^{(6)}=49.6$, $\zeta^{(7)}=32.6$, $\zeta^{(8)}=23.7$; $r^{(1)}=68.1$, $r^{(2)}=61.4$, $r^{(3)}=41.4$, $r^{(4)}=35.2$, $r^{(5)}=50$, $r^{(6)}=93.8$, $r^{(7)}=97.9$, $r^{(8)}=126.7$; $\mu_0=0.092$, $\mu_1=0.0098$, $b=3.7$

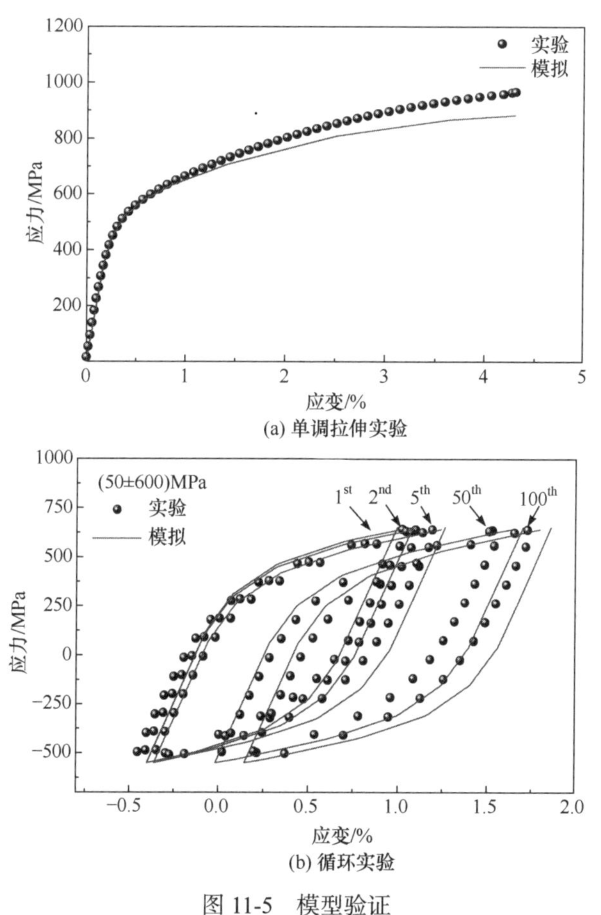

图 11-5　模型验证

3. 载荷施加

由于轮轨接触涉及强非线性，计算耗时较大。本节将通过 Hertz 接触理论计算得到的法向接触载荷,结合条形理论计算的切向载荷来替代车轮向钢轨施加的轮轨接触载荷，以提高计算效率。

1) Hertz 接触理论

接触理论的创始人是 Hertz Heinrich。早在 1882 年，他在德国一家杂志上发表了一篇具有开创性的论文“论弹性固体的接触”，开创了弹性接触力学研究的新方向，提出了接触问题研究的里程碑式的理论——弹性 Hertz 接触理论。该结论一直沿用至今，经受了一百多年的时间检验，并为后来的接触和滚动接触理论的进一步研究和完善奠定了基础。其基本假设为：

(1) 接触体可以看作是弹性半无限空间；

(2) 接触体的接触表面是光滑连续且非协调性的，接触斑附近的表面外形函数及其对应的一阶、二阶导数连续；

(3) 接触体的变形属于小应变范畴；

(4) 接触体的接触面只传递法向的力；

(5) 接触体无摩擦效应；

(6) 接触区几何尺寸远小于接触斑几何特征尺寸和接触区附近曲率半径。

基于 Hertz 接触假设(Johnson，1985；金学松和刘启跃，2004)，Hertz 接触理论推导的接触压力分布、最大接触压力和接触斑长、短半轴的表达式分别为

$$p(z,x)=p_0\sqrt{1-\frac{z^2}{a^2}-\frac{x^2}{b^2}} \tag{11-8}$$

$$p_0=\frac{3F_{\rm N}}{2\pi ab} \tag{11-9}$$

$$a=m\left(\frac{3}{4}\frac{1}{A+B}\frac{F_{\rm N}}{G^*}\right)^{\frac{1}{3}} \tag{11-10}$$

$$b=n\left(\frac{3}{4}\frac{1}{A+B}\frac{F_{\rm N}}{G^*}\right)^{\frac{1}{3}} \tag{11-11}$$

其中，$p(z,x)$、a 和 b 分别为接触压力分布、接触斑长半轴长度和接触斑短半轴长度；A、B、m、n 为接触系数，详见文献(Johnson，1985)；p_0 为最大接触压力；$F_{\rm N}$ 为法向接触合力；$G^*=\left(\frac{1-{\nu_1}^2}{E_1}+\frac{1-{\nu_2}^2}{E_2}\right)^{-1}$ 为等效弹性模量。

2) 条形理论(Li et al.，2014；Haines and Ollerton，1963)

条形理论将接触斑分成多个窄条(图 11-6(a))，其中点 O 是接触片的中心。然后，每个窄条中的切向载荷满足二维 Carter 理论(Johnson，1985；Srivastava et al.，2017)，如图 11-6(b)所示，并且可以通过式(11-12)～式(11-16)计算。

$$p(z)=p_0^*\sqrt{1-\left(\frac{z}{a^*}\right)^2} \tag{11-12}$$

$$q_1(x,z)=\mu p(z) \tag{11-13}$$

$$q_2(x,z) = -\frac{c^*}{a^*}\mu p_0^*\sqrt{1-\frac{\left(z-d^*\right)^2}{\left(c^*\right)^2}} \tag{11-14}$$

$$q(x,z) = q_1 + q_2 \tag{11-15}$$

$$\zeta = \frac{|F_{\mathrm{t}}|}{\mu F_{\mathrm{N}}} = 1-\frac{3}{2}\left[\sqrt{2K-K^2}\left(1-\frac{2}{3}K+\frac{1}{3}K^2\right)-\frac{1-K}{\arcsin\sqrt{2K-K^2}}\right] \tag{11-16}$$

其中，$p(z)$ 是接触压力在各个窄条中的分布；$a^* = a^{\mathrm{p}}\sqrt{1-\left(x/b^{\mathrm{p}}\right)^2}$ 是窄条的长度；$p_0^* = p_0^{\mathrm{p}}\sqrt{1-\left(x/b^{\mathrm{p}}\right)^2}$ 是每个窄条中的最大接触压力；μ 是 Coulomb 摩擦系数；F_{t} 和 F_{N} 分别是实际切向载荷和法向力；$2c^*$、$2d^*$ 和 $2a^*$ 分别是黏着区、滑动区和接触区的宽度；$q_1(x,z)$ 是 Amonton 定律给出的无黏着时的切向载荷；$q_2(x,z)$ 是黏着时切向载荷的减小量；$q(x,z)$ 是接触斑内切向载荷的分布；ζ 为归一化切向载荷系数，可以表示纵向黏着的大小，其变化范围为 0～1；$K=\dfrac{c^*}{a^*}$ 称为黏结带宽度系数，其变化范围也为 0～1。

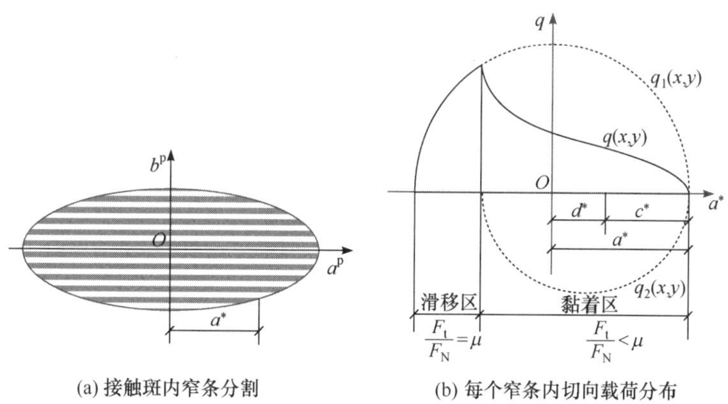

(a) 接触斑内窄条分割　　(b) 每个窄条内切向载荷分布

图 11-6 切向载荷等效计算方法示意图

根据上述方法，在 LMA 型号的车轮廓形与 60kg/m 钢轨廓形接触的情况下，取轴重为 15t，摩擦系数为 0.3，ζ=0.1，分别计算了轮轨法向、切向接触载荷，并编制 ABAQUS 移动载荷用户子程序 Dload 和 Utracload 以替代车轮向钢轨施加轮轨接触载荷(Zhao et al.，2021)，其中法向载荷如下：

$$p(x,y) = p_0\sqrt{1-\frac{x^2}{a^2}-\frac{y^2}{b^2}} = 1156.68\sqrt{1-\frac{x^2}{6.16^2}-\frac{y^2}{4.92^2}} \tag{11-17}$$

11.1.3 疲劳寿命预测模型

目前，用于计算疲劳裂纹萌生寿命的预测模型较多。依据材料疲劳破坏参量，主要包括基于应力准则、能量准则和应变准则等的寿命预测方法。其中，基于应变准则的疲劳寿命评估方法——临界面法(Zhao et al., 2021)，可以考虑载荷加载过程中应力、应变等关键参数，还可以给出裂纹萌生位置和方向等信息，是现阶段研究最多、应用最广泛的多轴疲劳寿命分析方法(赵丙峰等，2017)。

本文采用 Smith-Watson-Topper 临界面疲劳寿命预测方法(Zhao et al., 2021)对轮轨滚动接触疲劳裂纹萌生寿命进行预测，其表达式为

$$\mathrm{SWT}=\sigma_{\max}\frac{\Delta\varepsilon}{2}=\frac{\left(\sigma^{*}_{\mathrm{f}}\right)^{2}}{E}(2N_{\mathrm{f}})^{2b^{*}_{\mathrm{f}}}+\sigma^{*}_{\mathrm{f}}\varepsilon^{*}_{\mathrm{f}}(2N_{\mathrm{f}})^{b^{*}_{\mathrm{f}}+c^{*}_{\mathrm{f}}} \tag{11-18}$$

其中，$\sigma_{\max}$ 是在疲劳载荷过程中特定方向上的最大法向应力分量；$\Delta\varepsilon$ 是循环加载过程中同一个指定方向上最大和最小法向应变分量的差值；σ^{*}_{f} 为疲劳强度系数；$\varepsilon^{*}_{\mathrm{f}}$ 是疲劳延性系数；b^{*}_{f} 是疲劳强度指数；c^{*}_{f} 是疲劳延性指数；E 是弹性模量，N_{f} 是疲劳裂纹起始寿命。

根据实验结果确定了相关参数，见表 11-2，拟合效果见图 11-7。

表 11-2　通过拟合实验数据得到的 U75VG 钢轨 SWT 法的参数值

σ'_{f}/MPa	$\varepsilon'_{\mathrm{f}}$	b	c
1608.31	0.08143	−0.13	−0.41

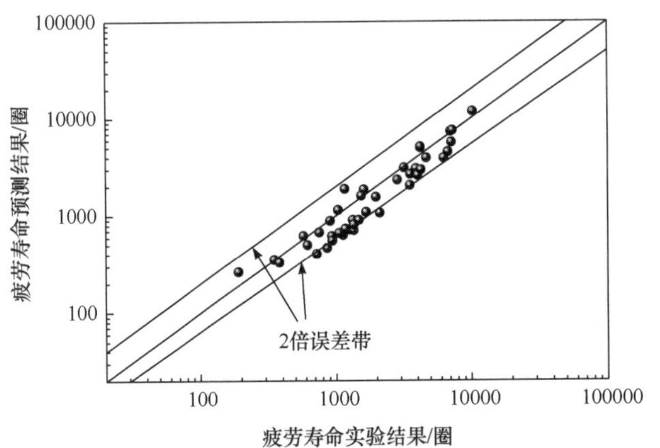

图 11-7　SWT 法对 U75VG 钢轨疲劳寿命的预测结果

11.1.4　结果与讨论

1. 应力-应变场分析

1) 等效应力

如图 11-8 所示，提取了钢轨横截面内等效应力分布云图。可以发现，随着循环次数增加，最大等效应力逐渐减小并趋于稳定值。这是由于钢轨材料的应变硬化导致其屈服强度提高的缘故。

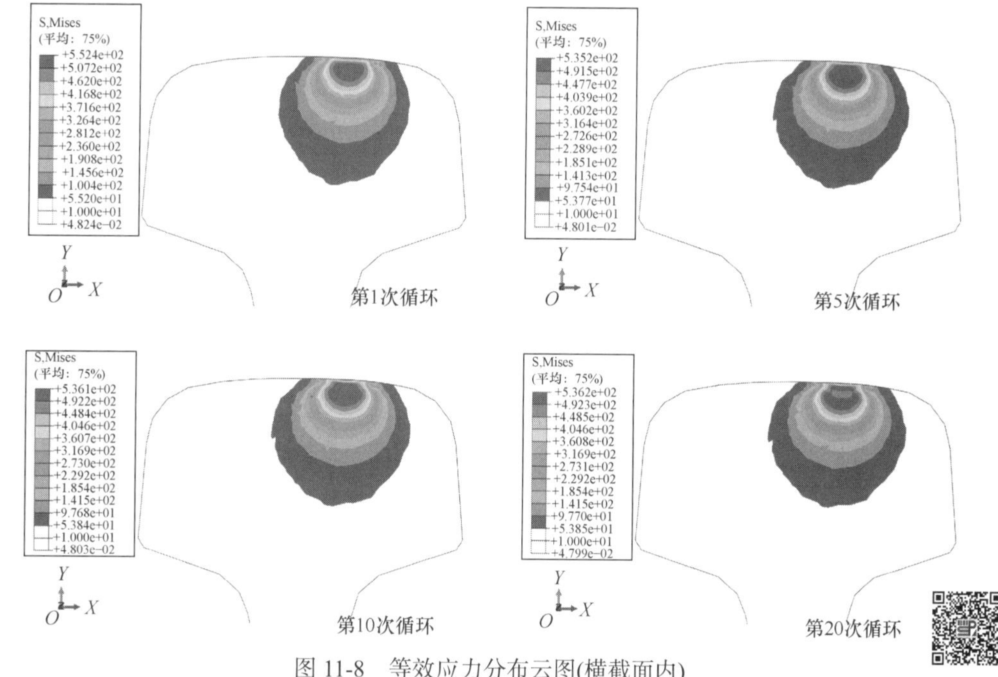

图 11-8　等效应力分布云图(横截面内)

看彩图

随后，在最大等效应力出现位置，从垂直方向取路径，得出等效应力随深度变化的分布规律，如图 11-9 所示。可以发现，随着加载次数增加，表面等效应力值逐渐增大并趋于稳定；而次表面(深度为 1.5～4mm)处的等效应力由初始的单峰值形状逐渐改变为双峰形状，并在深度为 2～3mm 处基本保持不变；当深度低于 4mm 时，钢轨等效应力逐渐减小，并随加载次数增加基本保持不变。

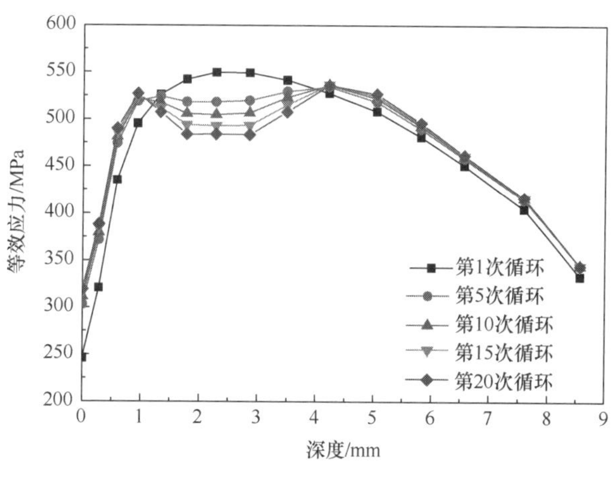

图 11-9　等效应力随深度分布曲线(最大等效应力处)　　看彩图

2) 等效塑性应变

类似地，钢轨横截面内的等效塑性应变分布云图如图 11-10 所示。由图可知，随着加载次数的不断增加，钢轨的等效塑性应变范围基本不变，但是，最大等效应力值逐渐

增加，即钢轨材料发生了棘轮变形。

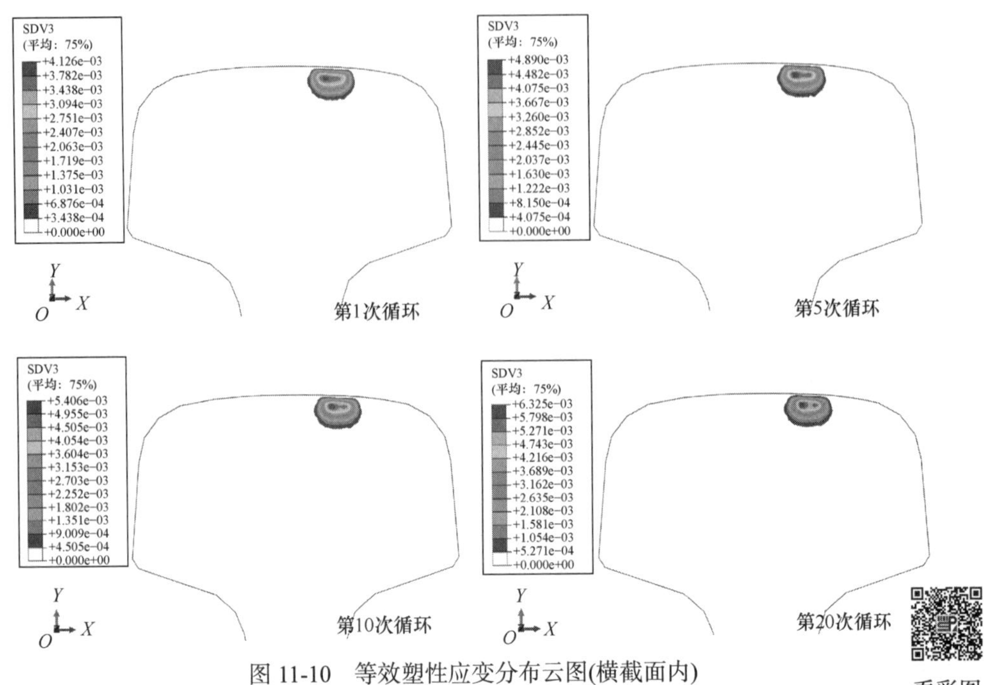

图 11-10　等效塑性应变分布云图(横截面内)

在最大等效塑性应变位置处取纵向路径，提取了等效塑性应变随材料点距离表面深度的变化曲线，如图 11-11 所示。由图可知，随着加载次数不断增加，钢轨的等效塑性应变逐渐累积，并且其累积速度逐渐趋于稳定；同时，钢轨的等效塑性应变随深度先增加后减小，其最大等效塑性应变主要出现在次表面，其深度约为 2.27mm。

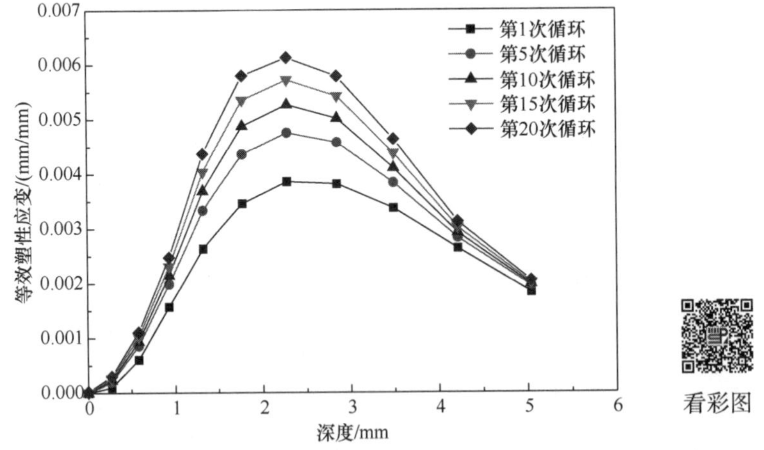

图 11-11　等效塑性应变随深度变化曲线(最大等效塑性应变处)

2. 疲劳裂纹萌生寿命预测

根据上述应力、应变场分析，可以推测钢轨的疲劳裂纹很有可能在钢轨次表面萌生。

为了验证该推测的正确性，根据 11.1.3 节中的 SWT 疲劳裂纹萌生寿命预测方法，提取了钢轨如图 11-12 所示的接触斑内所有节点的应力、应变分量，然后参考文献(Zhao et al., 2021)中提出的方法，在空间内选旋转坐标系，寻找最大 SWT 参数的值及其对应的节点和节点位置，结果如图 11-13 所示。

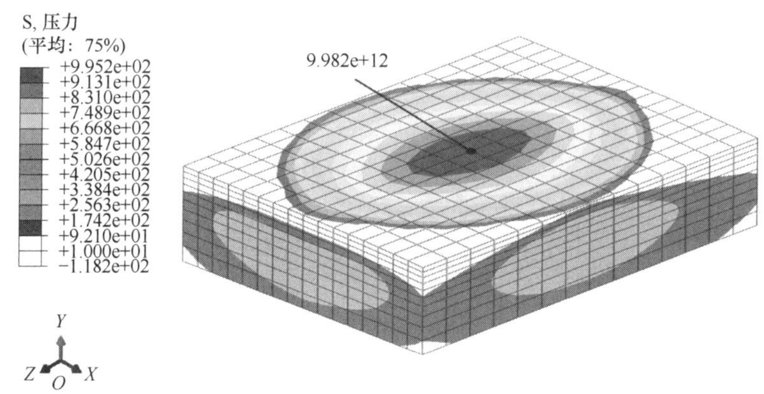

图 11-12　SWT 参数计算区域

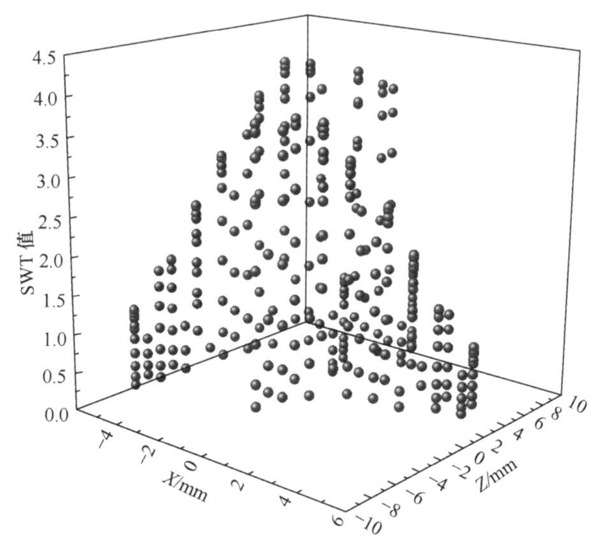

图 11-13　SWT 参数计算结果

由图 11-13 可以发现，SWT 最大值约为 4.3，其对应的裂纹最容易萌生的平面与 X 轴(钢轨横向)夹角为 5°，与 Z 轴(钢轨纵向)夹角为−25°。根据前述 SWT 方法，可以得出其对应的疲劳裂纹萌生寿命 N_f 约为 784 次循环，具体见表 11-3。

表 11-3　疲劳裂纹萌生寿命预测

SWT_{max}	临界面与 X 轴夹角	临界面与 Z 轴夹角	N_f
4.30	5°	−25°	784 次

通过上述分析可知，轮轨滚动接触是实现轨道交通机车车辆承载、导向、牵引和制动等

基本功能的物理基础，而钢轨作为承载高速列车全部质量的关键部件，在服役过程中长期承受列车车轮带来的循环滚动接触载荷作用。因此，评估高速铁路钢轨滚动接触疲劳寿命具有重要意义。本章采用有限元计算方法，通过后处理手段，结合 SWT 临界面疲劳裂纹萌生寿命预测方法简要介绍了轮轨滚动接触疲劳的分析流程，可以为轮轨滚动接触分析提供参考。

11.2　高速列车车轴损伤容限分析

11.2.1　研究背景

车轴是铁道车辆转向架非常重要的安全部件，主要承受着来自车体和转向架的各种载荷，其疲劳破坏直接危及行车安全，由断轴导致的脱轨事故可以说是灾难性的，因此，必须确保在线运行车轴状态良好，服役安全可靠。近年来我国高速列车服役环境日趋复杂，如高寒气候的哈大高铁、盐雾环境的环岛高铁、风沙较多的兰新高铁、超长距离的京广高铁以及川藏铁路。车轴的损伤中，约 2/3 是由疲劳引起的(李炳华和杜欣，2000)，常见的车轴损伤形式如图 11-14 所示。由于疲劳裂纹的形成和扩展具有很大的隐蔽特性，而疲劳断裂又具有瞬间突发特性，因此，对车轴的安全性和可靠性提出了更高的要求。

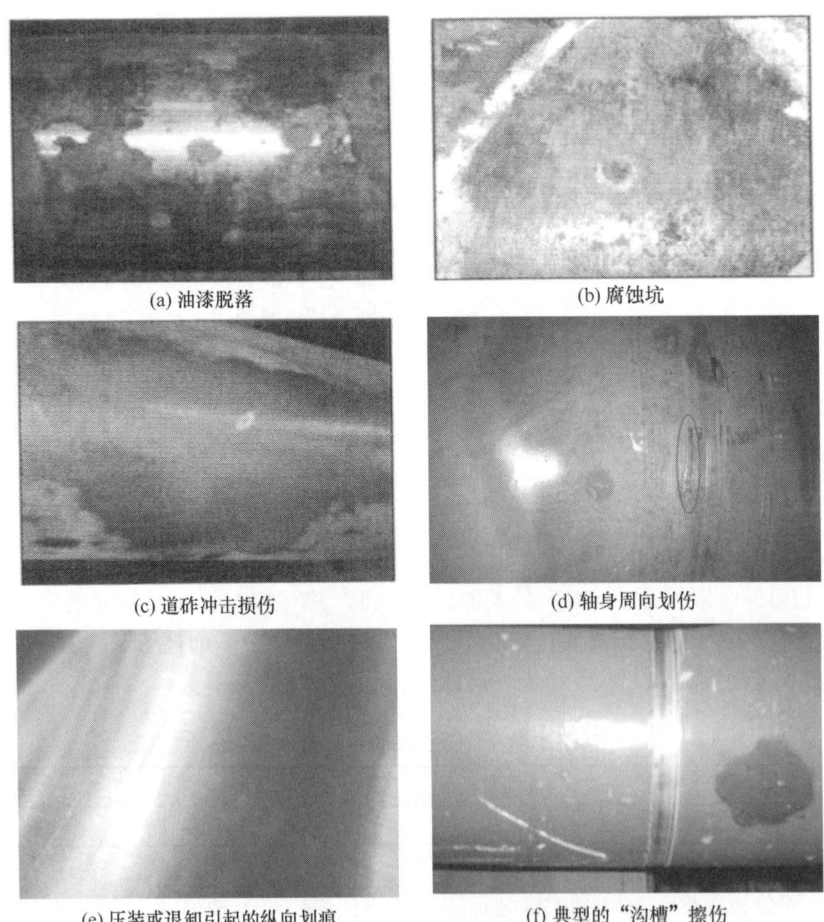

(a) 油漆脱落　(b) 腐蚀坑

(c) 道砟冲击损伤　(d) 轴身周向划伤

(e) 压装或退卸引起的纵向划痕　(f) 典型的“沟槽”擦伤

(g) 防尘板座微动磨损

(h) 防尘板座锈蚀

看彩图

图 11-14　铁路车轴服役过程中的各种缺陷(刘宇轩，2019)

目前，国内外的铁路车轴仍采用基于材料疲劳极限的无限寿命设计，欧系车轴基于欧洲标准 EN 13103(EN 13103，2012)和 EN 13104(EN 13104，2012)，日系车轴基于日本标准 JIS E 4501(JIS E 4501，2011)。即便如此，也并不能完全保证车轴在整个使用寿命周期内的绝对安全。因为上述设计方法没有考虑车轴表面缺陷的存在，裂纹萌生过程的寿命在车轴总疲劳寿命中占据绝大部分。铁路车轴在生产、运输、服役过程中难免会出现某种损伤，而损伤一旦形成，就为此后裂纹的扩展提供了便利条件。这时就需要运用损伤容限分析方法来确定在一个检修周期内裂纹的扩展情况，并谨慎选择无损探伤周期，以提高车辆运行的安全水平。

车轴疲劳失效通常发生在应力集中区域。对于目前国内外高速铁路广泛使用的外置轴箱式车轴，失效部位主要集中在轮座过盈配合处以及轮座与齿轮座之间的卸荷槽处。由于城轨线路的曲线半径较小，为了使车辆有更好的曲线通过性和乘坐舒适性，许多城轨车辆开始使用内置轴箱式的轮对。相比之下，内置轴箱式车轴因其载荷位置不同，导致截然不同的车轴应力状态，其疲劳服役行为必然有所差异。因此，基于以上工程背景，本节在传统名义应力法的基础上，补充基于断裂力学的损伤容限方法，对内置轴箱式车轴进行疲劳强度评估和剩余寿命预测，并提出无损探伤周期，建立内置轴箱式车轴疲劳评定的基础框架，以提高其服役安全性、可靠性及经济性。

本节以内置轴箱式铁路车轴为研究对象，运用损伤容限设计思想，对车轴的疲劳强度和寿命评价等问题展开分析，介绍高速列车车轴的损伤容限分析方法。与传统铁路车轴不同的是，内置轴箱式车轴把轴箱安装座设置在轮对的内侧，缩短了垂向支撑的横向跨距，可以有效提高车辆在小半径曲线上的曲线通过性(邓铁松，2015)。

11.2.2　有限元模型

1. 有限元网格

车轴采用中空几何结构，设置有两个轮座(一个齿轮安装座，一个制动盘安装座)和两个轴箱安装座。车轮、齿轮和制动盘均通过过盈配合实现与车轴的装配连接，如图 11-15 所示。首先在绘图软件 SolidWorks 中进行三维几何建模(图 11-15)，随后导入 Hypermesh

软件进行网格划分(图 11-16)，轮对有限元模型的所有网格均采用 ABAQUS 有限元软件中的三维线性实体单元 C3D8，单元数量控制在 5 万左右。

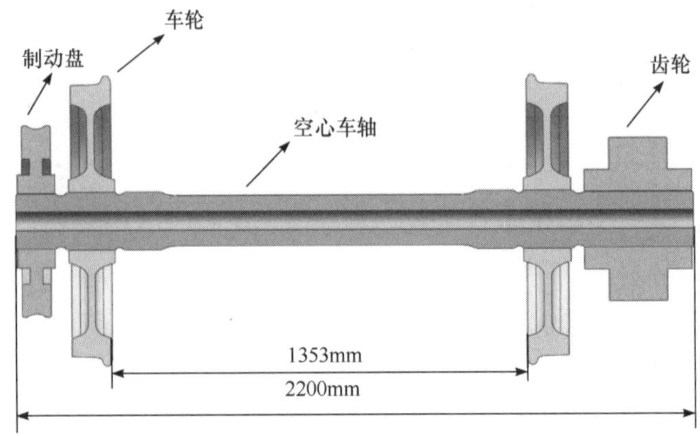

图 11-15　内置轴箱式轮对三维几何模型

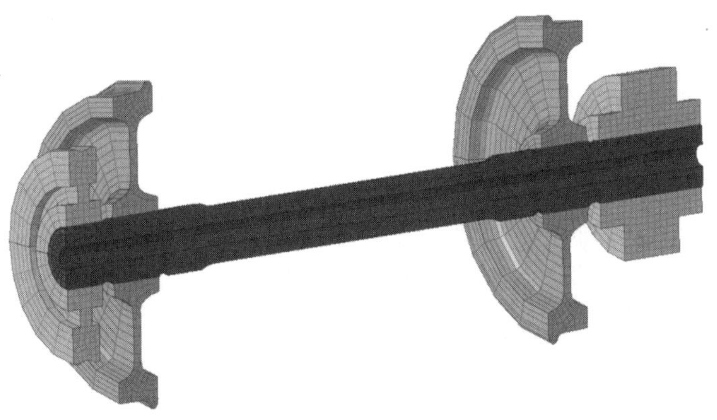

图 11-16　内置轴箱式轮对网格模型

看彩图

2. 材料参数

材料参数主要通过材料的单调拉伸曲线获得。对于所讨论的车轴，使用的是 EA4T 材料，弹性部分的参数为弹性模量 $E = 206\text{GPa}$，泊松比 $\nu = 0.3$；塑性部分的参数需要将试验获得的名义应力和名义应变值转化为真应力和真应变值后再输入到有限元软件要求的表格中，其具体可按下式进行计算：

$$\sigma = \sigma_{\text{nom}}(1 + \varepsilon_{\text{nom}}) \tag{11-19}$$

$$\varepsilon = \ln(1 + \varepsilon_{\text{nom}}) \tag{11-20}$$

式中，σ 是真实应力；ε 是真实应变；σ_{nom} 是名义应力；ε_{nom} 是名义应变。

3. 边界条件和载荷施加

1) 边界条件

在有限元分析过程中，车轴疲劳评定的一个关键问题是准确模拟车轮、齿轮及制动盘与车轴之间的压装配合，一般认为压装力与过盈配合接触面之间的摩擦力相关。模拟压装配合时，主要由径向干涉系数ρ和摩擦系数 χ 分别控制径向方向和切向方向的接触行为，这里取 $\rho = -0.1$，$\chi = 0.6$(刘宇轩，2019)。此外，接触设置时选取车轮、齿轮和制动盘的内孔表面为主面，车轴外表面为从面。最后，采用弹簧元件来稳定整个系统，使过盈接触行为更容易收敛，见图 11-17。轮对各零部件均被弹簧从三个方向约束，弹簧刚度被定义为 1N/mm，这是一个没有实际物理意义的数值，接触分析步完成后，所有弹簧元件停止工作(马利军，2016)。

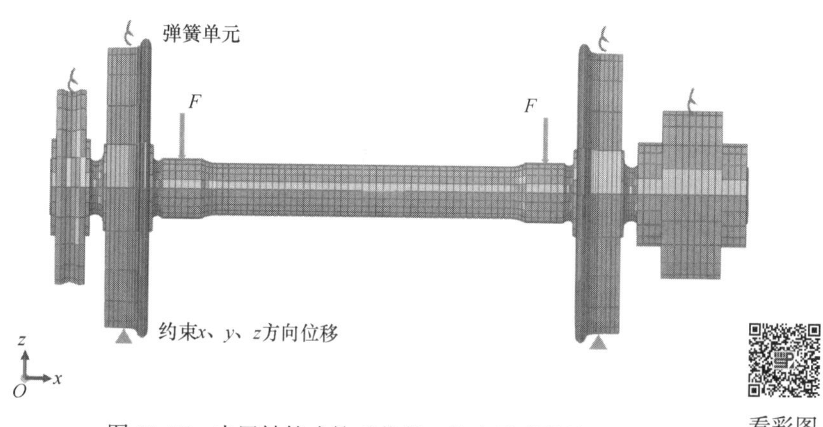

图 11-17　内置轴箱式轮对载荷、约束及弹簧单元设置

2) 载荷施加

载荷是评估一个结构疲劳寿命的关键基本输入参数，铁路车轴在服役过程中承受的载荷大致可以分为以下几种形式：垂向静态载荷(主要为列车垂向静载)、动态载荷(主要为列车运行过程中动力学效应引起不同方向上的振动产生的载荷)、车辆通过曲线时的弯曲和轴向拉伸载荷、车辆牵引和制动过程中的扭转载荷、蠕滑导致的高频振动载荷以及压装配合和制造过程中的残余应力。

车轴主要通过轴箱装置传递来自转向架和车体的质量，因此，车轴在服役过程中表现为典型的旋转弯曲受载。由于轨道线路质量、车辆承载能力、速度等级和轮轨间作用力等原因，车轴受到的垂向载荷 F 是由一系列不同应力水平的随机载荷组成的，表现出一种典型的变幅加载方式。因为扭转载荷产生的剪切应力相对于其他载荷较小(Zerbst et al., 2013)，可以认为其对车轴寿命影响很小，在本研究中暂不考虑；同时，动态载荷造成的高应力状态一般不会超过车轴服役时间的 0.3%(Watson and Timmis, 2011)，本研究中该部分载荷的占比考虑为 0.38%左右，见图 11-18 中载荷块 5。此外，压装配合效应会导致压装区附近的残余应力重新分布，造成应力集中，本小节将通过有限元模型中的接触设置引入这类载荷。由于缺少内置轴箱式车轴的实测载荷谱，本小节引用文献(Luke et al., 2011)中的一个峰值应力较大的简化 5 级载荷谱(图 11-18)，选取车轴直线运行工况进行计算分析。在车轴两侧轴箱座处施加对称的垂向载荷，模拟车轴在实际运行过程中受到的弯矩作用，并在钢轨与车轮接触的位置设置 x、y、z 三个方向的位移约束。

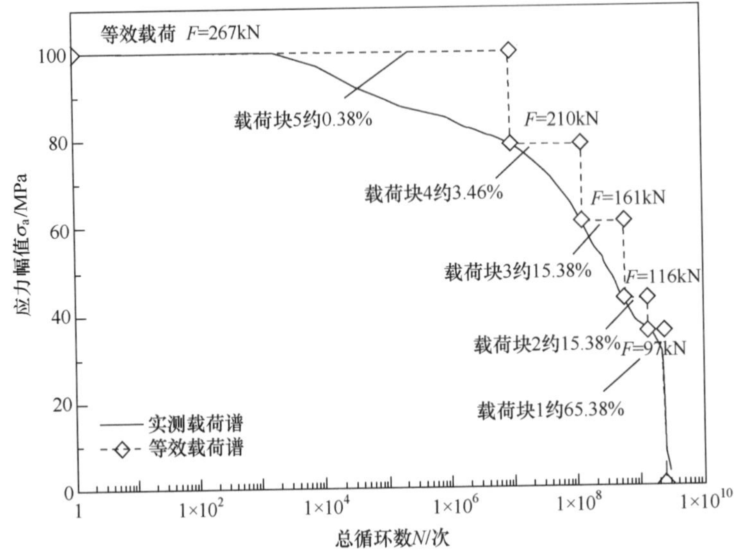

图 11-18　实测的简化 5 级载荷谱(Luke et al.，2011)

11.2.3　损伤容限分析方法

损伤容限设计方法是基于断裂力学基本理论而逐渐建立起来的一种含裂纹结构或零部件的强度设计方法。这种抗疲劳断裂设计方法的思想是：假定结构或零部件中存在着缺陷或裂纹，综合采用断裂力学分析、疲劳裂纹扩展分析和大量的试验验证，确保在一个探伤周期内缺陷或裂纹不会扩展至整个结构或零部件达到疲劳失效、断裂的程度，从而保证含裂纹构件在其使用期内能够安全使用。这样，就在考虑安全可靠性的前提下充分发挥了材料的潜能。

损伤容限设计的原理如图 11-19 所示：首先，假设结构或零部件存在一个尺寸为 a_0 的初始缺陷或裂纹，初始缺陷的尺寸应该以无损探伤检测的限度确定；然后，该结构或

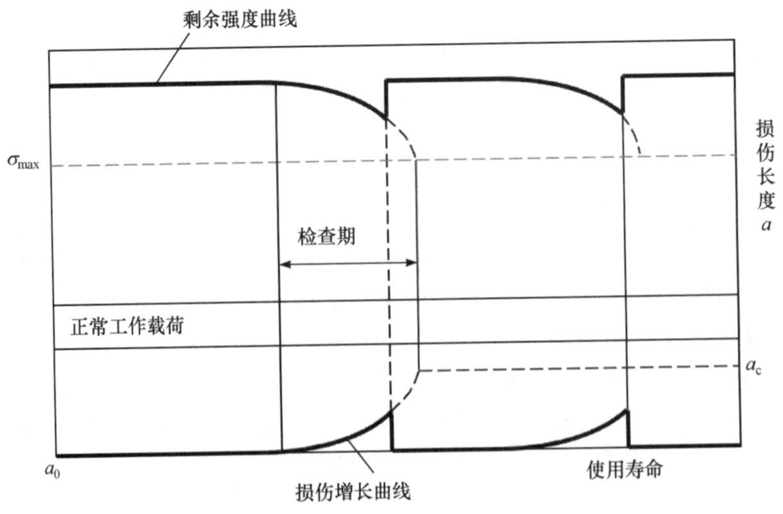

图 11-19　损伤容限设计原理(陈传尧，2002)

零部件在服役过程中，其损伤缓慢增长，如图 11-19 中的损伤增长曲线所示；随着损伤的不断增长，其剩余强度或剩余寿命不断降低，为了保证构件的服役安全性，其损伤长度不能增长到临界尺寸 a_c，对应的其剩余强度也不能低于其最大工作应力 σ_{max}。因此，检查周期应合理布置在可检裂纹长度到临界损伤尺寸 a_c 之间，保证缺陷得到及时修复，结构或零部件得以继续安全服役，直到下一个检查周期。

损伤容限设计的关键是：建立结构或零部件剩余强度与缺陷或裂纹尺寸之间的关系，预测构件的临界缺陷尺寸，并建立合理、可靠、安全的无损探伤周期。本书所采用的损伤容限分析流程如图 11-20 所示。

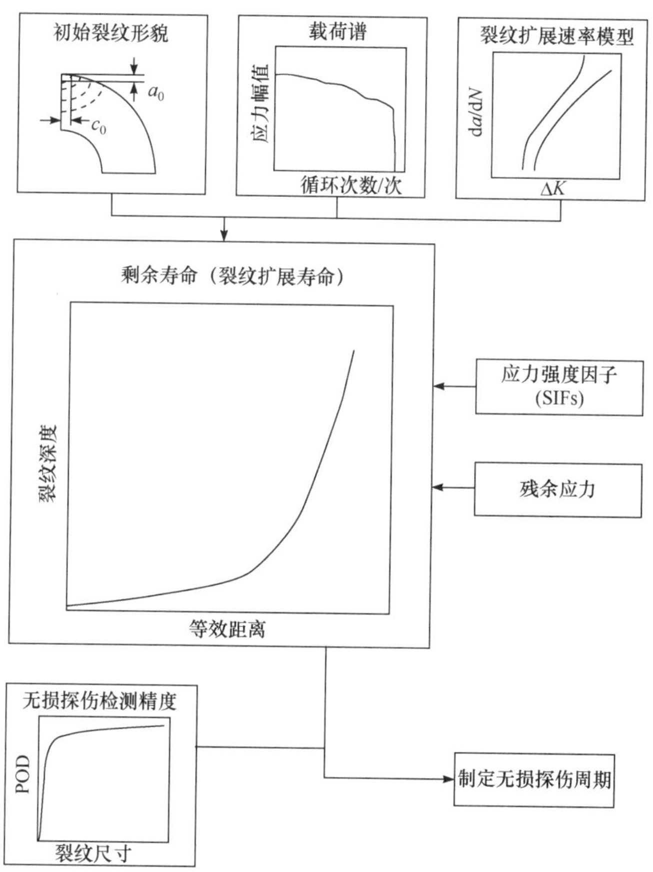

图 11-20　损伤容限分析流程(刘宇轩，2019)

11.2.4　结果与讨论

1. 裂纹植入

根据内置轴箱式车轴的应力分析可知，在载荷谱作用下，其轴身中部应力最大(刘宇轩，2019)，因此，本节参考实心车轴和空心车轴的疲劳断口裂纹形貌(Zerb et al.，2013)，分别设置裂纹深度为 1mm、2mm、3mm、4mm、5mm、6mm、8mm、10mm、15mm、20mm 和 25mm 这 11 种不同深度的标准半椭圆裂纹，且 a/c 在 0.6～0.8 渐变，如图 11-21

所示。裂纹植入位置如图 11-22 所示。

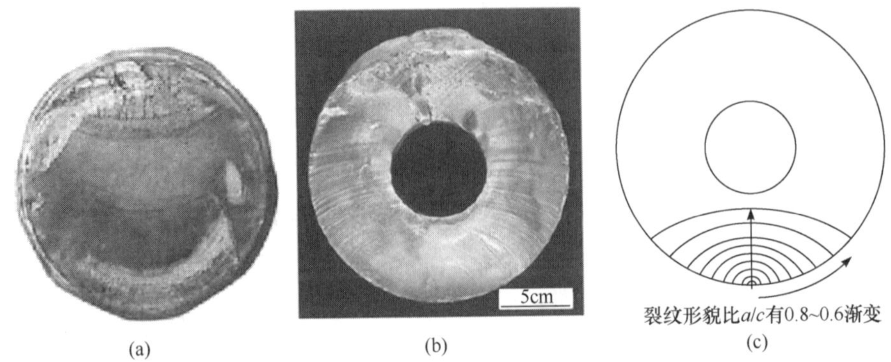

图 11-21 (a) 实心车轴裂纹形貌；(b) 空心车轴裂纹形貌；(c) 植入车轴有限元模型裂纹形貌

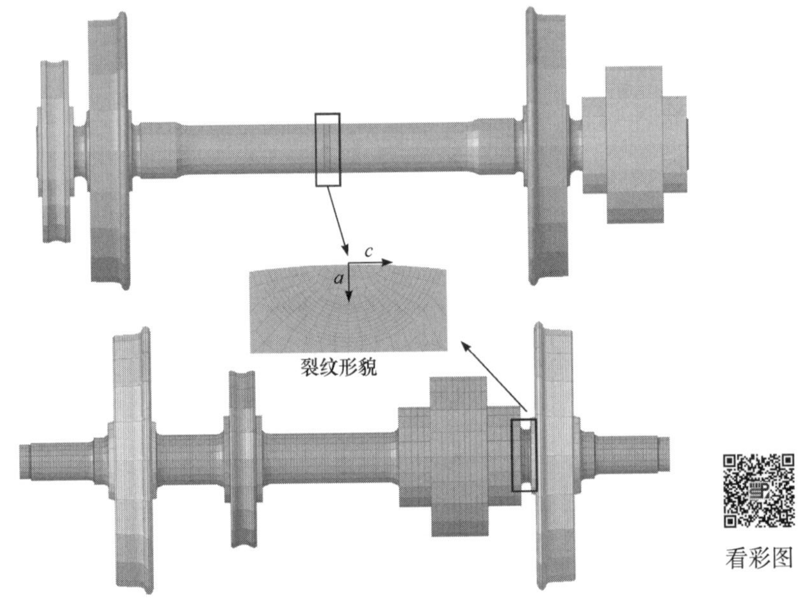

看彩图

图 11-22 裂纹形貌及其植入位置

2. 计算结果与讨论

在内置轴箱式车轴轴身中部和外置轴箱式车轴卸荷槽部位分别植入上述 11 种深度的裂纹后，建立相应的有限元模型，在有限元分析软件 ABAQUS 中施加前述 5 级载荷谱及边界约束条件，进行断裂仿真计算。有限元模拟得到的应力分布如图 11-23 所示。从图 11-23 中可以看出，当车轴的临界安全部位存在缺陷或裂纹时，从应力场分布来看，裂纹尖端附近产生明显的应力集中，在运行过程中就可能超过其裂纹扩展门槛值而使得裂纹继续扩展，引起疲劳断裂。

采用应力外推法分别计算每个裂纹尖端最深点的应力强度因子，将结果绘制在图 11-24 中，以反映车轴在载荷谱下裂纹尖端应力强度因子的变化趋势。由图 11-24 可以清楚看到，裂纹尖端的应力强度因子随着裂纹深度的增加而迅速增加。对于内置轴箱式车轴，

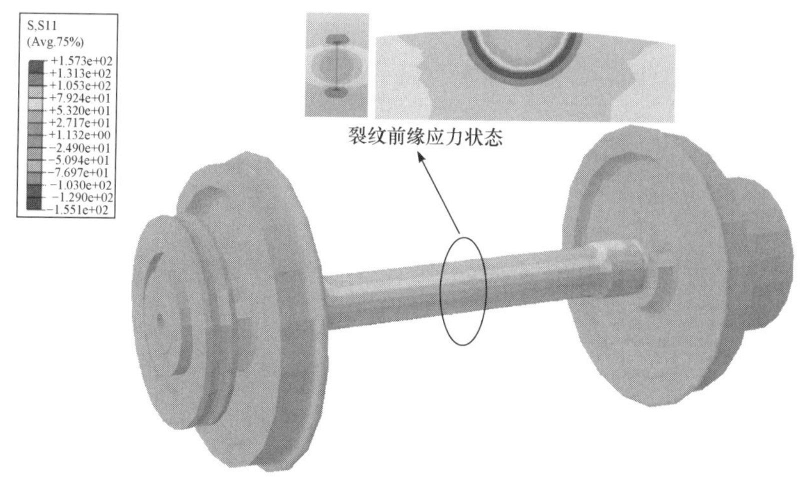

图 11-23　含 3mm 深度裂纹车轴模型在第 5 级载荷下的应力分布　　看彩图

在裂纹完全张开和完全闭合时，裂纹尖端应力强度因子呈现明显的对称性，这与第 10 章车轴应力分析的结果相一致。然而，对于外置轴箱式车轴，其裂纹尖端受到外加载荷和过盈配合致残余应力的共同影响，应力状态比较复杂，同时，裂纹深度较小时的 ΔK 值也普遍大于内置轴箱式车轴中的结果。

预测车轴的剩余寿命需要结合裂纹扩展速率模型来计算裂纹扩展寿命，并与车轴的运行里程联系起来。车轴裂纹扩展寿命 N 可由裂纹扩展速率积分得到，如式(11-21)所示。

$$N = \int_{a_0}^{a_c} \frac{\mathrm{d}a}{\mathrm{d}a / \mathrm{d}N} \tag{11-21}$$

但是，裂纹扩展速率在裂纹扩展过程中是不断变化的，所以要严格分析每一个裂纹增量的裂纹扩展速率是不现实的。为此，可以选择线性近似法来计算车轴的剩余寿命。这样，既可以保证一定的计算精度，又能节省时间。假设在一小段裂纹增量 Δa 内，裂纹扩展速率近似保持常数，则裂纹每一段增量近似的寿命可按式(11-22)和式(11-23)表示。

$$\Delta a / \Delta N = (\mathrm{d}a / \mathrm{d}N)_i = 常数 \tag{11-22}$$

$$N_i = N_{i-1} + \Delta N \tag{11-23}$$

以裂纹 a 从 2mm 扩展到 3mm 为例($\Delta a = 1$mm)，分别计算得到深度为 3mm 裂纹尖端在 5 级载荷下的应力强度因子范围 ΔK，然后再根据裂纹扩展模型来计算裂纹扩展速率。接下来，假设一个循环基数 N_0(如 100 周)，根据载荷谱求出每一级载荷分别作用的循环数 N_1、N_2、N_3、N_4、N_5，进而分别求出对应的裂纹扩展增量 Δa_1、Δa_2、Δa_3、Δa_4、Δa_5，再求其和为 Δa_0，即为载荷谱下循环 N_0 (100 周)的总扩展增量，利用 $\Delta a/\Delta a_0 \times N_0$ 就可算出从 2mm 扩展到 3mm 时的总循环数 ΔN。最后，结合车轮的周长尺寸，估算其服役里程。

基于 LAPS 裂纹扩展模型预测含裂纹车轴的剩余寿命(刘宇轩，2019)，计算了裂纹深度从 1mm 扩展至 25mm 时车轴的剩余寿命，如图 11-25 所示。结果表明，即使载荷谱中的峰值载荷已达到轴重的 2.7 倍，内置轴箱式车轴和外置轴箱式车轴在裂纹深度为

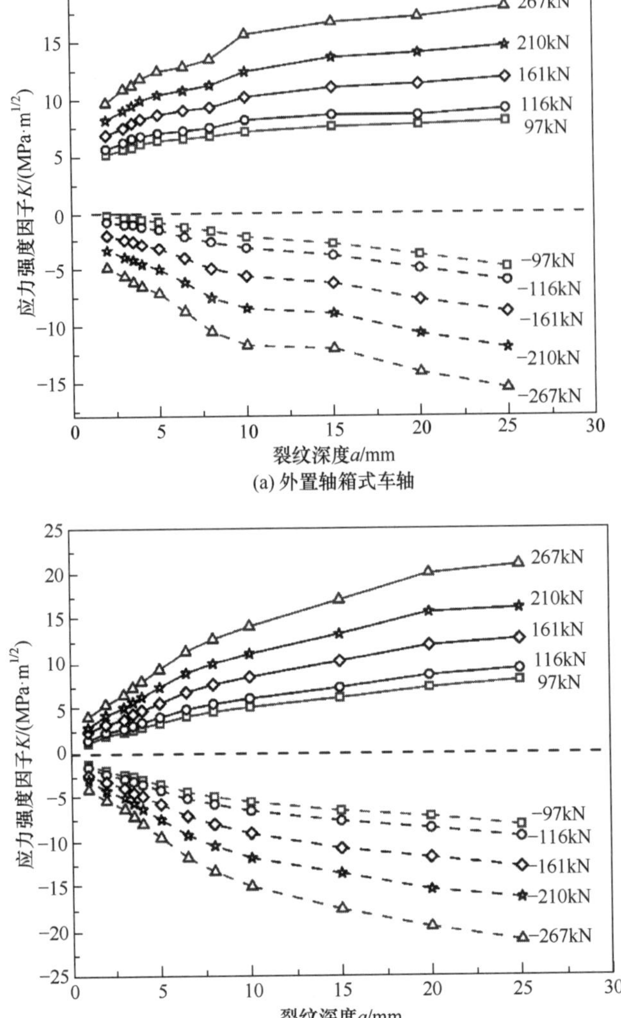

看彩图

图 11-24 载荷谱下裂纹驱动力曲线

1mm 情况下，裂纹均不扩展。当初始裂纹深度为 2mm 时，外置轴箱式车轴裂纹开始扩展，而内置轴箱式车轴裂纹仍不扩展。但是，当初始裂纹深度为 3mm 时，内置轴箱式车轴裂纹开始扩展。外置轴箱式车轴和内置轴箱式车轴近似的剩余寿命分别为 29×10^4km 和 42×10^4km。

另外，从图 11-25 中还可以看出，当裂纹深度达到 5mm 后，裂纹扩展十分迅速，车轴寿命急剧缩短。为了获得保守的估计结果，将裂纹扩展至 5mm 时的寿命定为剩余寿命，并考虑损伤容限安全系数 $\gamma = 1.15$，那么外置轴箱式车轴和内置轴箱式车轴的剩余寿命分别为 20×10^4km 和 32×10^4km。考虑到无损检测的裂纹漏检概率，应该合理制定车轴的探伤周期。

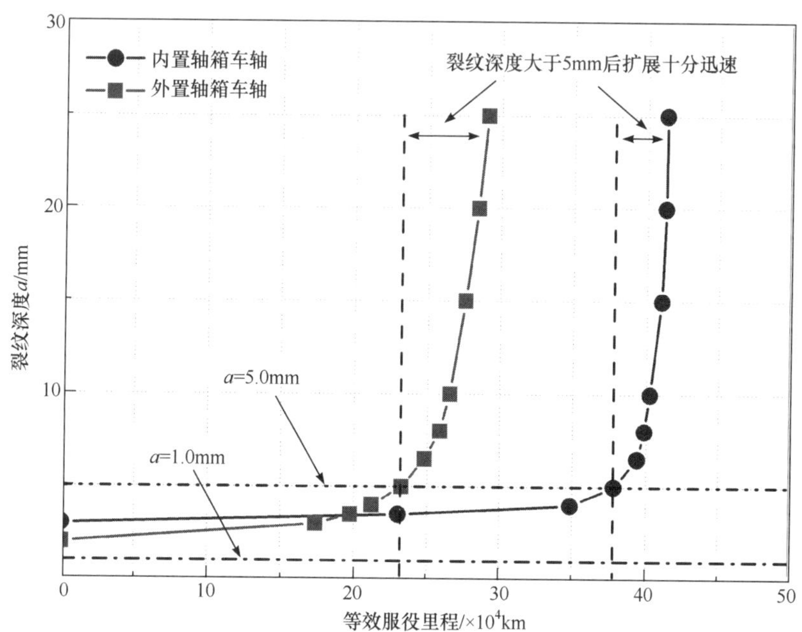

图 11-25　含裂纹车轴的剩余寿命预测曲线

列车车轴是铁道车辆转向架的重要部件，承受着来自车体和转向架的各种载荷，其疲劳破坏直接危及行车安全。本节采用损伤容限设计思想，对内置轴箱式铁路车轴的疲劳强度和寿命评价等问题展开分析，介绍了高速列车车轴的损伤容限分析方法和思路。通过在传统名义应力法的基础上补充基于断裂力学的损伤容限方法，对内置轴箱式车轴进行疲劳强度评估和剩余寿命预测，并提出无损探伤周期，建立内置轴箱式车轴疲劳评定的基础框架，以提高其服役安全性、可靠性及经济性。

习　　题

习题 11-1　如何将结构的疲劳裂纹萌生和扩展联合考虑和计算？

习题 11-2　本章提到的损伤容限方法仅考虑材料的弹性行为，但实际情况下材料通常会发生塑性，此时应当如何考虑？

习题 11-3　对不同运行速度(V = 250km/h, 300km/h, 350km/h)、不同轴重(L = 14t, 16t, 18t)情况下钢轨和车轮的疲劳裂纹萌生寿命进行计算和预测。

习题 11-4　应用损伤容限方法对轮轨接触过程中车轮和钢轨开展疲劳强度和寿命进行评估和设计。

参 考 文 献

陈传尧. 2002. 疲劳与断裂. 武汉：华中科技大学出版社.

邓铁松. 2015. 轴箱内置与外置直线电机地铁车辆曲线通过性能对比. 计算机辅助工程, 24(1): 12-17.

樊译璘. 2019. 重载铁路轮轨塑性匹配有限元分析. 成都：西南交通大学.

金学松，刘启跃. 2004. 轮轨摩擦学. 北京：中国铁道出版社.

李炳华，杜欣. 2000. 高速机车车辆车轴的疲劳设计. 铁道机车与动车, (1):14-20.

刘宇轩. 2019. 内置轴箱式铁路车轴疲劳强度及损伤容限评价. 成都：西南交通大学.

马利军. 2016. 断裂力学的含缺陷车轴服役寿命评估方法研究. 北京：北京交通大学.

王喆. 2019. 高速铁路轮轨滚动接触疲劳裂纹扩展分析. 成都: 西南交通大学.

翟婉明, 金学松, 赵永翔. 2010. 高速铁路工程中若干典型力学问题. 力学进展, 40(4): 358-374.

赵丙峰, 谢里阳, 徐国梁, 等. 2017. 多轴疲劳寿命预测方法. 失效分析与预防, 12(5): 323-330.

赵鑫, 温泽峰, 王衡禹, 等. 2021. 中国轨道交通轮轨滚动接触疲劳研究进展. 交通运输工程学报, 21(1): 1-35.

Cannon D F, Edel K O, Grassie S L. 2010. Rail defects: An overview. Fatigue and Fracture of Engineering Materials & Structures, 26(10): 865-886.

EN 13103. 2012. Railway applications-wheelsets and bogies-non-powered axles-design method.

Franklin F J, Chung T, Kapoor A. 2003. Ratcheting and fatigue-led wear in rail-wheel contact. Fatigue & Fracture of Engineering Materials & Structures, 26(10): 949-955.

Fredericak C O, Armstrong P J. 2007. A mathematical representation of the multiaxial Bauschinger effect. High Temperature Technology, 24(1): 1-26.

Haines D J, Ollerton E. 1963. Contact stress distributions on elliptical contact surfaces subjected to radial and tangential forces. Archive: Proceedings of The Institution of Mechanical Engineers, 1-196(177): 95-114.

JIS E 4501. 2011. Railway rolling stock-design methods for strength of axles.

Johnson K L. 1985. Contact Mechanics. Cambridge: Cambridge University Press.

Li W, Wen Z F, Jin X S, et al. 2014. Numerical analysis of rolling-sliding contact with the frictional heat in rail. Chinese Journal of Mechanical Engineering, 27: 41-49.

Luke M, Varfolomeev I, Lütkepohl K, et al. 2011. Fatigue crack growth in railway axles: Assessment concept and validation tests. Engineering Fracture Mechanics, 78(5): 714-730.

Ohno N, Wang J D. 1993. Kinematic hardening rules with critical state of dynamic recovery. Part I: Formulation and basic features for ratchetting behavior. International Journal of Plasticity, 9(3): 375-390.

Reis L, Li B, de Freitas M. 2014. A multiaxial fatigue approach to rolling contact fatigue in railways. International Journal of Fatigue, 67: 191-202.

Seo J W, Jun H K, Kwon S J, et al. 2014. Rolling contact fatigue and wear behavior of rail steel under dry rolling-sliding contact condition. Advanced Materials Research, 891-892: 1545-1550.

Srivastava J P, Kiran M V R, Sarkar P K, et al. 2017. Numerical investigation of ratchetting behaviour in rail steel under cyclic rolling-sliding contact. Procedia Engineering, 173: 1130-1137.

Su X, Clayton P. 1997. Ratchetting strain experiments with a pearlitic steel under rolling/sliding contact. Wear, 205: 137-143.

Watson A S, Timmis K. 2011. A method of estimating railway axle stress spectra. Engineering Fracture Mechanics, 78(5): 836-847.

Zerbst U, Beretta S, Khler G, et al. 2013. Safe life and damage tolerance aspects of railway axles-A review. Engineering Fracture Mechanics, 98: 214-271.

Zhao J Z, Miao H C, Kan Q H, et al. 2021. Numerical investigation on the rolling contact wear and fatigue of laser dispersed quenched U71Mn rail. International Journal of Fatigue, 143: 106010.

Zhu Y, Wang W J, Lewis R, et al. 2019. A review on wear between railway wheels and rails under environmental conditions. Journal of Tribology, 141(12): 120801.

第 12 章　疲劳与断裂力学研究新进展

本书前 11 章中对疲劳和断裂力学研究中的一些基本理论和分析方法及其工程应用案例进行了较为系统的介绍，对疲劳和断裂力学这两个学科方向一些较为复杂的问题和近年来取得的一些新进展涉及不多。为了让读者能够在了解这两个学科方向的基本理论和常见分析方法的前提下，加深对疲劳和断裂力学研究领域新进展的认识和了解，进而激发读者对疲劳和断裂力学的进一步学习和研究兴趣，本章将对目前在这两个学科方向上取得的一些新进展进行简要介绍。但是，由于篇幅限制和涉及的具体问题的复杂性，本章仅对相关新进展点到为止，不做系统而详细的介绍，详细内容可参见涉及到的参考文献。

12.1　疲劳研究新进展

从第 1 章简要介绍的疲劳研究发展历程来看，随着人们对疲劳的不断认识，疲劳研究得到了长足发展，已经从简单的单轴载荷发展到了考虑复杂的多轴载荷，从单一的疲劳行为发展到了考虑蠕变-疲劳交互作用和棘轮-疲劳交互作用等复杂失效行为，从传统的高周和低周疲劳发展到了超高周和极低周疲劳。因此，本节将从这几个方面对疲劳研究的新进展进行简要介绍，具体细节和疲劳研究的其他新发展可参见相关参考文献和一些关于疲劳研究的最新综述论文(例如，Liao et al.，2020；Tridello et al.，2021；Chen and Liu，2022)。

12.1.1　蠕变-疲劳交互作用研究

在高温环境下，金属材料在恒定应力作用下将发生明显的蠕变变形(即响应应变随时间而逐渐增加)，有时甚至在加载频率较低的交变载荷作用下也会产生蠕变变形，因此，在分析高温下材料和结构的低周疲劳行为时，需要考虑材料的蠕变-疲劳交互作用，特别是在有峰谷值保持的交变载荷作用时。另外，对于诸如奥氏体不锈钢这类金属材料，即使在室温下材料也体现出明显的时间相关变形特性，因此，在讨论这些材料的室温时间相关疲劳失效行为时也需要考虑其蠕变变形和疲劳失效之间的交互作用。蠕变是金属材料在高温环境下发生的一种典型的变形，随着时间的推移，材料也会因蠕变变形过大而发生断裂，称为蠕变断裂；在这个过程中因蠕变变形而造成的材料损伤也称为蠕变损伤。关于金属材料蠕变变形的实验和理论研究本书不做具体介绍，对此感兴趣读者可以查阅相关论著。本小节仅对材料的蠕变-疲劳交互作用行为的实验和理论研究进行简要介绍，更多内容和新发展可参见相关文献。

1. 蠕变-疲劳交互作用实验研究

材料的蠕变-疲劳交互作用实验研究通常采用如图 12-1 所示具有不同应力保持的应力加载波形。然而，有时在高温环境下即使没有应力保持，在加载速率比较低时也会涉及蠕变-疲劳交互作用。因此，应力保持位置和保持时间及加载速率是控制蠕变-疲劳交互作用实验研究的三个主要因素。

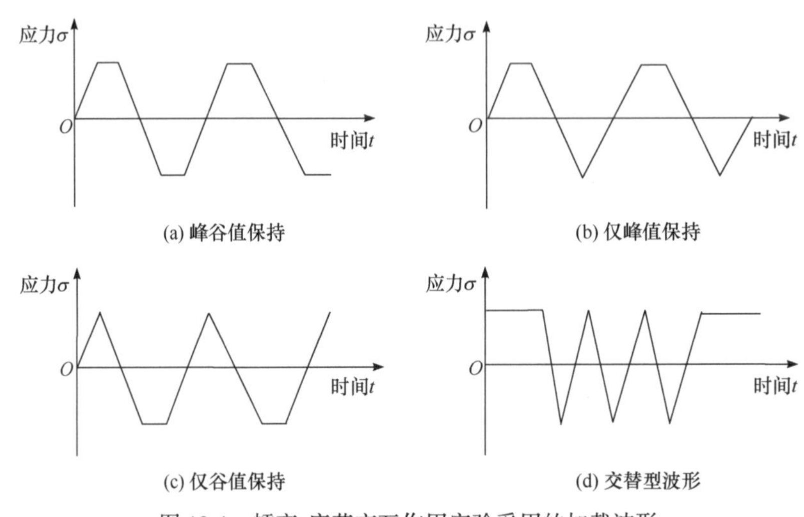

图 12-1　蠕变-疲劳交互作用实验采用的加载波形

已有的实验结果表明，材料的蠕变-疲劳交互作用是一种极为复杂的变形和失效现象，蠕变-疲劳耦合损伤受循环载荷的大小和频率高低、保持时间的长短、加载波形的不同和环境温度的高低等诸多因素影响(张俊善，2007)。尽管目前已经取得了很大的研究进展，但由于问题的复杂性，蠕变-疲劳交互作用的宏观行为规律和微观失效机制尚未完全探明(特别是针对多轴蠕变-疲劳交互作用)，还需要开展更为深入的研究。

蠕变-疲劳交互作用的本质就是讨论材料在蠕变-疲劳失效过程中体现出的蠕变损伤和疲劳损伤之间的相互关系：当蠕变损伤和疲劳损伤同时(如图 12-1(a)～(c)所示情形)或依次交替(如图 12-1(d)所示情形)发生时，一种损伤将对另一种损伤的演化过程产生一定的影响，从而加速或减缓总的损伤演化，进而影响失效寿命。因此，可以分别通过同时损伤和依次损伤这两种方式来设计实验，进而考察材料的蠕变-疲劳交互作用。已有的实验结果表明(张俊善，2007)：①在同时损伤这种加载方式下，拉伸峰值保持时间对不锈钢和低合金钢的疲劳寿命有显著影响，保持时间越长，疲劳寿命降低程度越高，并且随着保持时间的延长，因蠕变变形增加而产生的沿晶断裂面积增加，蠕变损伤所占份额增加，在一定保持时间下蠕变损伤将变为总损伤中的主要部分，另外一般认为压缩峰值保持时间对疲劳寿命影响不大，但不同的材料体现出的影响程度不尽相同；②如果材料经过高应变疲劳后再进行蠕变实验，高应力下的蠕变断裂寿命下降而低应力下的蠕变断裂寿命则不受先前的高应变疲劳过程的影响。

另外，材料的蠕变-疲劳交互作用还与加载速率、加载路径、环境介质、服役温度等密切相关，目前仍然是研究的热点问题，还有很多问题需要进行进一步系统而深入的研究。例如多轴蠕变-疲劳交互作用的研究，对此感兴趣的读者可以查阅相关最新文献。

2. 蠕变-疲劳寿命预测

自 1950 年以来，人们对蠕变-疲劳交互作用下材料与构件的寿命预测进行了大量的研究，据不完全统计，目前已经提出了不少于 100 种的预测方法。由于材料的蠕变-疲劳寿命受加载水平、加载速率(加载频率)、保持时间、加载波形和加载路径以及环境因素和材料本身特性等因素的影响，很难建立统一的寿命预测模型和方法，因此，目前已有的蠕变-疲劳寿命预测模型和方法都是研究者针对各自研究的材料和特定的服役条件而提出的，存在具体的应用范围要求(张俊善，2007)。下面对两种典型的寿命预测模型进行简要介绍，详细内容和最新研究进展可以参阅相关文献。

1) 线性累积损伤法

线性累积损伤法是针对核电行业的锅炉和压力容器提出的一种蠕变-疲劳寿命预测方法，已经列入美国机械工程师协会标准 ASME Code Case N-47 中，目前应用最为广泛。该方法认为，蠕变和疲劳造成的损伤的线性叠加值达到某一个临界值时，材料或构件发生蠕变-疲劳失效，失效判据为

$$D_{\mathrm{f}}+D_{\mathrm{c}} \leqslant D_{\mathrm{cr}} \tag{12-1}$$

其中，D_{f} 和 D_{c} 分别代表疲劳损伤和蠕变损伤；D_{cr} 为材料或构件蠕变-疲劳失效时的临界损伤值。上式也可以按照疲劳和蠕变各自的损伤积累更直观地表示为

$$\sum\frac{N_i}{N_{fi}}+\sum\frac{t_j}{t_{cj}} \leqslant D_{\mathrm{cr}} \tag{12-2}$$

其中，N_i 是在应力历程 $\Delta\sigma_i$ 下循环的次数，而 N_{fi} 是在应力历程 $\Delta\sigma_i$ 下的疲劳寿命；t_j 是在应力水平 σ_j 下的保持时间(蠕变时间)，而 t_{cj} 是在应力水平 σ_j 下的蠕变寿命。

需要强调的是，ASME Code Case N-47 标准中按照线性累积损伤法对蠕变-疲劳寿命进行预测时，对拉伸峰值保持和压缩谷值保持是同等对待的，但大多数实际情况下压缩估值保持基本上不产生明显的蠕变损伤，有时甚至还会对拉伸半周期产生损伤有一定的恢复作用，因此该规范给出的蠕变-疲劳寿命预测结果是相当保守的，预测寿命比实际寿命低很多。

2) 应变分割法

对于蠕变和疲劳损伤同时出现的这种加载方式，在一个应力或应变循环响应中必然包含塑性应变和蠕变应变，也有拉伸应变和压缩应变，这些不同性质的应变将以不同的方式和规律对总损伤产生影响，需要分别考虑(这在线性累积损伤法中未能加以区分)。应变分割法的目的就是将在循环过程中产生的总应变按其变形性质分割为若干分量，进而分别评价各个分量引起的损伤及其演化。

对于图 12-2 所示的典型蠕变-疲劳循环加载下的应力-应变响应，按照应变分割法可以将总的应变幅值分割为如下几个部分。①塑性应变幅值 $\Delta\varepsilon_{\mathrm{pp}}$：定义为拉伸和压缩塑性应变中较小的那一个，如图 12-2 中 *BD* 线段所示；②蠕变应变幅值 $\Delta\varepsilon_{\mathrm{cc}}$：定义为拉伸和压缩蠕变应变中较小的那一个，如图 12-2 中 *CD* 线段所示；③塑性-蠕变应变幅值 $\Delta\varepsilon_{\mathrm{pc}}$：

定义为拉伸塑性应变在压缩变形过程中被反向后剩余的应变，即图 12-2 中所示的 *AC*-*DB*，或者为压缩蠕变应变在拉伸变形过程中被反向后剩余的应变，即图 12-2 中所示的 *BA*-*CD*，这两个剩余应变应该相等，代表拉伸塑性应变和压缩蠕变应变构成的应变幅值。如果拉伸塑性应变小于压缩蠕变应变，则可以用 $\Delta\varepsilon_{cp}$ 来代表压缩塑性应变和拉伸蠕变应变所构成的应变幅值。但是，要注意，对于一个具体的应力或应变循环来讲，$\Delta\varepsilon_{pc}$ 和 $\Delta\varepsilon_{cp}$ 只能有一个，不能两者兼备。

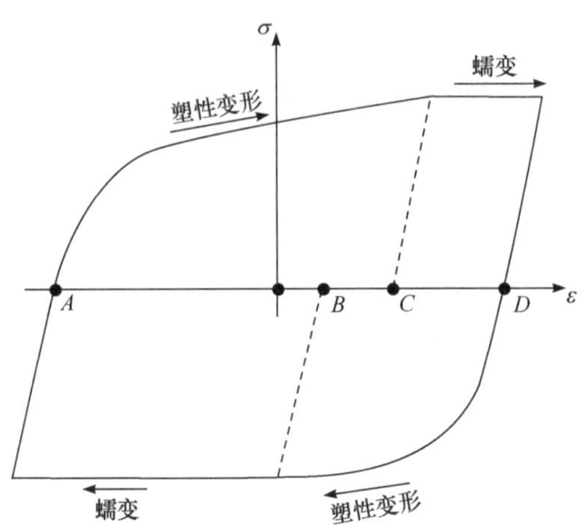

图 12-2　典型的蠕变-疲劳循环加载下的应力-应变滞回环

根据上述分割方式，总的非弹性应变幅值可以表示为

$$\Delta\varepsilon_{t} = \Delta\varepsilon_{pp} + \Delta\varepsilon_{cc} + \Delta\varepsilon_{pc} \text{ 或 } \Delta\varepsilon_{t} = \Delta\varepsilon_{pp} + \Delta\varepsilon_{cc} + \Delta\varepsilon_{cp} \tag{12-3}$$

然后，通过考虑分割出来的几个应变幅值对蠕变-疲劳失效寿命的贡献，即可得到总的蠕变-疲劳失效寿命。具体的处理方法可参见文献(张俊善，2007)，本书不做详细介绍。

除了这两种典型的蠕变-疲劳寿命预测方法外，还有基于损伤力学的方法和一系列考虑加载频率、加载波形等对应变分割法的修正方法以及一些经验方法。值得注意的是，已有的方法大都针对的是单轴蠕变-疲劳交互作用行为，对更为复杂的多轴蠕变-疲劳寿命预测的研究还比较少，还需要进行系统而深入的研究。

12.1.2　棘轮-疲劳交互作用研究

如第 2 章介绍的那样，金属材料在非对称应力控制循环加载过程中，当应力水平足够高时，材料在循环变形过程中将会产生明显的塑性变形循环累积现象，该现象则称为棘轮行为或棘轮效应(ratcheting effect)。棘轮行为是材料低周疲劳研究中出现的一个新现象，是一种叠加在基本循环变形上的一种二次变形，行为特征复杂，影响因素众多，目前已经得到了人们的广泛关注，相关研究进展可以参见 Ohno(1990)、Kang(2008)和 Chaboche (2008)等发表的综述性论文以及 Kang 和 Kan(2017)出版的英文专著，本节不做过多介绍。棘轮行为的出现，一方面会使材料与结构因循环累积的塑性变形过大而尺寸超标；另一方面又会使材料与结构的疲劳寿命减少，发生过早的疲劳失效。因此，非常有必要讨论棘轮变形和疲劳损伤之间的交互作用(即棘轮-疲劳交互作用)，并在疲劳寿命预测中合理考虑棘轮变形的影响。

1. 棘轮-疲劳交互作用实验研究

尽管金属材料的棘轮行为自 20 世纪 80 年代以来得到了人们的广泛关注，已经取得了非常丰富的实验结果，但对于棘轮-疲劳交互作用的研究相对来说起步较晚，直到进入 21 世纪才得到研究者的广泛重视，目前已经取得较为丰富的实验结果(康国政和阚前华，2014)。下面就我们针对三类典型金属材料取得的一些具有代表性成果进行简要介绍。

Kang 等(2006)分别针对具有循环稳定、循环硬化和循环软化特性的三种材料，即对应的退火 42CrMo 钢、304 不锈钢和调质 42CrMo 钢，开展了棘轮-疲劳交互作用的实验研究，揭示了三种材料的全寿命棘轮行为演化特征和棘轮变形对疲劳寿命的影响规律，为后续考虑棘轮变形影响的疲劳寿命预测模型建立提供了坚实的实验基础。单轴全寿命棘轮行为的典型结果如图 12-3 所示。由图 12-3 可见：①三种材料的全寿命棘轮行为明显依赖于外加的应力水平。应力水平的增加不仅会使产生的棘轮应变增加，而且当应力水平高于一定值时，全寿命棘轮行为的演化特征也将发生一定的变化。在高应力水平下，在全寿命棘轮行为的后期会因疲劳损伤的影响而出现棘轮变形率迅速增大的现象，导致棘轮应变迅速增加，从而引起材料因过大的棘轮变形而发生韧性破坏；而在低应力水平下，棘轮变形在经过循环初期的棘轮应变率迅速下降阶段后，一直以一个几乎恒定的棘轮应变率稳定增长，直至材料发生低周疲劳失效。②对于循环稳定(退火 42CrMo 钢)和循环硬化材料(304 不锈钢)，其全寿命棘轮行为体现出明显的三阶段演化特征，即棘轮应

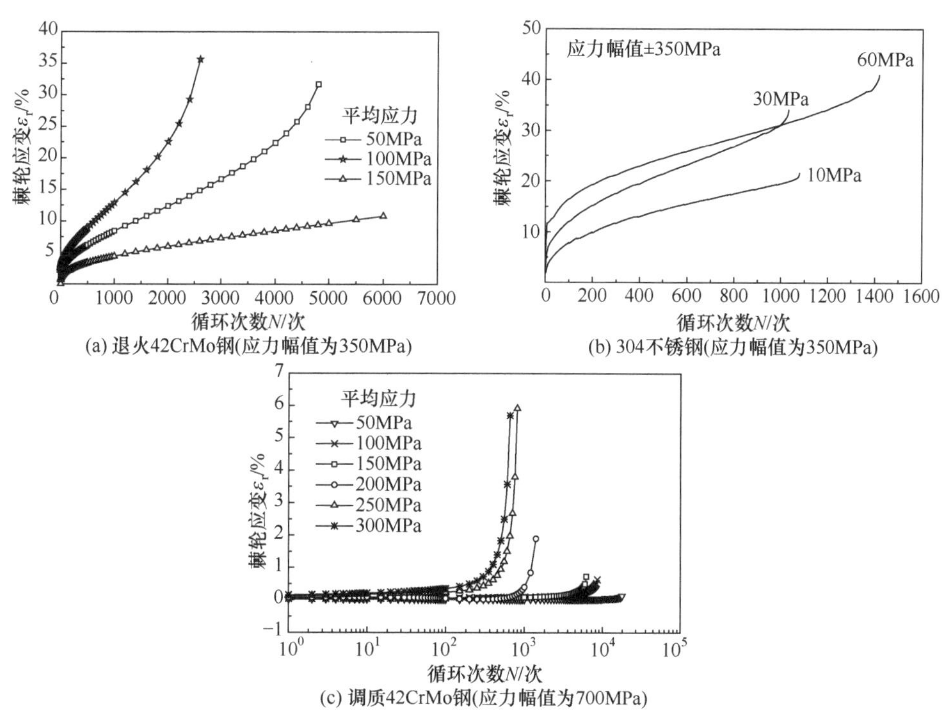

图 12-3　不同平均应力下三种材料的单轴全寿命棘轮行为

变率(每一周棘轮应变的增加量)逐渐减小的阶段Ⅰ、常棘轮应变率的阶段Ⅱ和棘轮应变率快速增减的阶段Ⅲ；然而，对循环软化材料(调质 42CrMo 钢)，尽管在循环开始阶段棘轮变形很小，但随着循环次数的增加，材料抵抗变形的能力由于循环软化效应而逐渐降低，棘轮变形演化越来越显著，棘轮行为的演化没有明显的三阶段特征，只具有明显的两阶段(阶段Ⅱ和阶段Ⅲ)演化特征。③对于循环稳定(退火 42CrMo 钢)和循环软化材料(调质 42CrMo 钢)，在应力幅值保持不变、平均应力不同的非对称应力循环下，疲劳寿命随平均应力的增加而单调减少，如图 12-3(a)和(c)所示；但对于循环硬化材料(304 不锈钢)，在应力幅值为±350MPa、平均应力不同的非对称应力循环下，疲劳寿命随平均应力的增加非单调变化，这说明平均应力的增加虽然使 304 不锈钢材料的最终棘轮应变增加，但增加的棘轮应变并没有使材料的疲劳寿命下降，反而有提高疲劳寿命的趋势。

为了更明确地说明三类材料的棘轮变形对疲劳寿命的影响，图 12-4 给出了三类材料非对称应力循环下的疲劳寿命和对应的应变循环下的疲劳寿命对比结果。由图可见，对于三类材料，当具有相同的应变幅值时(对非对称应力循环指的是响应的应变幅值)，非对称应力循环下的疲劳寿命明显低于应变循环下的疲劳寿命。这说明非对称应力循环过程中产生的棘轮变形加速了材料的损伤进程，导致疲劳寿命下降。另外，由图 12-4 还可以发现，与循环稳定和循环硬化材料相比，由于循环软化材料的循环软化效应对棘轮行为和疲劳损伤的影响显著，在非对称应力控制循环模式下获得的疲劳寿命具有更大的分散性。

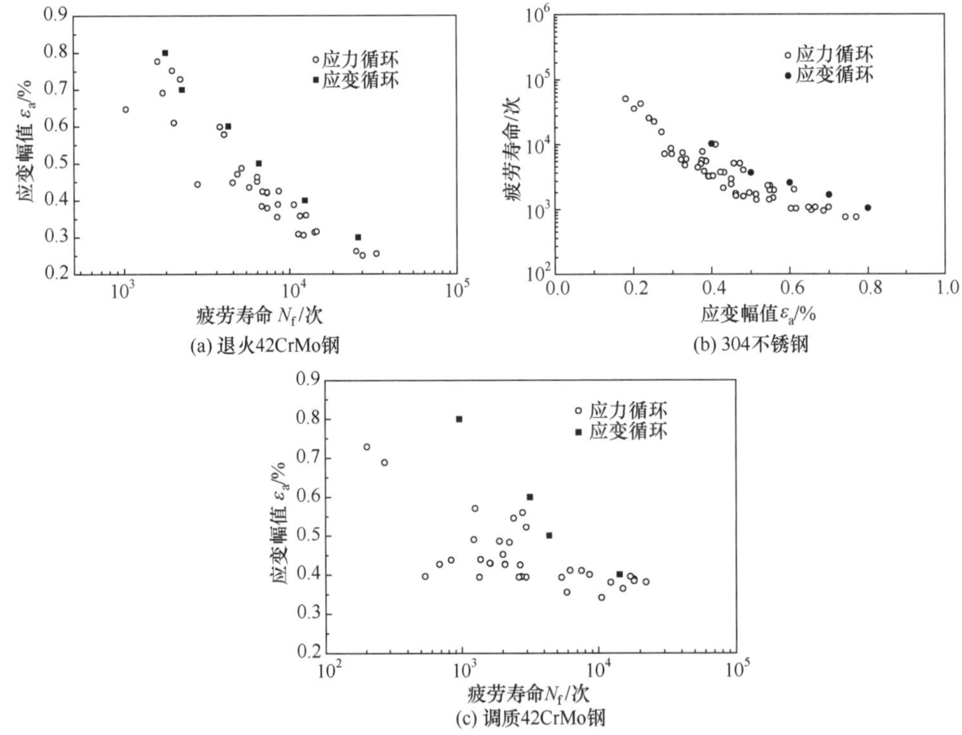

图 12-4　应力疲劳(有棘轮变形)和应变疲劳(无棘轮变形)寿命比较图

2. 考虑棘轮变形的疲劳寿命预测模型

如本书第一部分所述，人们通过对材料疲劳失效的实验结果分析和拟合，建立了许多半经验型的工程疲劳失效模型，对不同材料的疲劳寿命进行了预测。例如，Basquin 模型(Basquin, 1910)、Manson-Coffin 模型(Manson, 1965; Coffin, 1954)、Morrow 模型(Morrow, 1968)和 SWT 模型(Smith et al. , 1970)等，但是，这些传统的疲劳失效模型都没有考虑棘轮行为对疲劳寿命的不利影响，不能直接应用于有棘轮变形产生时材料的疲劳寿命预测。因此，需要在已有研究的基础上，结合棘轮-疲劳交互作用下的疲劳寿命实验结果，建立新的疲劳寿命预测模型。

Liu 等(2008)与 SBF 模型一样，在 MSBF 模型中也用应力比 R 来描述平均应力和棘轮变形对疲劳寿命的影响，但是不是直接使用，而是通过引入一个包含应力比 R 和能够反映材料循环软/硬化特性影响的标量参量 FP。新参量 FP 定义如下：

$$FP = \frac{\sigma_{\max}}{E} \times \frac{1}{\varphi(N) \times (-R)} \tag{12-4}$$

其中，$\sigma_{\max}$ 为外加的峰值应力，E 为杨氏模量；$R\,(\neq -1)$为应力比；$\varphi(N)$ 则为引入的反映材料循环软化特性对疲劳寿命影响的函数。为简单起见，可以假定该材料的循环软/硬化特性与外加应变幅值无关，其响应的应力幅值只随循环次数的变化而变化，即可定义函数 $\phi(N)$ 为

$$\varphi(N) = \frac{\sigma_{\mathrm{as}}}{E} = d(N)^e \tag{12-5}$$

其中，σ_{as} 是应变循环过程中响应的应力幅值；N 为循环次数；参数 d 和 e 可通过在一定外加应变幅值下的对称应变循环变形实验得到的$\sigma_{\mathrm{as}}/E \sim N$ 曲线拟合而得。

另外，根据对实验结果的拟合发现，疲劳寿命随变量 FP 单调增加，两者的关系可以近似地看成是线性的，并且在不同峰值应力下的拟合曲线之间的斜率变化不大，基本相同。因此，可以合理地假定疲劳寿命随变量 FP 增加的速率与施加的峰值应力无关。这样，反映了材料的循环软/硬化特性对其疲劳寿命影响的变量 FP 就可以引入非对称应力循环下疲劳寿命的预测模型中，可表示为

$$N_{\mathrm{f}}(\sigma_{\max}, R) = N_{\mathrm{f}}(\sigma_{\max}, -1) + \Delta N_{\mathrm{f}}\big|_{FP} \tag{12-6}$$

$$N_{\mathrm{f}}(\sigma_{\max}, -1) = \sigma_{\mathrm{f}}'(2N_f)^b \quad (R = -1) \tag{12-7}$$

而 $\Delta N_{\mathrm{f}}\big|_{FP}$ 可由下式计算：

$$\frac{\ln[N_{\mathrm{f}}(\sigma_{\max}, R)] - \ln[N_{\mathrm{f}}(\sigma_{\max}, -1)]}{FP(R) - FP(-1)} = c \quad (R \neq -1) \tag{12-8}$$

其中，$FP(R)$ 则可由式(12-4)和式(12-5)得到。利用式(12-4)～式(12-8)，即可通过迭代方法计算出非对称应力循环($R \neq -1$)下材料的疲劳寿命，预测结果如图 12-5 所示。

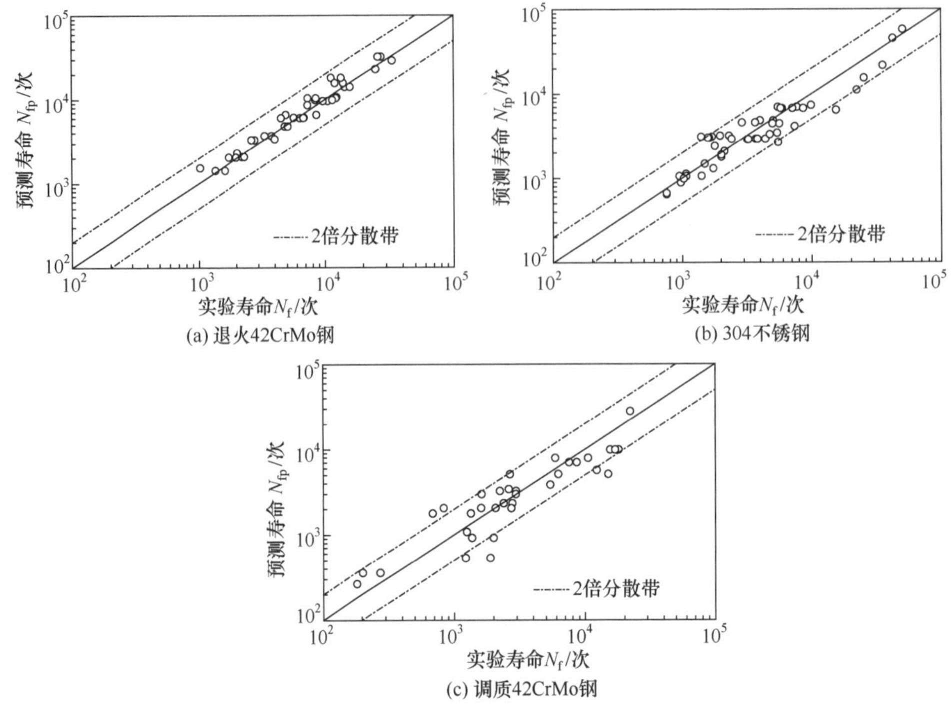

图 12-5　考虑棘轮变形的疲劳寿命预测结果和实验结果对比图

由图 12-5 可见，本小节讨论的考虑棘轮变形和材料循环软/硬化行为对疲劳失效行为影响的疲劳寿命预测模型，由于引入了能够反映材料循环软化特性影响的 *FP* 参量，对三种体现出一定循环软/硬化特性的材料的疲劳寿命得到了比较好的预测，绝大多数数据点都位于 2 倍分散带以内。这也表明引入的参量 *FP* 能够合理反映非对称应力循环加载条件下平均应力、应力幅值和应力比对疲劳寿命的影响。

需要指出的是，本小节只针对材料棘轮变形对疲劳失效行为的影响而建立了相应的疲劳寿命预测模型，并没有考虑疲劳损伤对材料棘轮变形的促进作用。对于考虑疲劳损伤影响的材料的全寿命棘轮行为预测，需要在耦合损伤的框架下建立相应的循环塑性本构关系，这方面的工作可参见(Kang et al. , 2009)，本书不做详细讨论。另外，本小节仅对材料的单轴棘轮-疲劳交互作用行为进行了简要介绍，对于更为复杂的多轴棘轮-疲劳交互作用的研究可以参见 12.1.4 小节的内容。

12.1.3　超高周疲劳行为研究

在本书前面章节讨论的材料与结构的高周疲劳行为中涉及的循环次数为 10^6～10^7，并认为材料在 10^7 循环次数下还未发生疲劳破坏时具有无限寿命，其对应的应力水平则称为该材料的疲劳极限。这对于运行速度较慢的机器零部件来说是合适的。然而，随着科技的日益进步，机器零部件的运转速度已经变得很高，目前已达每分钟数万转以上，对应的疲劳寿命已达到 10^9 以上，因此，已有的高周疲劳理论不再适用于这一情形，需要开展 10^8 循环次数及以上的疲劳失效行为研究，这就是所谓的超高周疲劳行为研究。

在超高周疲劳行为研究的初期，受实验条件的限制，传统的高周疲劳试验机不能提供较高加载频率(最高 300Hz)，因而，开展相应的超高周疲劳实验研究比较费时费力(例如，利用加载频率为 100Hz 的疲劳试验机完成 1×10^9 次循环实验需要大约 116 天)，相关数据需要很长时间的积累，研究进展较为缓慢。直到 20 世纪 90 年代末，法国的 Bathias 等(1993)成功实现了利用超声波激励来完成疲劳加载的技术，研制出超声疲劳试验机，使其加载频率可以达到 20000Hz，大大缩短了试验时间(例如，完成 1×10^9 次循环实验仅需大约 14h)，为研究材料和结构的超高周疲劳行为提供了有效的手段，促进了超高周疲劳行为研究的快速发展。

随着超声疲劳试验技术的日益成熟，材料和结构的超高周疲劳行为研究得到了人们的广泛重视，目前已经取得了较为丰硕的研究成果，对不同材料的超高周疲劳失效机制有了较为充分的认识，相关研究成果已经在实际工程中得到了应用，促进了相关领域的发展。具体研究内容可参见相关文献(Costa et al.，2020；Fitzka et al.，2021)，本书不做详细介绍。但是，需要注意的是，在基于超声疲劳试验技术的材料的超高周疲劳行为研究初期，超高加载频率下产生的材料力学性能的频率依赖性是研究者普遍关心的问题。也就是说，我们需要厘清超声疲劳试验技术中不可避免出现的频率效应对材料的超高周疲劳行为会产生什么样的影响，在这样的超高加载频率下获得疲劳性能数据是否用到载荷频率较低的实际工程结构中等问题。近年来，通过试验测试技术的进一步完善以及超声疲劳试验机获得的结果和常规高周疲劳试验机长时间测试所得结果的对比分析，频率效应及其影响已经得到了较为清楚的认识，相关研究成果也在实际工程结构的超高周疲劳分析中得到了很好的应用。然而，目前对材料和结构的超高周疲劳行为研究主要集中在失效机制的分析上，在疲劳寿命预测模型方面还需要大力发展。

12.1.4　多轴疲劳研究

多轴疲劳是指材料与结构在多向应力(或应变)交变载荷作用下发生的疲劳失效。由于多向应力(或应变)状态下的各个分量可以独立地随时间发生变化，它们之间的变化可以是同相的和比例的，也可以是(或更多的是)非同相和非比例的，因此，多轴疲劳涉及的载荷因素非常复杂，研究难度远大于单轴疲劳。另外，由于试验条件的限制，直到 20 世纪 50 年代闭环控制的电液伺服多轴疲劳试验机的出现才促进了多轴疲劳研究的发展，相关研究在 20 世纪 70 年代才得到人们的重视，目前已取得了较多的研究成果，见《多轴疲劳强度》(尚德广和王德俊，2007)。但是，由于问题的复杂性以及新材料和新结构的不断涌现，多轴疲劳研究至今仍然备受人们的关注，也还有较多问题未能得以很好解决。

1. 多轴疲劳实验研究

在闭环控制的电液伺服多轴疲劳试验机出现后，人们开展的材料多轴疲劳实验可以大致分为三种，即拉-扭组合(可加内压)、弯-扭组合和双轴拉压多轴疲劳实验。下面将结合编者课题组开展的材料拉-扭组合多轴棘轮-疲劳交互作用实验研究来简述材料多轴疲劳失效的行为特征和加载路径依赖性，其他多轴疲劳的相关问题可参见相关参考文献。

为了讨论多轴加载情形下的棘轮-疲劳交互作用，我们在图 12-6 所示的圆形路径(图中虚线表示)以及几种典型的比例和非比例多轴应力循环圆形内接加载路径下，对退火42CrMo 的全寿命棘轮行为和疲劳失效行为进行了实验研究。需要注意的是：在实验的几种加载路径中均设定轴向平均应力不为零，而扭向平均应力为零；在这样的加载路径下，多轴棘轮行为主要在轴向方向产生，扭转方向的棘轮应变非常小，与轴向棘轮行为相比可以忽略。因此，在下面的多轴全寿命棘轮行为和相关疲劳问题的讨论中，均只涉及轴向棘轮变形的大小及其对疲劳寿命的影响。

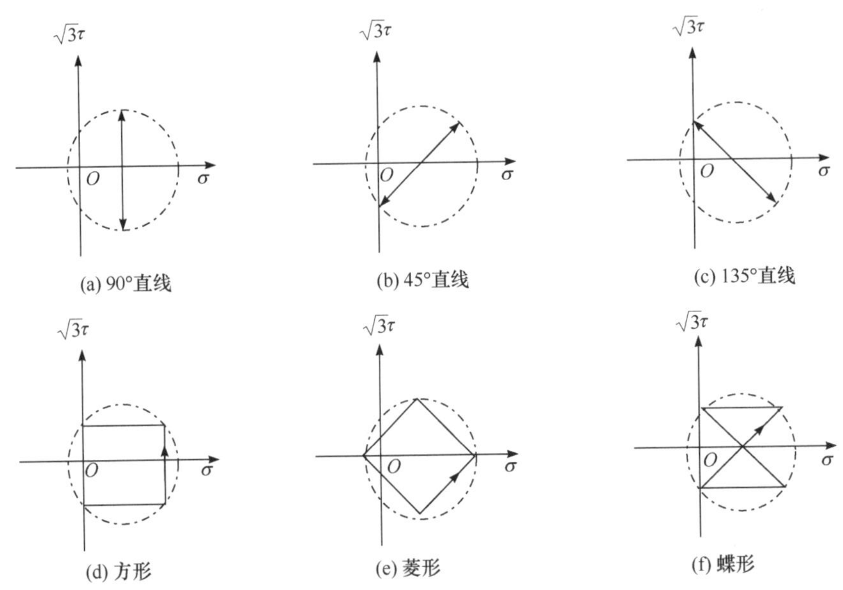

图 12-6　退火 42CrMo 钢多轴应力循环圆形内接加载路径示意图(引自 Kang et al.，2008)

图 12-7 给出了反映加载路径形状对非比例多轴全寿命棘轮行为的影响的实验结果。由图 12-7 可见，退火 42CrMo 钢的非比例多轴全寿命棘轮行为与加载路径的形状密切相关。①在圆形和圆内接直线路径中，圆形路径下的全寿命棘轮行为明显强于各种圆内接直线路径，如图 12-7(a)所示，这主要是圆形路径下的轴向和扭向应力幅值均高于内接直线路径的缘故。45°和 135°直线路径下的全寿命棘轮行为差别非常小，并且均大于90°直线路径的全寿命棘轮行为。对 45°、90°和 135°直线路径，特别是 90°直线路径，在经过一定的循环周次后，棘轮变形以一个常棘轮应变率稳定发展，直至材料发生低周疲劳失效。对圆形路径，其失效模式为过大棘轮变形导致的韧性破坏。②对圆形和圆内接多边形(包括菱形、矩形和蝶形)加载路径，循环后期均会出现棘轮应变率的迅速增大现象，材料都是出现因棘轮变形过大而发生的韧性破坏，但它们之间的棘轮应变值仍有一定差异，如图 12-7(b)所示。其中，圆形路径的棘轮应变最大，矩形路径的棘轮应变最小，蝶形和菱形路径棘轮应变差别很小，其大小介于圆形和矩形之间。然而，需要指出的是，实际上矩形和蝶形路径下的轴向和扭向应力幅值(±247.5MPa)都要小于圆形和菱形的相应值(±350MPa)。如果两者的应力幅值相同，则蝶形和矩形路径下的全寿命棘轮变形演化较圆形路径更为迅速，疲劳寿命越短。

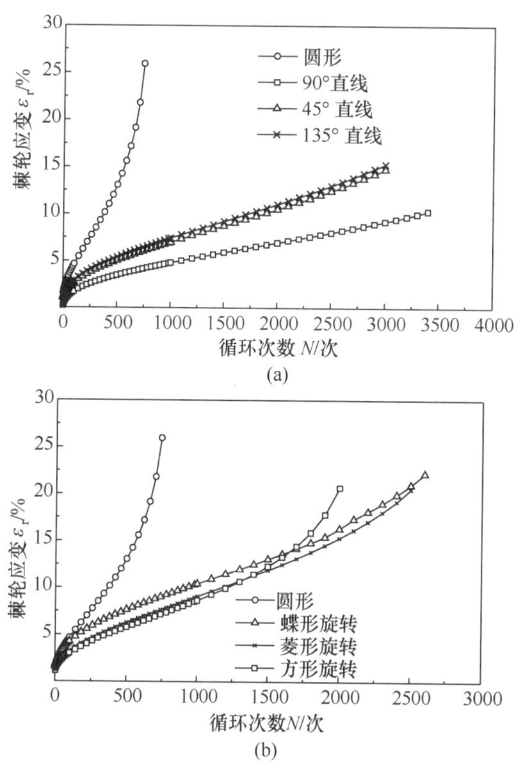

图 12-7　退火 42CrMo 钢的非比例多轴全寿命棘轮行为(引自 Kang et al., 2008)

图 12-8 给出了圆形路径和其他圆形内接加载路径下材料的多轴疲劳寿命结果。由图 12-8 可见：在最大等效应力相同的情况下，这几种典型多轴加载路径下的疲劳寿命基本可以分为三类，即：圆形路径最短；直线路径下的疲劳寿命最长，但相互间差别不大；多边形路径下的疲劳寿命居中，而且相互间差别也不大。与对应的单轴情形相比，多轴情形下的疲劳寿命均低于单轴情形。这证明材料的多轴疲劳失效行为，特别是非比例多轴疲劳失效行为远较单轴疲劳失效行为复杂，并且强烈依赖于不同的加载路径形状；同

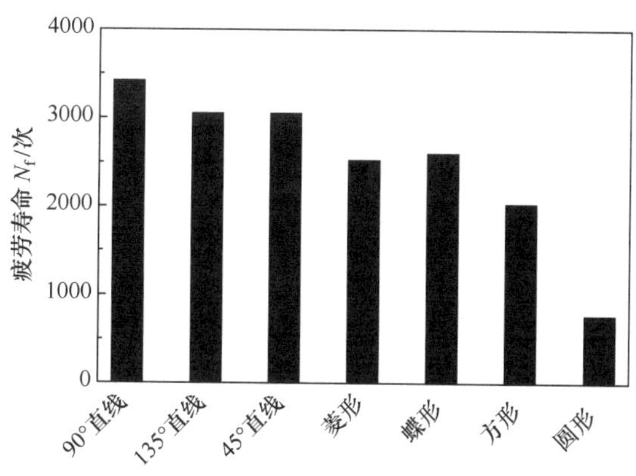

图 12-8　退火 42CrMo 钢圆形路径和其他圆形内接加载路径下的多轴疲劳寿命(引自 Kang et al., 2008)

时，在载荷水平相当时，材料的多轴疲劳寿命一般低于其单轴疲劳寿命，即多轴加载对于疲劳寿命来讲是一个不利的因素，需要重点加以关注。

2. 多轴疲劳寿命预测模型

早期的多轴疲劳失效模型大都采用“等效”的概念，将多轴应力(或应变)状态“等效”为对应的单轴应力(或应变)状态，然后基于单轴疲劳失效模型进行拓展。采用的主要是材料静强度分析中常用的 von Mises 和 Tresca 等效应力(或等效应变)。正如《多轴疲劳强度》(尚德广和王德俊，2007)一书中总结的那样，多轴疲劳失效模型可以分为基于应力、基于应变、基于循环塑性功和临界平面法四大类失效模型：尽管基于等效应力(或应变)的多轴疲劳失效模型能够对比例加载下的多轴疲劳寿命给出有效的预测，但由于其不能够反映加载路径不同造成的影响，因而不能用于非比例多轴疲劳寿命预测；同样，由于循环塑性功是一个标量，也不能反映多轴疲劳失效机制，而且需要较为精确的本构模型来进行计算，因而其在非比例多轴疲劳寿命预测中的应用受到很大限制；然而，临界平面法要求首先确定材料的破坏面,然后再计算多轴疲劳载荷下这个面上的应力与应变，因而具有一定的物理意义，在目前的多轴疲劳寿命预测模型的构建中得到了广泛应用。

然而，上述多轴疲劳寿命的预测模型均是针对应变控制的低周疲劳和应力控制的高周疲劳，对于上文讨论的多轴棘轮-疲劳交互作用下的疲劳寿命预测涉及不多。因此，下面将结合我们的研究成果来简要介绍考虑棘轮行为的材料多轴疲劳寿命预测方法。如 12.1.2 小节所述，Liu 等(2008)基于 *FP* 参数的引入，提出了不同循环软/硬化材料的考虑棘轮行为影响的单轴疲劳失效寿命预测模型。因此，在建立的单轴疲劳寿命预测模型基础上，通过引入反映多轴加载路径对多轴疲劳失效寿命影响的参数，可以进一步发展考虑棘轮行为影响的非比例多轴疲劳寿命预测模型。

与单轴情形一样，在多轴疲劳失效模型建立的过程中，如何选择疲劳参数 *FP* 也是非常重要的。为此，Liu 等(2010)采用 von-Mises 等效应力σ_{eq}的最大值和应力幅值代替单轴疲劳参数 *FP* 中的最大应力和应力幅值，得到了参数 *FP* 的如下多轴形式：

$$FP=\left[\left(\sqrt{\sigma_{\mathrm{a}}^2+(\sqrt{3}\tau)_{\mathrm{a}}^2}-\sigma_{-1}^{\mathrm{f}}\right)+k\left(\sigma_{\mathrm{eq}}^{\max}-\sigma_{-1}^{\mathrm{f}}\right)\right]/E \tag{12-9}$$

其中，σ_{a}是多轴拉-扭组合循环加载下的轴向应力幅值；$\left(\sqrt{3}\tau\right)_{\mathrm{a}}$是等效切应力幅值；$\sigma_{\mathrm{eq}}^{\max}$是 von-Mises 等效应力的最大值。然而，Liu 等(2010)的研究发现，利用式(12-9)定义的多轴 *FP* 参数，由单轴情形下的数据拟合得到的曲线和多轴数据并不匹配。这意味着该定义并不能直接用于非比例多轴疲劳失效寿命的预测，非比例多轴加载路径对疲劳寿命的影响并没有在式(12-9)中得到合理的反映。例如，对于前文中讨论的圆形和菱形路径，利用式(12-9)得到的多轴疲劳参数 *FP* 相同，则按式(12-8)得到的疲劳寿命应该相同，这与实验结果明显不一致。

因此，为了考虑非比例多轴加载路径对疲劳寿命的影响，Liu 等(2010)定义了一个新的多轴路径参数ϕ，为多轴路径的长度和其在正应力 σ 轴上的投影长度的比值。按此定义，图 12-9 所示的几种典型非比例多轴加载路径的参数ϕ的值分别为菱形路径： $\phi=\dfrac{\overline{AB}+\overline{BC}+\overline{CD}+\overline{DA}}{2\overline{AB}}=1.414$

圆形路径： $\phi=\dfrac{\pi\times\overline{AB}}{2\overline{AB}}=1.571$

矩形路径： $\phi=\dfrac{\overline{AB}+\overline{BC}+\overline{CD}+\overline{DA}}{2\overline{EF}}=2.0$ （如果 $\overline{AB}=\overline{BC}$）

蝶形路径： $\phi=\dfrac{\overline{AB}+\overline{BD}+\overline{DC}+\overline{CA}}{2\overline{EF}}=2.414$

其中 $\overline{AB}$ 是在应力空间中线段 AB 的长度，如图 12-9 所示。

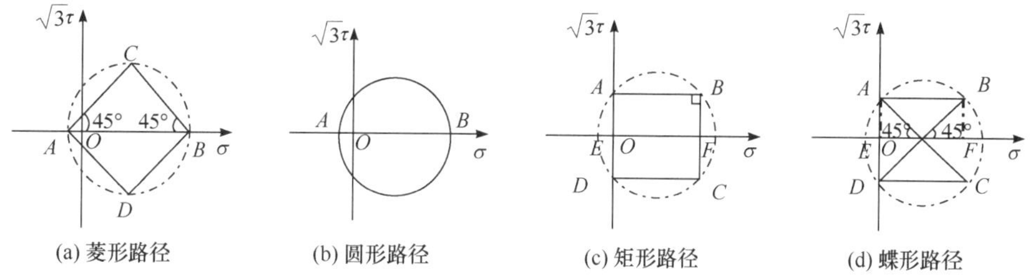

图 12-9 几种典型的非比例多轴加载路径(引自 Liu et al.，2010)

由前文的实验结果可以看出，在给定的非比例多轴拉-扭组合加载路径中，扭向的平均切应力为零，棘轮变形只在平均应力不为零的轴向方向产生，扭向棘轮变形几乎没有，可以认为多轴情形下的棘轮损伤仅由轴向棘轮变形引起。因此，路径系数ϕ对疲劳寿命的影响只反映在式(12-9)中的疲劳损伤部分，进而可得多轴形式的疲劳参数 FP 为

$$FP=\left[\phi\times\left(\frac{\Delta\sigma_n}{2}-\sigma_{-1}^{f}\right)+k\times\left(\sigma_n^{\max}-\sigma_{-1}^{\mathrm{f}}\right)\right]/E \tag{12-10}$$

其中，$\Delta\sigma_n$ 和 $\sigma_n^{\max}$ 分别为选定的临界面上的正应力历程(即应力幅值的 2 倍)和最大正应力；k 为棘轮损伤的权重因子，单轴和多轴情形相同。

另外，式(12-10)可以通过令路径系数ϕ等于 1 而退化为式(12-9)。因此，利用式 (12-10) 可以同时对单轴和多轴棘轮-疲劳交互作用下的疲劳寿命进行预测，预测结果如图 12-10 所示。

由图 12-10 可见，拓展的多轴疲劳失效模型对多轴棘轮-疲劳交互作用下的疲劳寿命进行了很好的预测，绝大多数数据点都位于 2 倍分散带以内，仅有 2 个点落在 2 倍分散带以外。然而，这两个点都处于预测寿命偏于保守的区域。需要指出的是，本节讨论的多轴疲劳失效模型中选定的临界面为正应力最大的平面，这一选择针对图 12-9 中所示的几种扭向平均切应力为零的非比例多轴路径是合适的。如果针对轴向平均应力为零而扭向平均切应力不为零的非比例多轴路径，可以选择切应力最大的平面为临界面；然而，针对轴向和扭向平均应力都不为零的情形，临界面的选择则不会这样直接，还需要结合更多的实验观察来进行深入的讨论。另外，本节讨论的路径系数ϕ从预测效果来说，对于图 12-9 所示的这几种非比例多轴路径是非常合适的；但是，对于其他的多轴路径是否合适仍需结合进一步的实验研究结果来考查和验证。这两点也正好说明了多轴疲劳寿命疲

劳问题仍需更加深入和系统的实验和理论研究。

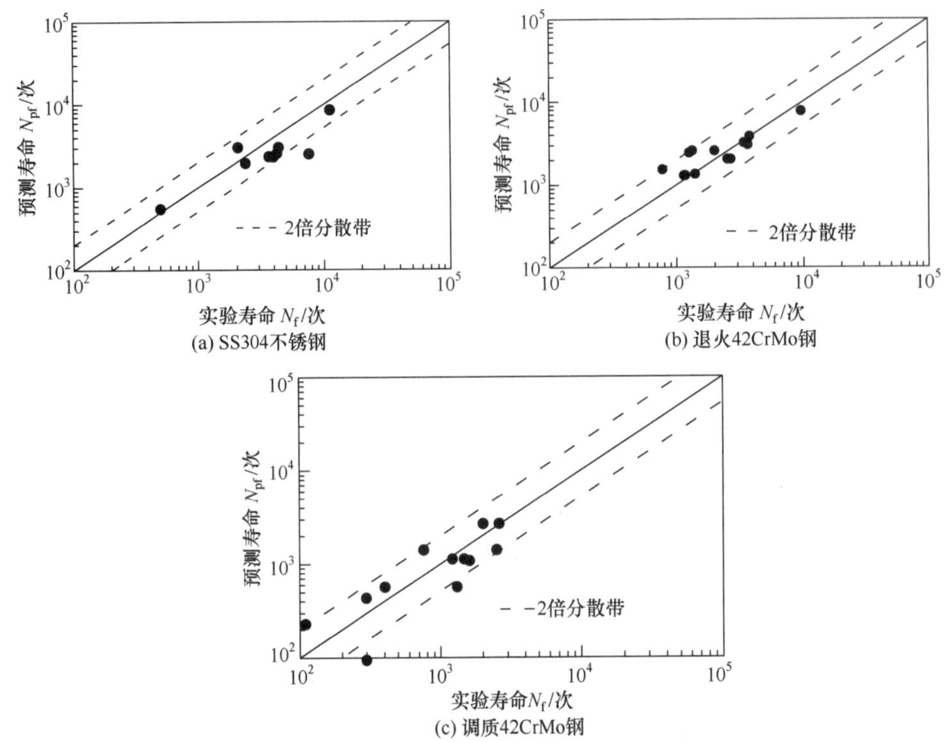

图 12-10　多轴应力循环下多轴疲劳失效模型的预测寿命和实验寿命比较(引自 Liu et al.，2010)

12.2　断裂力学研究新进展

本书第二部分从线弹性断裂力学和弹塑性断裂力学这两方面对断裂力学的基础知识进行了详细介绍，分别引入了分析裂纹扩展的 G 判据、K 判据和 J 判据，这些都可归结为单参数的断裂准则。随着研究的深入，人们通过精细的数值计算发现，弹塑性断裂力学中的 J 判据建立的理论基础，即弹塑性材料裂纹尖端应力-应变场的 HRR 解难以足够准确地表征裂纹尖端的真实应力-应变场(McMeeking and Parks，1979；Shih and German，1981)；同时，许多实验研究(Hancock and Cowling，1978；)也证实了材料断裂韧性 K_{IC} 对试样几何尺寸和加载方式的显著依赖性。因此，需要对 HRR 解进行必要的拓展，以确保对裂纹尖端弹塑性应力-应变场的合理表征。李尧臣和王自强(1986)率先建立了裂纹尖端弹塑性高阶场的基本方程，得到了平面应变下的裂纹尖端弹塑性应力、应变的二阶场；O'Dowd(1994)在此基础上提出了 J-Q 双参数断裂准则；而魏悦广和王自强(1994)则进一步证实了裂纹尖端弹塑性高阶场的前 5 项只含有 3 个独立参数(J、k_2 和 k_4)，并提出了以 J 和 k_2 为基础，k_4 辅助的 J-k 断裂准则。对于三维断裂问题，目前仍然是一个亟待发展的研究方向，本书不再讨论，对此感兴趣的读者可以参见最新的相关文献。

除了上述在基本的单参数断裂准则基础上的发展(王自强和陈少华，2009)，断裂力学研究还在动态断裂力学、宏微观断裂力学和多场耦合断裂力学等方面取得了新的发展，下面将对这三个大的方向涉及的相关研究现状进行简单的评述。

12.2.1 动态断裂力学研究

本书第二部分讨论的断裂力学基础，仅针对稳定裂纹和准静态加载条件下的断裂问题进行了介绍，没有涉及材料的惯性效应对断裂问题的影响；然而，如果裂纹处于快速运动中或者裂纹体承受高加载速率载荷作用，材料的惯性效应就必须加以考虑。考虑惯性效应影响的断裂力学即为动态断裂力学或断裂动力学。此时，断裂问题的控制方程就变为波动方程，这些方程的求解比静平衡方程更加难以求解。另外，在裂纹扩展过程中，裂纹作为物体边界的一部分，其运动状态事先并不知道，需要由波动方程的解来确定，而这些解又依赖于边界条件，两者的耦合使得动态裂纹问题变为高度非线性问题，迄今还没有成熟的解决办法(范天佑，2003)。本小节将对动态断裂力学一些基本的相对成熟的内容做一个简单的介绍，详细内容可参见相关文献。动态加载(冲击、振动或应力波载荷)和裂纹快速传播均会涉及材料的惯性效应，并且是动态断裂力学中重要的两个方面。下面将分别对这两个方面进行简要介绍。

1. 动态载荷下的裂纹问题

动态载荷作用下裂纹问题的动态效应是由加载速率的高低决定的。当载荷从零达到其规定值所需的时间小于材料或结构的固有振动周期时间的 1/2 时，就应该考虑材料的惯性效应对裂纹问题的影响，即为动态断裂问题。动态载荷的出现会使裂纹的应力强度因子 K 增大，明显高于静态载荷作用下裂纹的应力强度因子，因此，可记为 $K(t)$，表明它是随时间变化而变化的(范天佑，2003)。另外，如果裂纹扩展速率大于材料弹性波速度的 0.3 倍，惯性效应也必须要加以考虑，但是，裂纹快速扩展对动态应力强度因子 $K(t)$ 的影响非常复杂，目前还只能针对一些特殊情况进行具体分析，未能形成系统理论。在动态载荷作用下的断裂力学分析中，与传统材料力学中采用应力率$\dot{\sigma}$来描述其加载速率一样，可以采用应力强度因子的率变化值$\dot{K}$来描述加载速率。

动态载荷作用的特点是加载速率比较高，因此，它将对裂纹扩展的驱动力(G、K 等)产生显著影响。当然，这种快速的加载过程也会对材料的力学性能(包括裂纹扩展阻力 G_c、K_c 等)产生影响。同时，在动态载荷作用下裂纹扩展速度的增加也会对裂纹进一步扩展的驱动力和阻力产生影响。由此看来，动态裂纹问题是一个非常复杂的高度非线性问题。一些实验结果也表明，材料在动态加载下断裂问题更容易发生，动态断裂过程中的裂纹扩展阻力应取为动态载荷作用下测得的动态断裂韧性值 $K_{Id}(\dot{\sigma})$，其在一定范围内随$\dot{K}$的增大而下降。

与准静态断裂力学一样，动态断裂力学也要分析动态载荷作用下的裂纹扩展规律，只不过此时关注的是裂纹的动态起始扩展等问题。关于一些特定裂纹，例如半无限裂纹、有限尺寸裂纹等在冲击载荷作用下的动态起始扩展，目前已经结合波动力学理论取得了一定的研究进展，可参见相关的论著(如范天佑，2003；王自强和陈少华，2009)，本书不再赘述。

2. 裂纹快速传播问题

与动态载荷作用下的裂纹动态起始扩展等问题相比，裂纹的快速传播问题无论是从物理上还是从数学上来讲都要复杂很多，目前在这方面取得的突破性进展不多，还有待进一步深入而系统的研究，包括有效的实验观察手段的开发和系统的理论构建。尽管裂纹快速传播问题非常复杂，目前还没有系统性的突破，但在断裂力学发展的早期(20 世纪 50 年代)就有研究者关注到了这一问题，包括 Yoffe(1951)关于运动 Griffith 裂纹的工作和 Craggs(1960)讨论的无限大体中半无限裂纹快速传播问题。后来，范天佑(1991)进一步讨论了狭长体中半无限裂纹快速传播问题，相关细节可参见原文献。

值得注意的是，针对裂纹快速传播问题，已有研究给出了以裂纹传播速度表示的动态应力强度因子 $K(V)$，其对应的动态断裂韧性可表示为 $K_{\text{ID}}(V)$，并建议裂纹动态起始扩展判据为

$$K_{\text{I}}(t)=K_{\text{Id}}(\dot{\sigma}) \tag{12-11}$$

裂纹快速传播与止裂判据为

$$K_{\text{I}}(V)\leqslant K_{ID}(V) \tag{12-12}$$

针对动态裂纹问题，尽管针对动态载荷作用和裂纹快速传播这两个重要问题还需要进一步深入研究，包括动态裂纹的扩展驱动力计算和扩展阻力(即动态断裂韧性)的试验测试，但是，目前已经取得的研究成果还是为线性弹性断裂动力学建立了初步的基础(范天佑，2003)。

12.2.2　宏微观断裂力学研究

本书第二部分介绍的断裂力学基本知识均属于宏观断裂力学范畴，也就是说，宏观断裂力学是针对含宏观缺陷(即宏观裂纹)的物体，在连续介质力学的基础上，唯象地反映含裂纹体的力学行为，没有涉及物体具有的任何微观结构特征。自 20 世纪 80 年代以来，考虑材料微结构特征以及追溯材料变形、损伤至断裂全过程的宏微观断裂力学得到了长足发展。该理论体系可以考虑多层次的缺陷几何形式，可以涵盖裂纹的萌生、长大与快速扩展全过程，对材料的本构行为也可以采用宏-细-微观相结合的描述，体现材料具有的特定微结构特征；同时，宏微观断裂力学中涉及的材料的破坏抗力还具有可预测的特征。宏微观断裂力学的基本内容可以参见《宏微观断裂力学》(杨卫，1995)，最新的研究进展可以查阅最新发表的相关文献，由于篇幅的限制，本书对此不做详细介绍。下面将基于《宏微观断裂力学》(杨卫，1995)一书，仅对细观断裂力学和纳观断裂力学涉及的基本概念和基本内容做一个简要介绍，便于读者对相关领域的发展方向有一个大致了解。

1. 细观断裂力学

宏观断裂力学的核心问题是裂纹尖端奇异场的建立，进而在此基础上建立具有良好操作性的宏观断裂准则。在宏观断裂力学范畴，断裂过程区是一个不可捉摸的黑匣子，仅是通过对断裂过程的某种预测来大致估算断裂过程区的尺寸，断裂过程区内发生的实际断裂事件无法用宏观断裂力学理论进行描述。断裂过程区的研究涉及三个重要的基本

问题(杨卫，1995)：一是如何建立过程区内合理的本构关系，这需要考虑过程区内严重的高度离散的损伤现象及其演化；二是如何确定裂纹尖端的轮廓，该轮廓是材料裂纹尖端处塑性大变形和损伤的共同产物，其几何形状带有材料细微结构的印记；三是如何设定过程区根部的分离条件，这一条件需以应力作用下的价键分离为基础，兼顾裂纹尖端轮廓、细观损伤几何和细观韧带失稳。由此可见，宏观裂纹的断裂过程区中包含一个细观损伤区，该区域内的损伤发展和物理分离过程则分别受细观损伤演化方程和临界损伤条件控制，而这些内容正是细观损伤力学的核心内容。因此，揭示断裂过程区发展特征的细观损伤理论是细观断裂力学的理论基础。考虑损伤的细观断裂力学可实现如下几方面的研究：①模拟断裂方式；②模拟断裂路径；③模拟断裂形貌；④讨论微裂纹屏蔽效应；⑤微裂纹演化的统计分析；⑥探究损伤本构模型下的裂纹尖端场。

细观损伤理论分析主要针对 4 类作为宏观断裂先兆的细观损伤基元，即：①微孔洞；②微裂纹；③界面损伤；④变形局部化带。细观损伤力学的建模方法可以概括为：①选择一个能够描述待讨论的损伤现象的最佳尺度；②分离出一类基本损伤结构，并得到包含该损伤结构的统计平均等效介质(连续)；③将更小尺度得到的本构模型应用于这一等效的连续介质；④在该尺度下利用含损伤的连续介质力学计算结果来构建材料的损伤模型。

另外，针对材料的细观非均匀结构及其存在的各种界面(例如，各类复合材料界面、多相材料中的异质界面及多晶材料内部的同质界面等)，细观断裂力学的发展还主要体现在界面断裂力学、多层介质断裂等方面。同时，随着科学技术的进步，人们对材料的强韧性性能提出了更高的要求，基于细观断裂力学分析的材料增韧设计是细观断裂力学研究的一个重要内容，特别是针对一些高强易脆材料。这些研究领域已经取得研究成果，感兴趣的读者可参阅《宏微观断裂力学》(杨卫，1995)及目前已经发表的相关文献。

2. 纳观断裂力学

前文介绍的细观断裂力学讨论的细观断裂过程涉及 4 个损伤基本单元，即孔洞、微裂纹、界面失效和变形局部化带；然而，这些损伤基本单元的起源和演化过程的描述必须在微(纳)观尺度才能完全阐明，并且也只有这样才能借助基本的物理失效准则(如原子结合力曲线)实现破坏状态方程的封闭性。也就是说，从宏观到细观再到微(纳)观的层次递进和深入才能实现从唯象认识到损伤机制再到断裂物理上的概念突破(杨卫，1995)。纳观断裂力学体现了从经典的固体力学向固体物理层次的深入，它摒弃了宏观力学的连续介质假设，直接深入到原子层次，通过研究粒子在势函数作用下的运动来讨论固体材料在纳观尺度下的断裂行为(杨卫和谭鸿来，1993)。大规模计算手段和高分辨率电镜及单原子探测技术为纳观断裂力学的发展奠定了分析、模拟和实验观测的基础。

纳观断裂力学认为晶格密排面的分离导致了材料的解理断裂，而密排面沿晶格方向的位错滑移导致了因裂尖钝化而产生的韧性。可以通过分子动力学、蒙特卡罗方法、相场动力学和原子换位技术来模拟纳米量级空间尺度上的细微结构和在飞秒至皮秒量级时间尺度上的原子运动，再现材料破坏的纳观过程。通过这些所谓的纳观计算力学方法，可以对原子尺度的尖裂纹在远端力作用下的裂纹尖端演变过程进行分析，进而揭示均相固体材料和异相材料理想界面及峰峦界面结构的纳观断裂过程(杨卫，1995)。近年来，利用分子动力学、相场动力学等微纳尺度数值模拟方法以及高分辨率电镜、原子探针等实验测试手段，人们对各类材料的纳观断裂力学行为进行了较为广泛的研究，取得了丰硕的研究成果，感兴趣的读者可以查阅最新发表的相关文献，此处不再赘述。

需要强调的是，尽管先进的实验和数值模拟手段已经使材料的纳观断裂力学行为分析成为可能，但是，由于计算规模的限制，在原子计算中很难考虑细观尺度缺陷的影响，也无法考虑周围连续介质对裂纹尖端纳观区域的约束效应，因此，还需要发展从纳观到细观再到宏观的多尺度关联分析方法。为此，Yang 等(1993；1994)及 Tan 和 Yang(1994)提出了一种宏观/细观/纳观三重嵌套模型，以实现宏微观定量贯穿的断裂理论。该模型的具体内容请参阅原文献，相关学术思想也在后续的相关研究中得到了进一步发展，具体发展可参见目前已发表的相关文献。

12.2.3　多场耦合断裂力学研究

前面讨论的材料的断裂力学行为分析均只考虑了单一力场作用下的问题，没有涉及多场耦合作用下材料的断裂失效行为。然而，随着科学技术的发展，涌现了一大批新型的多功能材料(如压电铁电材料、磁电弹性材料、准晶材料和智能材料等)，这些材料的服役场景涉及多个物理场的相互耦合，其断裂失效问题也呈现出多场耦合的特征，需要在力/热/电/磁等多场耦合作用下讨论其断裂失效过程。为此，多场耦合断裂力学应运而生。多场耦合断裂力学主要针对研究材料的多场耦合特性，研究含裂纹体在多场耦合作用下的裂纹扩展和断裂失效问题，因此，本小节结合几种典型的功能和智能材料，对多场耦合断裂力学的研究进展进行简要介绍，相关的详细内容可参见相关的参考文献。

1. 压电铁电材料的断裂力学

压电铁电材料因具有压电效应而能够实现机械能和电能之间的转换，是一种典型的功能材料；而压电效应又包括正压电效应和逆压电效应。正压电效应是指在机械载荷作用下压电铁电材料内部产生电场的物理现象，而逆压电效应是指压电铁电材料在电场作用下发生机械变形的力学行为。目前，应用较为广泛的压电铁电材料主要是压电铁电陶瓷和压铁电复合材料，而压电铁电陶瓷是一种典型的脆性材料，断裂韧性低而缺陷敏感性高,在实际服役过程中通常会因缺陷引起的应力和电场集中而发生电击穿或断裂破坏，因此，厘清压电铁电材料发生断裂的物理力学机制，对其断裂问题进行可靠的分析和预测，进而提出相应的增韧机制，已经成为压电铁电材料断裂力学研究的重要课题(方岱宁和刘金喜，2008)。

压电铁电材料的断裂力学研究涉及固体力学、材料科学、电介质物理学和电学等相关领域，是一个典型的学科交叉问题，体现了明显的多场耦合特征；其研究的目的是揭示在力-电耦合载荷作用下含裂纹的压电铁电体中裂纹的扩展、失稳断裂规律和相应的物理机制，并建立有效的断裂判据和寻找合理的增韧途径，为压电铁电器件的可靠性分析和设计提供理论参考。20 世纪 90 年代以来，压电铁电材料的断裂力学分析成为人们关注的焦点和感兴趣的研究领域，而在过去的几十年里，国内外的力学、物理和材料研究工作者采用理论分析、数值模拟和实验观测，对压电铁电材料的断裂性能和断裂行为进行了广泛研究，取得了显著的研究进展。早期的一些研究工作进展可以参见《压电与铁电体的断裂力学》(方岱宁和刘金喜，2008)这一专著，而近期的相关领域发展可参见最新发表的相关论文。针对压电铁电材料的断裂力学分析，相关的研究大致可概括为(方岱宁和刘金喜，2008)：①裂纹尖端电弹性场的基本特征；②裂纹面的电学边界条件和力电耦合效应对断裂行为的影响；③断裂判据的建立；④铁电畴变的断裂增韧原理；⑤电致疲劳机制与分析模型，等等。

2. 磁电弹性材料的断裂力学

磁电弹性材料是一种铁电和铁磁材料经过一定的方法复合而成的磁电复合材料，是一种新型的功能材料，具有较高的磁电耦合性能(郭俊宏和于静，2015)。对于磁电弹性材料而言，除了外加机械载荷能导致裂纹扩展外，外加电场和磁场及磁-电-弹性场的耦合效应对其裂纹扩展问题均有显著的影响，因此，为了研究该类材料中的裂纹扩展规律，需要建立合理考虑磁-电-力三场耦合效应的断裂力学模型。可见，磁电弹性材料的裂纹问题研究要比纯弹性裂纹问题复杂得多，磁电弹性材料的裂纹问题还要更多地考虑外加磁场、外加电场和电磁耦合效应的影响。

在磁电弹性材料的断裂力学研究中，最受关注的两个问题是裂纹面电磁边界条件的选取和断裂准则的建立。从理论上而言，磁电弹性材料的电磁边界条件具有如下四种(Wang and Mai，2007)：①磁电全渗透边界；②电渗透-磁非渗透边界；③电非渗透-磁渗透边界；④磁电全非渗透边界。在磁电弹性材料中常用的三种断裂准则是：①场强度因子(Wang and Mai，2004；Tian and Rajapakse，2008)；②能量密度因子(Sih et al.，2003；Spyropoulos，2004)；③能量释放率(Gao et al.，2004；Singh et al.，2009)。目前关于磁电弹性材料断裂力学的研究主要集中于简单裂纹问题，对复杂缺陷问题的研究较少，相关的研究进展可参见《多场耦合材料断裂力学》(郭俊宏和于静，2015)这一专著中的总结和评述。

3. 准晶材料的断裂力学

准晶材料是以色列科学家 D. Shechtman 在 1982 年发现的，其也因发现准晶材料而获得了 2011 年的诺贝尔化学奖。准晶不具有普通晶体的周期平移对称性和 $n = 1$、2、3、4、6 的旋转对称性，但具有准周期平移对称性和 $n = 5$、8、10、12、18 的旋转对称性，这种对称性被称为准周期对称性。准晶按准周期维数可分为三维、二维和一维准晶：①三维准晶是指原子结构在三维空间场作准周期排列，它是目前发现最多的准晶；②二维准晶是指原子结构在主轴方向上呈周期性平移对称，而在主轴垂直的平面上呈准周期排列；③一维准晶是指原子结构是具有周期性平移对称的二维晶层，在其法线方向上呈准周期性堆垛。

准晶由于其特殊的结构对称性，具有许多优良性能。但是，准晶材料所固有的脆性，使其在加工、制作及使用中极易产生裂纹等缺陷。因此，研究准晶的断裂力学问题已成为研究者关注的焦点。由于准晶弹性理论比经典弹性理论要复杂得多，这对准晶材料的弹性断裂力学问题的研究是一个巨大的挑战。目前，研究者对基本方程的化简和求解提出了一系列有效的方法，极大地发展了准晶的弹性断裂力学理论，详见《多场耦合材料断裂力学》(郭俊宏和于静，2015)这一专著中的总结和评述。

4. 形状记忆合金的断裂力学

形状记忆合金因其特有的热弹性马氏体相变过程而体现出如图 12-11 所示的超弹性和形状记忆效应，目前在航空航天、土木工程、医疗器械、能源工程等领域得到了广泛应用，具有非常良好的应用前景；同时，形状记忆合金的断裂问题也因其在相关器件服役过程中的重要作用而得到人们的关注，取得了一定的进展。本小节将对一些基本问题进行简要介绍，对此感兴趣的读者可以查阅最新发表的相关文献。

如图 12-11 所示，形状记忆合金在外加载荷作用下，当外加应力高于其相变开始应力(或马氏体重取向应力)时将发生热弹性马氏体相变(或马氏体重取向)，进而产生明显的相变平台(或重取向平台)和较大的相变应变(重取向应变)。这一个具有较大相变应变(或重取向应变)的相变平台(或重取向平台)的出现必然会使含裂纹的形状记忆合金在裂纹尖端产生与普通金属材料不同的应力-应变场，进而产生不同的裂纹扩展驱动力；同时，在裂纹扩展过程中涉及的裂纹尖端的卸载和应力重分配也会因卸载过程中形状记忆合金相变应变的可恢复特性(或温度变化引起的重取向应变恢复)而明显不同于普通金属材料。这说明，在讨论形状记忆合金的断裂问题时必须要考虑马氏体相变及其逆相变以及马氏体重取向对裂纹尖端应力-应变场的影响，传统的线弹性和弹塑性断裂力学理论必须在此基础上加以修正。

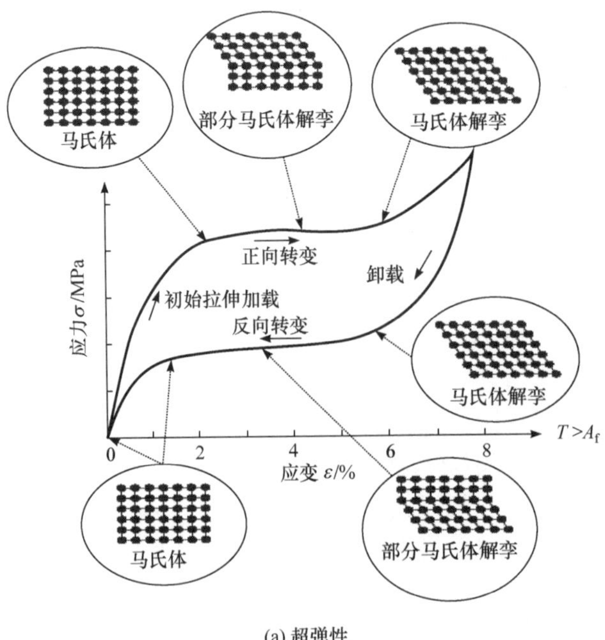

(a) 超弹性

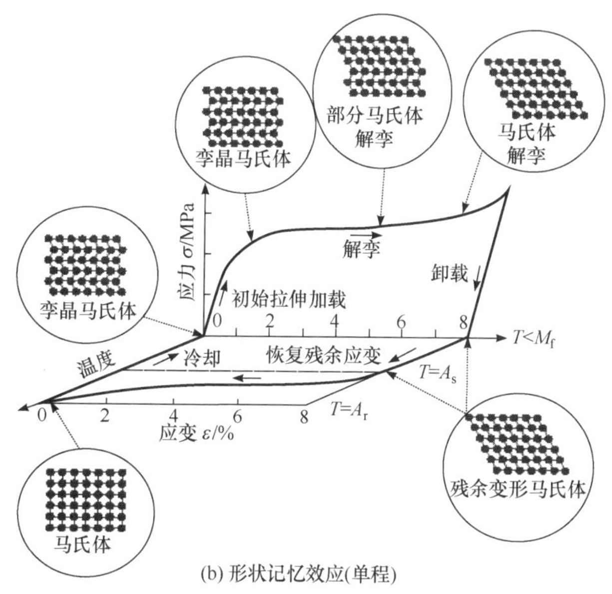

(b) 形状记忆效应(单程)

图 12-11　形状记忆合金的超弹性和形状记忆效应(引自 Liu et al.，2010)

由于形状记忆合金的超弹性效应主要涉及等温情形下的机械循环载荷，载荷形式与传统的断裂力学涉及的载荷形式一致，因此，目前针对超弹性形状记忆合金的断裂力学问题研究最为广泛(Shayanfard et al.，2022)，下面将针对小范围马氏体相变假设下的超弹性形状记忆合金的断裂力学分析思路进行简要介绍，详细内容可参见 Shayanfard 等(2022)最新发表的一篇综述论文和其中涉及的相关文献。

对于超弹性形状记忆合金来说，影响其断裂行为的非线性来源为马氏体相变，因此，可以采用小范围相变的概念来替代传统断裂力学中的小范围塑性屈服概念，假设裂纹尖端的全相变区域与裂纹长度相比足够小，并且包含在 K(应力强度因子)主控区以内。在此假设基础上，则可比照线弹性断裂力学对小范围塑性屈服的处理方法来对线弹性断裂力学进行相应的拓展，进而分析超弹性形状记忆合金的裂纹问题。根据小范围相变假设，裂纹尖端附近的材料全部发生了马氏体相变(图 12-12)，则裂尖附近的应力场将发生扰动，进而产生不同的裂纹尖端应力强度因子 K^{TIP}。此时，裂纹尖端附近区域并不受远场应力控制，而是由裂纹尖端附近应力场控制。如图 12-12(a)所示，对于一个典型的小范围相变裂纹问题，可以将实际的裂尖构型考虑成一个由远场应力强度因子 K^{APP} 表征的渐近边界条件作用下的裂尖区域，即 K^{APP} 主控区，该区域的应力-应变场与外加载荷和含裂纹体几何构型有关。由图 12-12(b)可见，实际上上述相变区由完全相变区和部分相变区构成；在完全相变区内的材料响应也是线弹性的(不考虑马氏体的塑性变形)，裂尖该区域内的应力-应变场由裂尖应力强度因子 K^{TIP} 表征。因此，从 K^{APP} 向 K^{TIP} 的转变决定了因相变而引起的增韧效应，相应的应力强度因子的减少可定义为 $\Delta K^{\mathrm{TIP}} = K^{\mathrm{APP}} - K^{\mathrm{TIP}}$。如果 $\Delta K^{\mathrm{TIP}} > 0$，则发生相变增韧。可见，$\Delta K^{\mathrm{TIP}}$ 的计算是超弹性形状记忆合金的裂纹问题分析的基础。然而，在计算 ΔK^{TIP} 之前，必须要知道相变区的形状和相变应变的大小，这些参量的计算则构成了超弹性形状记忆合金裂纹问题分析的主要内容，目前已经取得了较多的研究成果，本书对此不做详细介绍，请参见 Shayanfard 等(2022)的综述论文和相关文献。

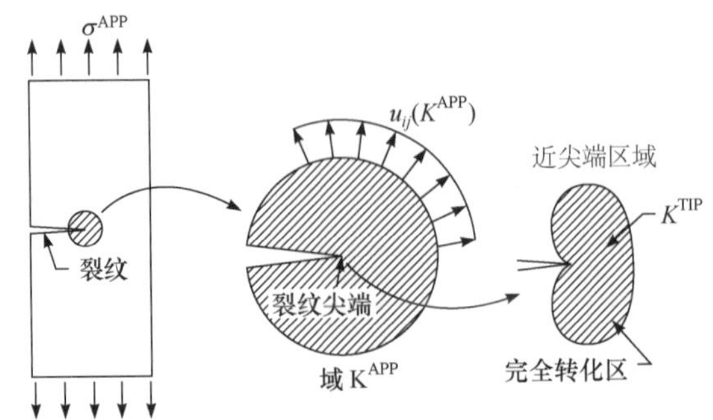

(a) 小范围相变假设(Shayanfard et al., 2022)

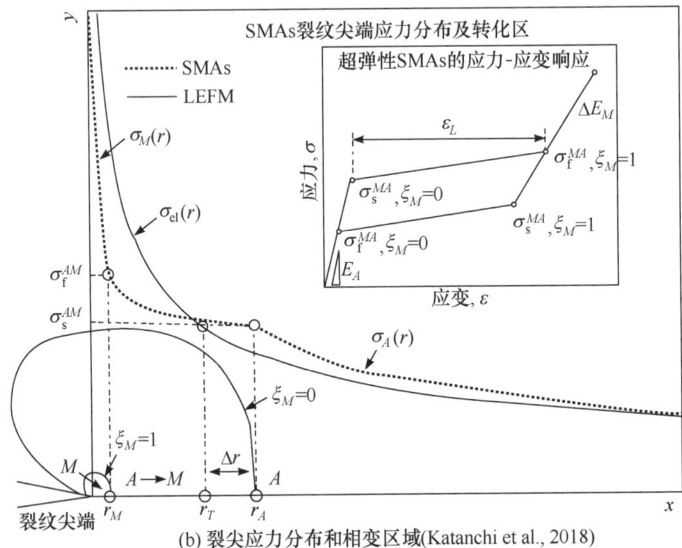

(b) 裂尖应力分布和相变区域(Katanchi et al., 2018)

图 12-12　超弹性形状记忆合金的裂尖状态

参 考 文 献

范天佑. 1991. 狭长体中静态裂纹与快速传播裂纹的精确分析解. 中国科学, 3: 262-269.

范天佑. 2003. 断裂理论基础. 北京: 科学出版社.

范天佑. 2014. 固体与软物质准晶数学弹性与相关理论及应用. 北京: 北京理工大学出版社.

方岱宁, 刘金喜. 2008. 压电与铁电体的断裂力学. 北京: 清华大学出版社.

郭俊宏, 于静. 2015. 多场耦合材料断裂力学. 北京: 科学出版社.

康国政, 阚前华. 2014. 工程材料的棘轮行为和棘轮-疲劳交互作用. 成都: 西南交通大学出版社.

李尧臣, 王自强. 1986. 平面应变 I 型非线性裂纹问题的高阶渐近解. 中国科学, 29: 941-955.

尚德广, 王德俊. 2007. 多轴疲劳强度. 北京: 科学出版社.

王自强, 陈少华. 2009. 高等断裂力学. 北京: 科学出版社.

魏悦广, 王自强. 1994. 扩展裂纹尖端弹塑性场. 力学学报, 26(1): 39.

杨卫, 谭鸿来. 1993. 断裂过程的细观力学与纳观力学. 中国科学基金, 7(4): 6.

杨卫. 1995. 宏微观断裂力学. 北京: 国防工业出版社.

张俊善. 2007. 材料的高温变形与断裂. 北京: 科学出版社.

Basquin O H. 1910. The expoential law of endurance tests. Proceedings of the American Society for Testing and Materials, 10: 625-630.

Bathias C, Ni J G. 1993. Determination of Fatigue Limit Between 10(5) and 10(9) Cycles Using an Ultrasonic Fatigue Device. in Symp on Advances in Fatigue Lifetime Predictive Techniques. Pittsburgh, Pa.

Chaboche J L. 2008. A review of some plasticity and viscoplasticity constitutive theories. International Journal of Plasticity, 24 (10): 1642-1693.

Chen J, Liu Y. 2022. Fatigue modeling using neural networks: A comprehensive review. Fatigue & Fracture of Engineering Materials & Structures, 45(4): 945-979.

Coffin L F Jr. 1954. A study of the effects of cyclic thermal stresses on a ductile metal. Trans ASTM, 76: 931-950.

Costa P, Nwawe R, Soares H, et al. 2020. Review of multiaxial testing for very high cycle fatigue: From 'conventional' to ultrasonic machines. Machines, 8(2): 29.

Craggs J W. 1960. On the propagation of a crack in a elastic brittle materials. Journal of the Mechanics and Physics of Solids, 8: 66-75.

Fitzka M, Karr U, Granzner M, et al. 2021. Ultrasonic fatigue testing of concrete. Ultrasonics, 116: 106521.

Gao C F, Zhao M, Tong P, et al. 2004. The energy release rate and the J-integral of an electrically insulated crack in a piezoelectric material. International Journal of Engineering Science, 42: 2175-2192.

Hancock J W, Cowling M J. 1978. The initiation of cleavage by ductile tearing. The Physical Metallurgy of Fracture, 365-369.

Kang G Z, Kan Q H. 2017. Cyclic Plasticity of Engineering Materials: Experiments and Models. John Wiley & Sons Ltd.

Kang G Z, Li Y J, Gao Q, et al. 2006. Uiaxial ratcheting behaviors of the steels with different cyclic softening/hardening features. Fatigue & Fracture of Engineering Materials & Structures, 29(2): 93-103.

Kang G Z. 2008. Ratchetting: Recent progresses in phenomenon observation, constitutive modeling and application. International Journal of Fatigue, 30(8): 1448-1472.

Kang G, Liu Y, Ding J, et al. 2009. Uniaxial ratcheting and fatigue failure of tempered 42CrMo steel: Damage evolution and damage-coupled visco-plastic constitutive model. International Journal of Plasticity, 25(5): 838-860.

Kang G, Liu Y, Ding J. 2008. Multiaxial ratcheting-fatigue interactions of annealed and tempered 42CrMo steels: Experimental observations. International Journal of Fatigue, 30(12): 2104-2118.

Katanchi B, Choupani N, Khalil-Allafi J, et al. 2018. Mixed-mode fracture of a superelastic NiTi alloy: Experimental and numerical investigations. Eng. Fract. Mech., 190: 273-287.

Liao D, Zhu S P, Correia J A F O, et al. 2020. Recent advances on notch effects in metal fatigue: A review. Fatigue & Fracture of Engineering Materials & Structures, 43(4): 637-659.

Liu Y, Kang G, Gao Q. 2008. Stress-based fatigue failure models for uniaxial ratchetting-fatigue interaction. International Journal of Fatigue, 30(6): 1065-1073.

Liu Y, Kang G, Gao Q. 2010. A multiaxial stress-based fatigue failure model considering ratchetting-fatigue interaction. International Journal of Fatigue, 32 (4): 678-684.

Manson S S. 1965. Fatigue: A complex subject-some simple approximations. Experimental Mechanics, 5(7): 193-226.

McMeeking R M, Parks D M. 1979. On the criteria for J-dominance of crack-tip fields in large-scale yielding. In Elastic Plastic Fracture. Special Technical Publication, 668, 176-94. Philadelphia: American Society for Testing and Materials.

Morrow J D. 1968. Fatigue properties of metals. Metallurgical Society of AIME, 9(2): 1-9.

O'Dowd N P. 1994. Crack growth in an elastic-plastic material and effects on near tip constraint. Computational Materials Science, 3(2): 207-217.

Ohno N. 1990. Recent topics in constitutive modeling of cyclic plasticity and viscoplasticity. Applied Mechanics Reviews, 43 (11): 283-295.

Shayanfard P, Alarcon E, Barati M, et al. 2022. Stress raisers and fracture in shape memory alloys: Review and ongoing challenges. Critical Reviews in Solid State and Materials Sciences, 47(4): 461-519.

Shih C F, German M D. 1981. Requirements for a one parameter characterization of crack tip fields by the hrr singularity. International Journal of Fracture, 17(1): 27-43.

Sih G C, Jones R, Song Z F. 2003. Piezomagnetic and piezoelectric poling effects on mode I and II crack initiation behavior of magnetoelectroelastic materials. Theoretical and Applied Fracture Mechanics, 40: 161-186.

Singh B M, Rokne J, Dhaliwal R S. 2009. Closed-form solutions for two anti-plane collinear cracks in a magnetoelectroelastic layer. European Journal of Mechanics - A/Solids, 28: 599-609.

Smith R N, Watson P, Topper T H. 1970. A stress-strain parameter for the fatigue of metals. Journal of Materials, 5: 767-778.

Spyropoulos C P. 2004. Energy release rate and path independent integral study for piezoelectric material with crack. International Journal of Solids and Structures, 41: 907-921.

Tan H L, Yang W. 1994. Atomistic/continuum simulation of interfacial fracture, Part I: Atomistic simulation. Acta Mechanica Sinica, 10: 151-162.

Tian W Y, Rajapakse R. 2008. Field intensity factors of a penny-shaped crack in a magnetoelectroelastic layer. Journal of Alloys & Compounds, 449(1-2): 161-171.

Tridello A, Niutta C B, Berto F, et al. 2021. Size-effect in very high cycle fatigue: A review. International Journal of Fatigue, 153: 20.

Wang B L, Mai Y W. 2004. Fracture of piezoelectromagnetic materials. Mechanics Research Communications, 31(1): 65-73.

Wang B L, Mai Y W. 2007. Applicability of the crack-face electromagnetic boundary conditions for fracture of magnetoelectroelastic materials. International Journal of Solids and Structures, 44: 387-398.

Yang W, Sun Q P, Hwang K C, et al. 1993. Macro/meso constitutive theory and fracture of solids. Progress in Natural Science, 3: 516-529.

Yang W, Tan H L, Guo T F. 1994. Evolution of crack tip process zone. Modelling and Simulation in Material Science and Engineering, 2: 767-782.

Yoffe E H. 1951. Lxxv. The moving griffith crack. Philosophical Magazine, 42(330): 739-750.